国家出版基金资助项目
"十四五"时期国家重点出版物出版专项规划项目
"双一流"建设精品出版工程
黑龙江省精品图书出版工程

国家出版基金项目
NATIONAL PUBLICATION FOUNDATION

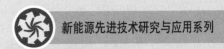
新能源先进技术研究与应用系列

新能源供电系统中高增益电力变换器理论及应用技术

Theory and Application of High Gain Power Converter in New Energy Power Supply System

刘洪臣　纪玉亮　吴凤江　著

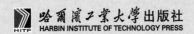
哈尔滨工业大学出版社
HARBIN INSTITUTE OF TECHNOLOGY PRESS

内 容 简 介

本书着眼于新能源供电系统中高增益电力变换器的应用,系统地介绍了隔离型与非隔离型变换器控制的基本理论、基本原理与设计方法,全面分析了各个电力电子器件的电压应力与电流应力。全书分为 11 章,主要介绍高增益变换技术的现状与发展、基于级联的 n 次型 DC/DC 变换器、基于耦合电感的正比型和反比型高增益 DC/DC 变换器、非隔离型高增益双向 DC/DC 变换器、高增益双有源全桥双向 DC/DC 变换器、交错并联耦合电感双向 DC/DC 变换器、基于倍压型耦合电感的高增益阻抗源逆变器、阻抗源逆变器电感电流断续的广义性补偿法、基于高增益 DC/DC 变换器的最大功率跟踪系统、基于双向高增益 DC/DC 变换器的电池充放电系统等内容,对如何降低电压应力与电流应力进行分析和对比,并通过仿真对高增益 DC/DC 变换器在最大功率跟踪和电池充放电系统中的应用进行介绍。

本书适合作为高等学校电类学科有关专业硕士研究生的教学用书,也可作为本科电类专业学生的课外选用书以及相关领域科研与工程技术人员的参考书。

图书在版编目(CIP)数据

新能源供电系统中高增益电力变换器理论及应用技术/刘洪臣,纪玉亮,吴凤江著. —哈尔滨:哈尔滨工业大学出版社,2022.5
(新能源先进技术研究与应用系列)
ISBN 978 - 7 - 5603 - 9300 - 1

Ⅰ.①新… Ⅱ.①刘… ②纪…③吴… Ⅲ.①新能源
—供电系统—变换器—研究 Ⅳ.①TM72②TN624

中国版本图书馆 CIP 数据核字(2021)第 014090 号

策划编辑　王桂芝　李子江
责任编辑　王会丽　闻　竹　付中英
出版发行　哈尔滨工业大学出版社
社　　址　哈尔滨市南岗区复华四道街 10 号　邮编 150006
传　　真　0451 - 86414749
网　　址　http://hitpress.hit.edu.cn
印　　刷　辽宁新华印务有限公司
开　　本　720 mm×1 000 mm　1/16　印张 20.25　字数 382 千字
版　　次　2022 年 5 月第 1 版　2022 年 5 月第 1 次印刷
书　　号　ISBN 978 - 7 - 5603 - 9300 - 1
定　　价　118.00 元

国家出版基金资助项目

新能源先进技术研究与应用系列

编 审 委 员 会

 总　序

　　能源是人类社会生存发展的重要物质基础,攸关国计民生和国家安全。当前,全球能源结构加快调整,新一轮能源革命蓬勃兴起,应对全球气候变化刻不容缓。作为世界能源消费大国,牢固树立和贯彻落实创新、协调、绿色、开放、共享的发展理念,遵循能源发展"四个革命、一个合作"战略思想,推动能源生产利用方式变革,构建清洁低碳、安全高效的现代能源体系,是我国能源发展的重大使命。

　　由于煤、石油、天然气等常规能源储量有限,且其利用过程会带来气候变化和环境污染,因此以可再生和绿色清洁为特质的新能源和核能越来越受到重视,成为满足人类社会可持续发展需求的重要能源选择。特别是在"双碳"目标下,构建清洁低碳、安全高效的能源体系,实施可再生能源替代行动,构建以新能源为主体的新型电力系统,是推进能源革命,实现碳达峰、碳中和的重要途径。

　　"新能源先进技术研究与应用系列"图书立足新时代我国能源转型发展的核心战略目标,涉及新能源利用系统中的"源、网、荷、储"等方面:

　　(1) 在新能源的"源"侧,围绕新能源的开发和能量转换,介绍了二氧化碳的能源化利用,太阳能高温热化学合成燃料技术,海域天然气水合物渗流特性,生物质燃料的化学烟,能源微藻的光谱辐射特性及应用,以及先进核能系统热控技术、核动力直流蒸汽发生器中的汽液两相流动与传热等。

　　(2) 在新能源的"网"侧,围绕新能源电力的输送,介绍了大容量新能源变流

器并联控制技术,交直流微电网的运行与控制,能量成型控制及滑模控制理论在新能源系统中的应用,面向新能源发电的高频隔离变流技术等。

(3)在新能源的"荷"侧,围绕新能源电力的使用,介绍了燃料电池电催化剂的电催化原理、设计与制备,Z 源变换器及其在新能源汽车领域中的应用,容性能量转移型高压大容量 DC/DC 变换器,新能源供电系统中高增益电力变换器理论及应用技术等。此外,还介绍了特色小镇建设中的新能源规划与应用等。

(4)在新能源的"储"侧,针对风能、太阳能等可再生能源固有的随机性、间歇性、波动性等特性,围绕新能源电力的存储,介绍了大型抽水蓄能机组水力的不稳定性,锂离子电池状态的监测与状态估计,以及储能型风电机组惯性响应控制技术等。

"新能源先进技术研究与应用系列"图书是哈尔滨工业大学等高校多年来在太阳能、风能、水能、生物质能、核能、储能、智慧电网等方向最新研究成果及先进技术的凝练。其研究瞄准技术前沿,立足实际应用,具有前瞻性和引领性,可为新能源的理论研究和高效利用提供理论及实践指导。

相信该系列图书的出版,将对我国新能源领域研发人才的培养和新能源技术的快速发展起到积极的推动作用。

2022 年 1 月

 **前　言**

　　随着化石能源的不断消耗及其对生态环境的影响,人们对新能源的开发研究力度不断加大。由于以光伏、风电为代表的新能源具有分布广泛、对环境无污染等特点,其发电技术的研究受到研究者的广泛关注。由于新能源的间歇性和随机性,以及输出侧端口电压较低等特点,其无法直接与后级电路实现接口。因此,需要高增益电力变换器作为其接口电路来提升电压等级,有时还需要储能装置来稳定输出电压。

　　目前,介绍高增益电力变换器的书籍不多,本书是作者所在课题组多年研究成果的结晶,希望能为广大读者更深入理解高增益电力变换器拓扑设计、调制策略及其应用提供帮助。

　　全书共分为 11 章。第 1 章对电力变换器的升压单元和阻抗源网络拓扑结构进行了总结,并探究两者之间的联系,介绍了隔离型双向 DC/DC 变换器的研究现状;第 2 章在二次型 Boost DC/DC 变换器的基础上,分析了 n 次型高增益DC/DC 变换器拓扑构造方法;第 3 章和第 4 章分别阐述了基于耦合电感的正比型和反比例型高增益 DC/DC 变换器拓扑的衍生方法,探究了变换器电压增益与匝比之间的关系,并对漏感抑制问题进行详细分析;第 5 章和第 6 章分别讨论非隔离型高增益双向 DC/DC 变换器和高增益双有源全桥双向 DC/DC 变换器的工作原理及其特性;第 7 章以双向 DC/DC 变换器为背景,介绍了一种前级基于耦合电感交错并联结构、后级桥式结构的隔离型双向 DC/DC 变换器,并给出其优化调制策略;第 8 章和第 9 章阐述了耦合电感阻抗源逆变器的相关问题,主要包括拓扑衍生的方法、降低耦合电感阻抗源逆变器的输入电流脉动的方法以及解决阻抗源逆变器电感电流断续状态下母线电压跌落现象的方法;第 10 章和第 11 章分别介绍了高增益直流变换器在最大功率跟踪和电池充放电系统中的应用。

本书由哈尔滨工业大学刘洪臣教授、吴凤江教授,东北电力大学纪玉亮副教授共同撰写,其中刘洪臣教授撰写了全书大纲,前言以及第 1、2、3、4、5、7、10 和 11 章,吴凤江教授撰写了第 6 章,东北电力大学纪玉亮副教授撰写了第 8、9 章。最后由刘洪臣教授统稿。

本书获得国家自然科学基金(51777043,51107016) 和黑龙江省自然基金(E2017035) 的资助。同时也得到了研究生们的大力协助,他们以读者的视角提出了很多宝贵意见和建议,并进行了大量文档整理和绘图工作。参与协助工作的研究生有:博士生姜春阳、张新胜、王有政,硕士生朱况、李永发、张递等,在此一并表示衷心的感谢。由于作者水平和经验有限,书中难免存在不妥之处,恳请读者提出宝贵的意见和建议(fenmiao@hit.edu.cn).

作　者
2022 年 1 月

目　录

第 1 章

高增益变换技术的现状与发展

本章在简要介绍高增益电力变换器的应用背景及研究意义的基础上,重点梳理了高增益电力变换技术的国内外研究现状,介绍了典型的升压技术(如多级／相／电平升压,开关电容、开关电感、倍压单元、磁耦合升压等技术);对阻抗源网络进行简要归类,回顾了国内外研究学者针对含有阻抗源网络的电力变换器所介绍的一系列控制策略;揭示了阻抗源网络与高增益直流变换拓扑内在关联;简要介绍了隔离型双向DC/DC 变换器的研究进展。从而使读者对高增益电力变换技术的发展有一些初步的了解和认识,并在科研和工作中对高增益拓扑的设计、选择和应用有一个清晰的概念和良好的基础。

人类的能源利用历史可以追溯到 100 多万年前的钻木取火,而化石能源的大规模利用却是从 17 世纪末发明蒸汽机以后才开始的。以当前的能源消耗速度,全球化石能源最多只能维持两三百年。在人类利用能源的历史长河中,五六百年的化石能源史仅是沧海一粟,在可预见的未来,可再生能源可能会替代化石能源开启人类能源史的新篇章。

　　进入 21 世纪,随着我国经济的迅速发展和能源需求的大幅增长,能源发展面临资源和环境的巨大挑战。新形势下,习近平总书记于 2014 年 6 月提出推动能源消费革命、能源供给革命、能源技术革命、能源体制革命和全方位加强国际合作的重大战略思想;党的十九大报告中指出推进能源生产和消费革命,构建清洁低碳、安全高效能源体系;"十四五"规划报告中强调加快推动绿色低碳发展,推动能源清洁低碳安全高效利用,为我国能源发展改革指明了方向。出于环境保护和可持续发展的要求,在世界范围内与能源生产、消费密切相关的温室气体排放也受到高度关注。党的十九届五中全会进一步指出要加快推进绿色低碳发展,全面提高资源的利用效率,能源配置应更加合理。2016 年 9 月 3 日全国人大常委会批准我国加入《巴黎气候变化协定》,在该协定框架之下,我国提出了有雄心、有力度的国家自主贡献 4 大目标:① 到 2030 年中国单位 GDP 的二氧化碳排放,要比 2005 年下降 60%～65%;② 到 2030 年非化石能源在一次能源消费中的比重要提升到 20% 左右;③ 到 2030 年左右,中国二氧化碳排放达到峰值,并且争取早日达到峰值;④ 增加森林蓄积量和增加碳汇,到 2030 年中国的森林蓄积量要比 2005 年增加45 亿 m³。

　　根据《BP 世界能源展望》(2020 年版) 报告可知,在快速转型、净零和一切如常情景下,可再生能源都是未来 30 年增长最为迅速的能源。2050 年可再生能源在一次能源中的占比,将分别从 2018 年的 5% 增长到净零情景的 60%、快速转型情景的 45% 和一切如常情景的 20%。风光发电的开发成本持续降低,并引领可再生能源的发展,到 2050 年风光发电成本在快速转型情景下分别降低 30% 和65%,在净零情景下分别降低 35% 和 70%。这样的快速增长需要加快可再生能源装机容量的建设。在快速转型和净零情景下,风能和太阳能发电装机容量在

《BP世界能源展望》(2020年版)前半期的年均增长量将分别达到350 GW和550 GW,自2000年以来年均增长为60 GW。能源系统的去碳化导致终端能源使用的电气化水平不断提高。到2050年,电力在终端能源消费中的占比将从2018年略高于20%的水平,增长到一切如常情景下的34%、快速转型情景下的45%和净零情景下的逾50%。全球发电总量的增长将由可再生能源主导,在快速转型情景和净零情景下均占增长量的100%、在一切如常情景下占增长量的75%。能源结构的转变,加上碳捕获、利用与封存的扩大应用,电力行业的碳减排在快速转型情景下将超过80%,在一切如常情景下仅为10%。中国将始终是全球能源消费大国,其中非化石能源(主要包括水电、风电、太阳能发电等可再生能源及核能等)在一次能源消费中的比重将持续提高。

根据国家能源局2020年3月6日召开一季度网上新闻发布会的数据显示,截至2019年底,我国可再生能源发电装机容量达到7.94亿kW,同比增长9%;其中,水电装机容量3.56亿kW、风电装机容量2.1亿kW、光伏发电装机容量2.04亿kW、生物质发电装机容量2 254万kW,分别同比增长1.1%、14%、17.3%和26.6%。风电、光伏发电首次"双双"突破2亿kW。可再生能源发电装机容量约占全部电力装机容量的39.5%,同比上升1.1个百分点。可再生能源发电量达2.04万亿kW·h时,同比增加约1 761亿kW·h;可再生能源发电量占全部发电量比重为27.9%,同比上升1.2个百分点。 其中,水电发电量1.3万亿kW·h,同比增长5.7%;风电发电量4 057亿kW·h,同比增长10.9%;光伏发电量2 243亿kW·h,同比增长26.3%;生物质发电量1 111亿kW·h,同比增长20.4%。2019年,全国主要流域弃水电量约300亿kW·h,同比减少278亿kW·h,水能利用率为96%,同比提高4个百分点;弃风电量169亿kW·h,全国平均弃风率为4%,同比下降3个百分点;弃光电量46亿kW·h,全国平均弃光率为2%,同比下降1个百分点,可再生能源利用水平不断提高。

2019年全国可再生能源装机容量结构分布情况如图1.1所示,从全国可再生能源结构来看,风电与水电仍然占据主导地位,占比超过70%。2019年风电累计装机容量占比约为26%;水电累计装机容量占比约为45%;光伏发电累计装机容量占比约为26%。

图1.2所示为2015—2019年全国各类可再生能源发电情况,2015—2019年,我国各类可再生能源累计装机容量规模不断增加,尤其风电与光伏发电,2019年均突破2亿kW,风电累计装机容量达到2.1亿kW,光伏发电累计装机容量达到2.04亿kW。非水电可再生能源累计装机容量规模增幅明显,2019年非水电可

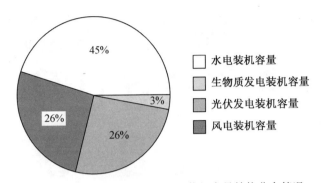

图 1.1　2019 年全国可再生能源装机容量结构分布情况

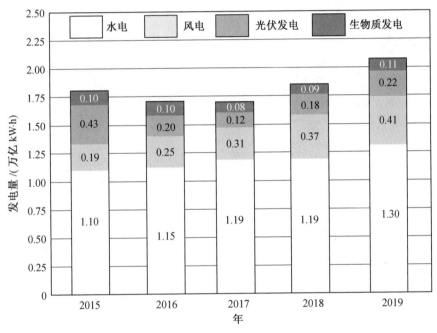

图 1.2　2015—2019 年全国各类可再生能源发电情况(单位:万亿 kW·h)

再生能源累计装机容量同比上升约 16%。可再生能源装机规模的扩大推动可再生能源利用水平的进一步提高。

伴随可再生能源的发展,大量风电和光伏电力电子变换器接入电网,例如高增益直流变换器、直驱式风电机组变流器、光伏电站和分布式光伏逆变器、非水储能电站和分布式储能逆变器等。除了集中式接入的大型风电光伏外,还有越来越多的小容量、分布式风电和光伏系统投运。可再生能源系统的生产 — 分配 — 消耗 — 控制系统示意图如图 1.3 所示。图中 FACTS 指柔性交流输电系

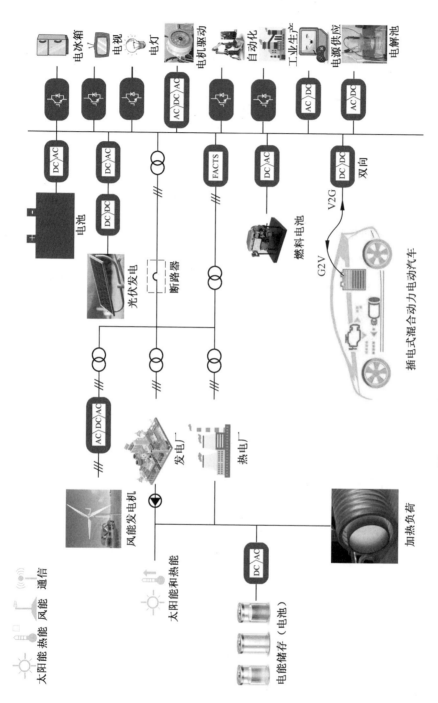

图 1.3　可再生能源系统的生产—分配—消耗—控制系统示意图

统,V2G(Vehide to Grid) 指车辆到电网,G2V(Grid to Vehide) 指电网到车辆。从图 1.3 可知,在可再生能源系统的生产－分配－消耗－控制过程中,电力变换器扮演着重要的角色。此外,由于我国现阶段的西部集中式风电和光伏受到弃风和弃光影响,发展暂时受到束缚;分布式风电和光伏在中东部地区得到较大发展;正在推行的"光伏扶贫" 政策,也大大增加了接入电力系统的电力电子设备数量。

近年来,各种绿色环保的新能源发电系统(如燃料电池发电、光伏发电、风力发电等) 得到了大力开发和利用。但是由于环境和负载的变化,这类新能源发电系统的输出电压波动范围大且输出的直流电压等级比较低。以燃料电池和太阳能光伏电池为例,它们所产生的直流电压等级在 15 ~ 48 V 之间。为了使该直流电压通过逆变转换后能够并网得到适用于居民生活使用的交流电压(如 220 V 交流电),传统的做法是把若干块燃料电池或光伏电池串接起来产生所需的高电压等级。但是,若这其中有一块电池发生故障,整个系统就会瘫痪,显著降低了整个系统的可靠性和稳定性。因此,需要在逆变器之前,引入一级高增益直流变换器,先把可再生能源输出产生的直流电压升高,为后级逆变单元提供电压等级合适的直流输入电压,以便逆变得到适于并网的交流电压。

如今,蓬勃发展的阻抗网络因具有结构简单且易于设计的优点而备受青睐,已成为电力电子拓扑领域的研究热点。Z 源阻抗网络和 Y 源阻抗网络都是由LC(电感和电容) 阻抗网络外加适量的有源器件(功率半导体开关) 构成的。对于传统的 Z 源阻抗网络和 Y 源阻抗网络,阻抗源逆变器一般都具有比较高的输出电压增益,改善了传统电压源型逆变器升压能力不足的缺陷。因此,把阻抗源逆变器应用到可再生能源发电系统中,能够有效地减少整个系统的功率变换级数,可以实现把两级功率变换简化成单级功率变换,有利于提高整个系统的性能。阻抗源逆变器允许逆变桥的桥臂直通,脉宽调制时不需要引入额外的死区时间,交流侧输出波形畸变会更小,故其非常适用于可再生能源发电系统中。此外,阻抗源网络不仅适用于逆变器当中,同样适用于 DC/DC(直流／直流) 变换器、AC/AC(交流／交流) 变换器和整流器。综上所述,在可再生能源系统中,研究具有高效率、高性能、高增益的直流变换器和阻抗源逆变器具有重要意义。

1.1　升压技术

传统 Boost 变换器可以实现低电压的提升,一般提升的倍数较小(4~5倍),当需要较大升压倍数时(10 倍以上),需要工作在极限占空比下。这种工作条件下,一方面,功率器件寄生参数的存在,会引起较大的损耗;另一方面,开关和二极管的电压应力均与输出电压相同,这样不利于低导通电阻开关的使用,同时输出二极管的反向恢复严重,造成了性能的下降。对于传统的逆变器,无法实现升压功能,不能应用在输入侧端口电压变化范围较大的场合。为此,国内外相关科研学者陆续提出了各种升压技术,如在电路拓扑中引入磁耦合、电压乘法器、开关电感、开关电容,或者使多个变换器进行多级级联等。采用这些升压技术可以提升变换器的输出电压增益。实现高增益的各种升压技术如图 1.4 所示。

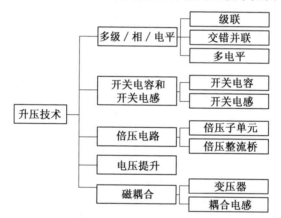

图 1.4　实现高增益的各种升压技术

1.1.1　多级／相／电平升压技术

第一种常见的升压技术是将多级变换器模块连接起来,在这一部分,分析了级联、交错并联和多电平拓扑技术。利用这种升压技术推导出的拓扑增益曲线呈线性或指数增长。

1. 级联升压技术

将相同的变换器拓扑通过级联实现高电压等级是一种非常简单有效的方法。图 1.5(a) 所示为广义简单级联高增益直流变换器。图 1.5(b) 所示为双开关级联 Boost 变换器,由两个基本的 Boost 变换器级联而成,前级的电压应力较小,可以工作在高频条件下,同时有利于提高变换器的功率密度;后级的电压应力较大,为了提高性能,需要工作在较低的频率条件下,该类型变换器存在器件数目较多、使用两套驱动器和控制器、稳定性较差的缺点。图 1.5(c) 所示为广义集成混合级联 Boost 变换器,这类变换器一般由一个平方 Boost 变换器和倍压单元构成。图 1.5(d) 所示为单开关级联 Boost 变换器,相比于传统 Boost 变换器,它可以工作在较宽电压增益范围的同时,获得同样优越的性能,它也可以工作在占空比变化范围小的应用场合,可有效简化设计和提高性能。相比于双开关级联 Boost 变换器,这种直流变换器虽然降低了器件的数量,增强了稳定性,但是开关承受的电压应力值较大,不利于装置性能的整体提高。图 1.5(e) 和图1.5(f) 所示为一种新型级联高增益直流变换器的两种形式,由平方 Boost 结构和耦合电感倍压单元级联构成,为两种高增益直流变换器。由于耦合电感倍压单元和变换

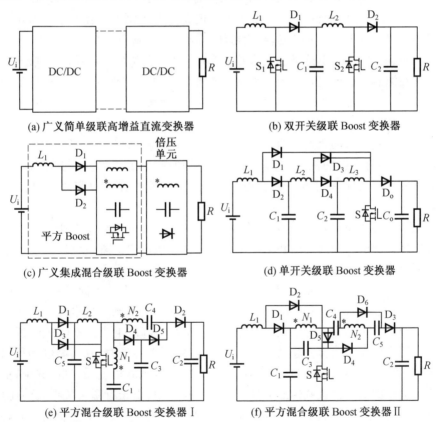

(a) 广义简单级联高增益直流变换器　　　(b) 双开关级联 Boost 变换器

(c) 广义集成混合级联 Boost 变换器　　　(d) 单开关级联 Boost 变换器

(e) 平方混合级联 Boost 变换器 I　　　(f) 平方混合级联 Boost 变换器 II

图 1.5　基于级联方式升压拓扑

器平方 Boost 单元的存在,很容易实现高电压增益,但是,级联结构器件数量较多,会使硬件成本显著提高,还会使装置的效率降低,动态稳定性和容错性变差。

2. 交错并联升压技术

在高增益直流变换器中,输入电流应力一般远远大于输出电流应力。为了减小输入电流的纹波,增加功率密度,可采用交错并联技术。图 1.6(a) 所示为广义交错并联型高增益直流变换器,在基本或耦合电感交错并联 Boost 变换器的开关和输出电容之间,增加了钳位单元和倍压单元,实现高电压增益和抑制开关电压尖峰。图 1.6(b) 所示的拓扑由耦合电感交错并联 Boost 变换器与输出侧倍压单元级联构成,下侧开关关断时,两个耦合电感副边线圈一起为倍压电容充电;上侧开关关断时,两个耦合电感副边线圈一起为负载提供电能,无须增设有源钳位单元,简化了电路的设计。图 1.6(c) 所示为由无源钳位吸收电路和倍压单元组成的交错并联 Boost 变换器,在此拓扑中,电容 C_1 充当关断吸收电路,可以减少开关损耗。在耦合电感类的交错并联 Boost 变换器拓扑中,如何设计吸收电路使存储在漏感中的能量转移到输出侧是非常关键的。一种基于耦合电感的交错并联 Boost 变换器如图 1.6(d) 所示,该变换器显著降低了开关的电压应力,由于开关电容的影响,负载电流实现了自动均流,由于漏感的存在,有效抑制了二极管的反向恢复带来的负面影响。图 1.6(e) 所示结构中耦合电感具有较低的磁化电感,不仅具有滤波功能,还具有升压功能,同时减小了体积。由于开关电容自身具备的升压功能和可调的耦合电感匝比,因此该拓扑可以实现较高的电压增益。

由于耦合电感具有等效受控电压源的特性,因此部分科研工作者将三绕组耦合电感概念引入到高升压和高降压交错并联变换器中。图 1.6(f) 所示为基本的三绕组耦合电感结构,使用一个三绕组耦合电感来提升电压。三个绕组中的两个绕组在同一相中,第三个绕组插入到另外一相中,当开关同时导通时,电感原边侧处于充电状态;当开关关断时,两相电路交替为负载提供电能。利用无源或者有源钳位单元完成漏感吸收和抑制开关电压尖峰的工作。图 1.6(g) 所示为基于内置变压器的交错并联高增益直流变换器,开关导通时,输入侧电感得以充电;开关关断时,输入电感与输入电源一起为耦合电感原边线圈充电,其中,耦合电感副边线圈交替为负载传递能量。在此变换器中,由于有源钳位单元的作用,抑制了开关电压尖峰和漏感。如图 1.6(h) 所示,通过引入开关电容结构并将其与耦合电感副边线圈结合,大大增强了拓扑的电压提升能力。但是,上述变换器磁芯数量较多、体积较大,同时磁损耗也较大,不利于提升装置的整体性能。另外,

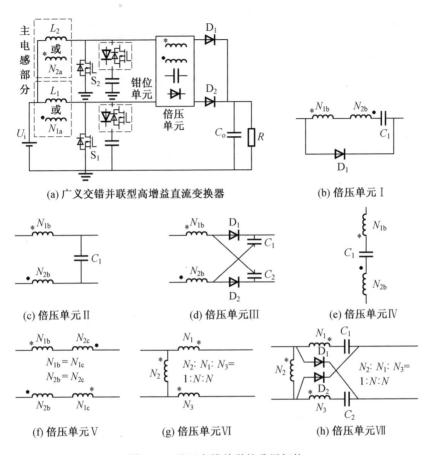

(a) 广义交错并联型高增益直流变换器

(b) 倍压单元 I

(c) 倍压单元 II

(d) 倍压单元 III

(e) 倍压单元 IV

(f) 倍压单元 V

(g) 倍压单元 VI

(h) 倍压单元 VII

图 1.6　基于交错并联的升压拓扑

隔离的交错并联变换器也可以有效地提升输出电压,适用于需要输入输出隔离的工作场合。

3. 多电平升压技术

近年来,随着技术的发展,不论在工业界还是在学术界的可再生能源领域中,多电平升压技术受到越来越多的青睐,其已经成熟地应用于小功率集成电路。多电平直流变换器中几乎去除了所有的磁性器件,从而大大削弱了系统的体积和质量。从输入电压的角度来看,多电平直流变换器可以被分成两类:单输入电源类和多输入电源类。单输入电源多电平变换器结构适用于电力机车或者牵引电机等,而多输入电源多电平变换器结构适用于光伏发电等领域。

模块化多电平开关电容结构是单输入电源多电平变换器中的典型结构,如图1.7(a)所示,这种结构一般由开关电容模块组成。图1.7(b)为图1.7(a)所示结构的一个案例,其以单电容三开关模块作为基本的升压模块,也称为电容钳位模块,该变换器利用寄生电感实现了零电流软开关,降低了开关损耗,保证高功率密度的同时提高了整体性能。图 1.7(a) 所示结构的另一个直流模块如图1.7(c)所示,该变换器使用两个电容和四个开关实现输入电压的加倍,不仅实现

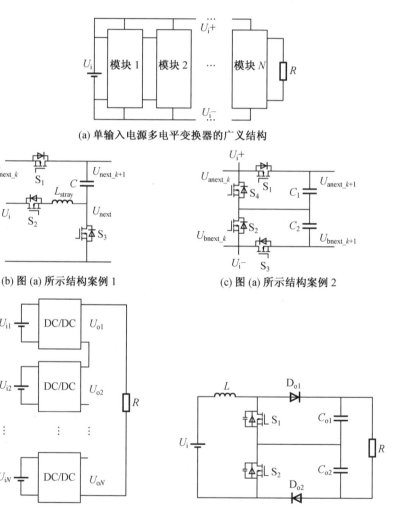

(a) 单输入电源多电平变换器的广义结构

(b) 图 (a) 所示结构案例 1

(c) 图 (a) 所示结构案例 2

(d) 多输入电源多电平变换器的广义结构

(e) 三电平 Boost 变换器

图 1.7　基于多电平的升压拓扑

了双向运行,降低了器件的额定电压应力,还减少了开关器件的数量和容值。除了前述多电平结构,二极管钳位式和飞跨电容式多电平变换器也属于单输入电源多电平变换器。在超高增益应用场合,该类变换器所需器件数量较多,稳定性较差。

光伏发电模块一方面通过相互串联输出较高电压,然后与直流变换器连接进而提供恒值输出电压;另一方面,这些光伏板可以与多输入电源多电平变换器连接。技术方面已经证明了这种连接方式具有可靠性高、安全性高和成本低等优势。图 1.7(d) 所示为多输入电源多电平变换器的广义结构,该变换器是由多个直流变换器模块级联构成的,也称为模块化多电平变换器。

在多电平升压技术中,有一类特殊的含有电感的三电平 Boost 变换器,如图 1.7(e) 所示。与传统 Boost 变换器相比,其开关和二极管电压的应力值减小一半,电感电流的工作频率提高一倍,有利于降低电感体积;但是,输出二极管的反向恢复损耗依然严重,同时,高增益应用场合下,需要工作在极限占空比条件下,使整体效率较低。

1.1.2　开关电容和开关电感升压技术

1.开关电容升压技术

开关电容是一种基于电荷泵概念的升压技术。几种典型的开关电容升压拓扑如图 1.8(a) ～ (d) 所示。图 1.8(a) 所示为倍压式开关电容结构,这种结构是一种基于两相开关电容倍压器的拓扑,开关 S_1 和 S_2 互补导通,每一级的输出电压将输入电压加倍。图 1.8(b) 所示为梯形开关电容结构,这种结构由两套电容组成,通过改变输入电压的不同连接节点,可以实现不同的输出电压增益。图 1.8(c) 所示为 Dickson 开关电容结构,在这种倍压结构中,两相之间的脉冲存在相移,一般的工作频率为几十千赫兹,有时高达几兆赫兹。图 1.8(d) 所示为 Makowski 开关电容结构,相比于前几种结构,其需要更少的器件数量,却可以实现更高的升压能力。由于这种结构的电压增益倍数类似 Fibonacci 数列,因此有时也称为 Fibonacci 结构。在 Dickson 开关电容结构中,输出电压与输入电压呈线性关系(与功率级数有关);而在 Makowski 开关电容结构中,输出电压与输入电压呈指数关系(与功率级数有关)。然而,开关电容电路存在缺点:高暂态电流尖峰限制了功率密度和转换效率。为了改善这个问题,可在开关电容电路中引入一个小的谐振电感,使电路工作在软开关状态,从而提升效率。

图 1.8(e) 所示拓扑相比于其他开关电容拓扑的显著特点是输入电流连续。图 1.8(f) 所示的开关电容拓扑工作在谐振模态,在该拓扑中,谐振电感使前级实

现零电流开关，从而消除了传统开关电容结构中的高暂态电流尖峰。图1.8(g)所示结构使用两个对称开关构造出开关电容升压拓扑，该拓扑具有自动交错运行、控制简单、较低的输出电压纹波、较低的成本和较低的器件电压应力等特点。但是，上述开关电容结构变换器均无法实现有级调压，限制了此类变换器的

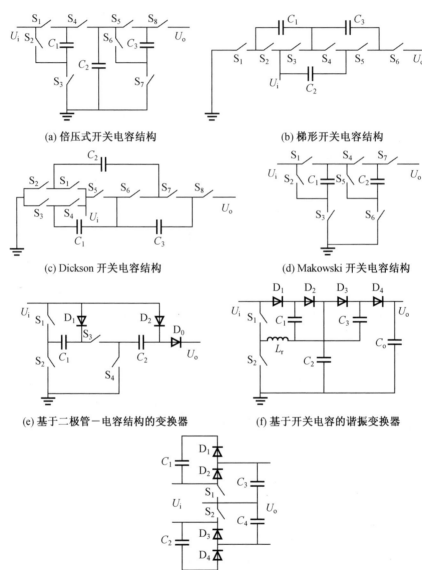

(a) 倍压式开关电容结构

(b) 梯形开关电容结构

(c) Dickson 开关电容结构

(d) Makowski 开关电容结构

(e) 基于二极管－电容结构的变换器

(f) 基于开关电容的谐振变换器

(g) 双开关升压式开关电容结构

图 1.8 开关电容升压拓扑

适用范围。为解决上述问题,可通过将磁性电感引入到传统开关电容电路中,实现无级调压,增强适用范围,然而,当所需电压增益较高时,开关电容变换器需要多级连接,将导致与级联变换器类似的问题。

2. 开关电感升压技术

开关电感是升压变换中常用的一种技术,最常见的为无源开关电感单元,它由两个电感和三个二极管组成,如图1.9(a)所示。相比于单个电感,两个电感可以实现储存并传输更多的能量,工作时并联充电,串联放电,使变换器实现更高的电压增益;另外相比于单个电感,开关电感可以实现更低的电流应力。近年来有学者将有源开关与电感组合,提出了有源开关电感单元,如图1.9(b)所示,开拓了开关电感技术一种新的研究方向。随着有源开关的加入,开关的电压电流应力减小,开关电感技术得到了进一步扩展,并且各类新兴的有源开关电感技术被提出。

使用额外的电容和二极管对有源开关电感单元进行改进,可以得到改进型有源开关电感变换器。改进型有源开关电感单元如图1.9(c)所示,该变换器具有电压增益更高、开关电压应力更低的特点。将无源开关电感单元应用到有源开关电感单元当中,可以得到混合型有源开关电感单元,如图1.9(d)所示,此时虽然升压能力得到了进一步的提高,但其开关和二极管的电压应力也随之增

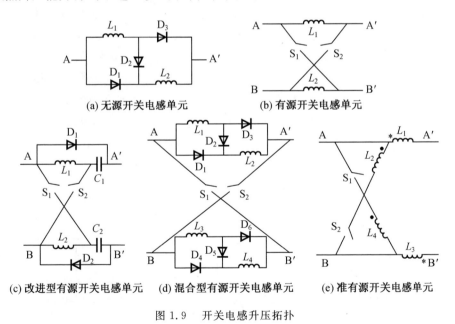

(a) 无源开关电感单元　　　　　　　(b) 有源开关电感单元

(c) 改进型有源开关电感单元　(d) 混合型有源开关电感单元　(e) 准有源开关电感单元

图 1.9　开关电感升压拓扑

大。图 1.9(e) 所示为准有源开关电感单元,其在有源开关电感单元中加入了耦合电感,增加了电压增益调节的另一个自由度,在实现高电压增益的同时,其开关的电压应力也得到了降低,但需要注意漏感问题。

1.1.3　倍压电路升压技术

由二极管和电容构成的倍压电路具有高效、成本低和拓扑简单的特点,其典型升压拓扑如图 1.10 所示。从结构角度看,倍压电路可以分为两类:第一类中间型倍压电路高增益直流变换器如图 1.10(a) 所示,为了降低开关的电压应力,倍压电路被钳位在主开关和输出电路之间;第二类输出侧倍压电路高增益直流变换器如图 1.10(g) 所示,倍压电路接在变压器结构的输出侧,将交流电压或脉动的直流电压整流,同时提升整流后的电压。图 1.10(b) ～ (d) 所示为传统倍压电路结构,也称为二极管 — 电容倍压单元,这些结构实现的电压增益相同,其中图 1.10(d) 通过增加一个谐振电感,实现了零电流开关,降低了开关损耗,提高了效率。图 1.10(e) 和图 1.10(f) 所示倍压单元使用电感实现升压,实现连续可调的电压增益。

半波和全波整流是由二极管和电容通过不同的连接设置形成。图 1.10(h) 所示为 Greinacher 倍压电路,其广泛应用在隔离型直流变换器的输出侧。这种整流器的缺点是二极管和输出电容的电压应力过高(等于输出电压)。Cockcroft-Walton 倍压电路与上述结构类似,如图 1.10(i) 所示。图 1.10(j) 所示为全波倍压电路,其输出电容具有较低的电压应力。图 1.10(k) 所示为三倍压电路,其广泛应用在隔离型或多电平输出串联结构。图 1.10(l) 所示为四倍压电路,由于其二极管和电容可平衡电压应力,因此适合于高增益场合。类似于级联的思想,在某些超高增益场合,单纯的倍压电容升压技术需要多级倍压电容的连接,电路复杂,对成本和稳定性均有所损害,一般将其与变压器结合,更容易实现高增益。

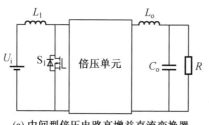

(a) 中间型倍压电路高增益直流变换器

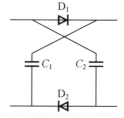

(b) 开关电容型倍压电路 I

图 1.10　倍压电路的典型升压拓扑

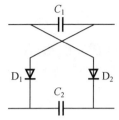

(c) 开关电容型倍压电路Ⅱ

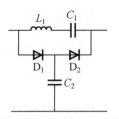

(d) 开关电容型倍压电路Ⅲ

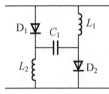

(e) 开关电感型倍压电路

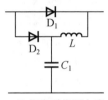

(f) 混合型倍压电路

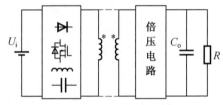

(g) 输出侧倍压电路高增益直流变换器

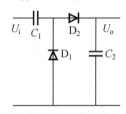

(h) Greinacher 倍压电路

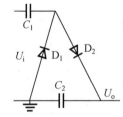

(i) Cockcroft-Walton 倍压电路

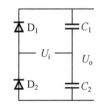

(j) 全波倍压电路

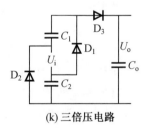

(k) 三倍压电路

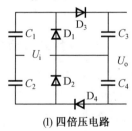

(l) 四倍压电路

续图 1.10

1.1.4 电压提升技术

电压提升技术首先由输入直流电源为中间电容充电,然后由中间电容为输出电容充电。通过重复这样的充电方法,进而衍生出双自举电压提升、三自举电压提升和四自举电压提升方法来提升输出电压水平。目前,电压提升技术被广泛用在 Cuk、Sepic 和 Zeta 变换器中。

电压提升技术也可以作为升压单元应用在高增益直流变换器中,图1.11(a)所示为电压提升单元实现的广义高增益直流变换器。图 1.11(b) 所示为初级电压提升电路。随后,又有学者在其中加入二极管,提出了一种高效率电压提升拓扑——单自举电路,如图 1.11(c) 所示,这种拓扑的主要优势在于结构简单和效率高。基于单自举电路添加电容和功率器件,形成了如图 1.11(d) 所示的双自举电路,其中开关 S 和电容 C_2 实现了双自举效果。

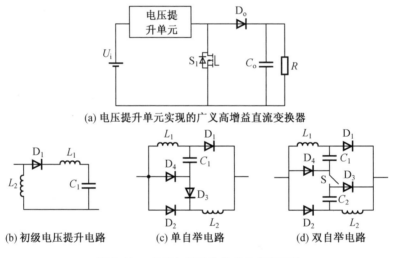

(a) 电压提升单元实现的广义高增益直流变换器

(b) 初级电压提升电路 (c) 单自举电路 (d) 双自举电路

图 1.11 基于电压提升技术的典型拓扑

1.1.5 磁耦合升压技术

磁耦合升压技术作为实现隔离或非隔离直流变换器最流行的方法之一,相比于分立式电感,减少了元器件的数量。然而,尽管磁耦合可以大大地提升电压增益,但是漏感的存在也引入了诸多问题。因此,对于磁耦合变换器,不得不考虑如何循环漏感能量到输出侧。

隔离直流变换器一直都是研究热点之一,因为通过设计匝比可以轻易实现高增益。图 1.12(a) 所示为隔离型高增益直流变换器广义结构,其中,变压器原边侧连接电源和功率器件,副边侧连接输出整流和滤波结构。通用的隔离变压器如图 1.12(b) 所示,通过设置线圈的数量和同名端,常见的几类隔离变压器有全桥、半桥、正激、推挽和反激变压器。

在不需要输入输出隔离的高增益应用场合,采用耦合电感升压不失为一种好的选择。图 1.12(c) 所示为耦合电感型高增益直流变换器广义结构。基本的耦合电感 Boost 变换器结构如图 1.12(d) 实线部分所示,副边电感充当受控电压源,在开关关断时,与原边和电源共同为负载提供能量。相比于传统的 Boost 变换器,该耦合电感 Boost 变换器增加了一个自由度,大大提升了电压增益,但是,实际中,耦合电感存在漏感,导致开关和输出二极管谐振严重,效率较低。为了转移漏感中储存的能量,引入了图 1.12(d) 中虚线所示的电容和二极管,这不仅抑制了开关的电压振铃,而且将漏感中储存的能量转移到钳位电容上,进而传输到输出侧,提升了效率。另外,漏感的能量也可以先在开关导通时储存在中间升压电容上,然后,当开关关断时,再与变压器共同向负载传递,含中间转移电容的耦合电感结构如图 1.12(e) 所示。为进一步提升转换增益,将开关电容与耦合电感结合,可以得出图1.12(f) 所示的升压拓扑,在开关关断时,耦合电感两个线圈为电容充电,在开关导通时,两个电容的能量转移到中间电容上,这样使得耦合电感的升压能力得到了充分的应用,同时解决了漏感问题,抑制了开关和输出二极管的振铃,使得高性能的功率器件得以使用。为了抑制开关漏源极之间的电压尖峰,同时提高效率,需要将耦合电感漏感中储存的能量转移到负载侧。这里采用二极管 — 电容构成的无源钳位电路实现这个目标,在有源耦合电感网络高增益直流变换器的基础上引入了无源钳位单元,如图 1.12(g) 所示。此外,还有准有源耦合电感结构、基本 Σ 形耦合电感结构、无源钳位单元与 Σ 形耦合电感结合的结构,分别如图 1.12(h) ～ (j) 所示。总之,在基于磁耦合的变换器中,磁性器件的设计非常关键,影响到整个系统性能的优劣。

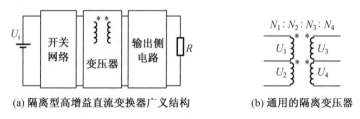

(a) 隔离型高增益直流变换器广义结构　　　(b) 通用的隔离变压器

图 1.12　基于变压器或耦合电感的典型升压拓扑

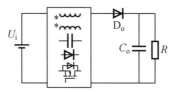

(c) 耦合电感型高增益直流变换器广义结构

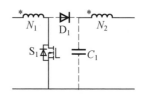

(d) 基本的耦合电感结构

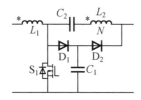

(e) 含中间转移电容的耦合电感结构

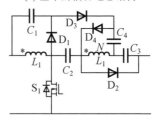

(f) 开关电容与耦合电感结合的结构

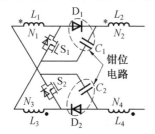

(g) 无源钳位单元与耦合电感结合的结构

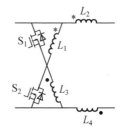

(h) 准有源耦合电感结构

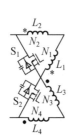

(i) 基本 Σ 形耦合电感结构

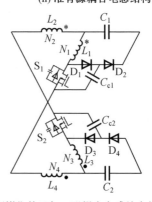

(j) 无源钳位单元与 Σ 形耦合电感结合的结构

续图 1.12

1.2　阻抗源网络

在各种电力变换(DC/DC、DC/AC、AC/DC、AC/AC)应用中,阻抗源网络为电源和负载之间的电能变换提供了一种有效途径。阻抗源网络广泛应用于可调速驱动器、不间断电源、分布式发电系统(燃料电池、光伏发电、风力发电等)、电池或超级电容器储能、电动汽车、分布式直流电源系统、航空电子设备、飞轮储能系统等领域。图1.13所示为具有不同开关单元的功率转换阻抗源网络的一般电路配置。

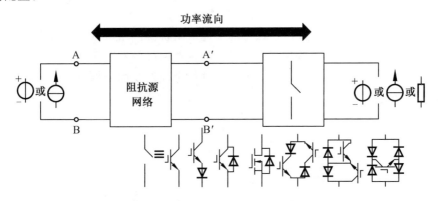

图 1.13　具有不同开关单元的功率转换阻抗源网络的一般电路配置

基本阻抗源网络是由两个线性储能元器件(即电感和电容)组合而成的二端口网络。通过在阻抗源网络中加入不同的非线性元器件(如二极管、开关或两者的组合)来提高装置整体的性能。最初,阻抗源网络是为了克服传统电压源逆变器和电流源逆变器的自身缺陷而发明的。一方面,电压源型变换器的交流输出电压被限制在输入电压以下,即降压型变换器,不能单独满足分布式发电和交流驱动的需要。因此它需要一个额外的高增益直流变换器来获得实际所需的输出交流电压,但这会增加系统成本并降低系统的效率。此外,开关器件容易受到电磁干扰,因为选通不当会导致变换器桥短路并损坏开关器件。这种情况下引入的死区会导致输出端的波形失真。另一方面,对于电流源型变换器,输出电压不能小于输入电压;对于宽电压范围应用领域,需要一个额外的直流降压变换器。另外,变换器的上下开关必须随时保持导通状态,否则会导致直流电感开路并损坏设备。

为了充分利用阻抗源网络的特性,采用了不同的开关配置,并用不同的脉宽调制和控制技术进行调制,以满足各种应用要求。开关配置范围从简单的单开关拓扑到非常复杂的多电平变换器和矩阵变换器。阻抗源变换器克服了传统电压源逆变器和电流源逆变器在概念和理论上的障碍和限制,这种拓扑的主要优点是它可以根据应用和需要操作电压源或电流源,并且输出电压可以从 0 变化到 ∞。自从 2002 年第一个"Z 源网络"被提出以来,许多具有改进调制和控制策略的新型拓扑被提出,以提高各种应用的性能。图1.14 所示为传统 Z 源阻抗源网络,它由电感 L_1、L_2 和两端连接的电容 C_1、C_2 组成"Z"形,在负载和源(电压源或电流源)之间起到缓冲作用。

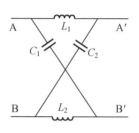

图 1.14　传统 Z 源阻抗源网络

　　目前,国内相关科研学者提出的含阻抗源网络的功率变换器主要是通过修改原始阻抗网络或重新排列电感、电容和功率半导体开关之间的连接来完成,每种网络都为特定的应用需求提供独特的功能。阻抗源网络根据是否含有变压器和耦合电感可分为无变压器和耦合电感型阻抗源网络及有变压器和耦合电感型阻抗源网络。下面对两种类型阻抗源网络进行全面系统的介绍,图 1.15 所示为阻抗源网络分类。

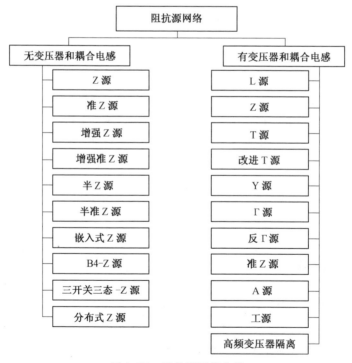

图 1.15　阻抗源网络分类

1.2.1　无变压器和耦合电感型阻抗源网络

1. Z 源／准 Z 源阻抗源网络

Z 源变换器按照馈电方式可分为电压型和电流型。然而,与传统的电压／电流型逆变器相比,阻抗源网络在电源和逆变器桥之间提供缓冲回路,并根据工作模式随时进入短路模态和开路模态。图 1.16(a) 和图 1.6(b) 分别给出了电压型 Z 源变换器和电流型 Z 源变换器。Z 源变换器具有输入电流断续这一特点,会影响输入电源的使用寿命;Z 源变换器的电压增益较低、器件应力较大;Z 源变换器在启动时会产生较大的冲击电流;Z 源网络输入输出不共地,容易产生电磁干扰。针对上述不足提出的开关电感 Z 源变换器改善了升压能力,但是存在启动冲击电流过大、输入输出不共地、输入电流断续等缺点。为此,提出了如图 1.17 所示的准 Z 源变换器,准 Z 源变换器实现了输入输出共地,改善了输入电流特性,抑制了启动冲击电流。

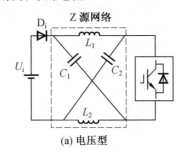
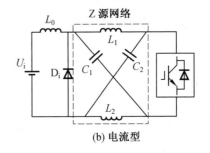

(a) 电压型　　　　　　　　　　　　　　(b) 电流型

图 1.16　Z 源变换器

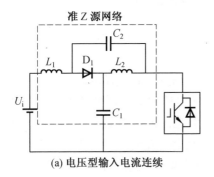
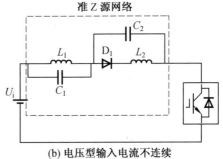

(a) 电压型输入电流连续　　　　　　　　(b) 电压型输入电流不连续

图 1.17　准 Z 源变换器

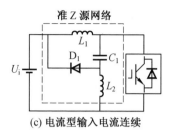

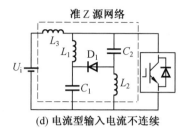

(c) 电流型输入电流连续　　　　　　　(d) 电流型输入电流不连续

续图 1.17

2. 增强 Z 源／增强准 Z 源阻抗源网络

如图 1.18 所示,增强 Z 源变换器由 4 个电感、2 个电容和 6 个二极管构成,其中,L_1—L_3—D_1—D_2—D_3 组成第一路电感单元,L_2—L_4—D_4—D_5—D_6 组成第二路电感单元。这两路电感单元的作用就是,在主电路开关过程中将电容的能量储存或者传递到直流链。该拓扑的优点是,在相同的直通占空比条件下,能够获得比传统拓扑更高的升压因子;由于 Z 源电容电压极性与输入电压极性一致,因此在获得相同的直流链电压时,电容电压应力显著减小。

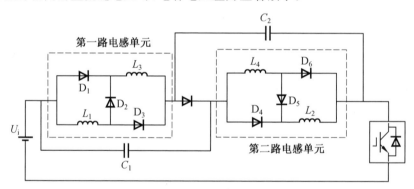

图 1.18　增强 Z 源变换器

针对开关电感型准 Z 源变换器升压能力不足这一问题,提出通过级联开关电感来提升 Z 源变换器升压能力的思想。在开关电感型准 Z 源变换器拓扑的基础上,增加二极管 D_4、D_5、D_6,电感 L_4 构成增强 Ⅰ 型准 Z 源变换器;增加二极管 D_4、D_5,电容 C_4,电感 L_4 构成增强 Ⅱ 型准 Z 源变换器。在避免硬件结构过于复杂的前提下,增强准 Z 源变换器有效地提升 Z 源变换器的升压能力,如图 1.19 所示。增强 Ⅰ 型准 Z 源变换器和增强 Ⅱ 型准 Z 源变换器在拓扑结构上非常相似,唯一的区别是增强 Ⅱ 型准 Z 源变换器用自举电容 C_4 代替了增强 Ⅰ 型准 Z 源变换器中的二极管 D_6。

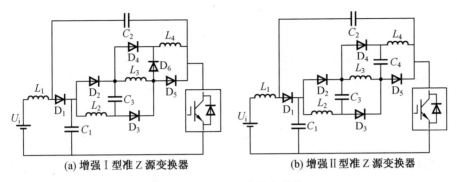

(a) 增强 I 型准 Z 源变换器　　　　　　(b) 增强 II 型准 Z 源变换器

图 1.19　增强准 Z 源变换器

3. 半 Z 源 / 半准 Z 源阻抗源网络

为了在并网光伏发电系统中实现低成本和高效率的目标,提出了半 Z 源和半准 Z 源变换器,如图 1.20 所示。只有两个有源开关的半准 Z 源网络具有升压功能和双地特性(光伏板和交流输出端都可以接地),隔离光伏板没有泄漏电流,提高了安全性,含有该种网络的变换器需要采用一种改进非线性正弦脉宽调制方法。与传统的 Z 源变换器和准 Z 源变换器相比,半 Z 源变换器和半准 Z 源变换器的显著优点是开关的数量少,缺点是开关器件上的电压应力很高。这种拓扑结构适用于含有高压 SiC(碳化硅) 器件的光伏并网逆变器。

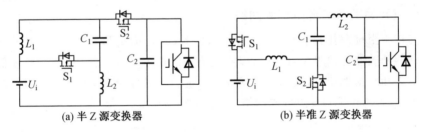

(a) 半 Z 源变换器　　　　　　　　(b) 半准 Z 源变换器

图 1.20　半 Z 源和半准 Z 源变换器

4. 嵌入式 Z 源阻抗源网络

为了在光伏发电系统中实现连续的输入电流和较低的电容器额定电压,提出了嵌入式 Z 源变换器,如图 1.21 所示。图 1.21 给出了一个两级嵌入式 Z 源变换器的电路拓扑。除此之外,还有其他类似的嵌入式拓扑,其中含有一个或两个直流输入电源的电路拓扑适用于电池存储系统。

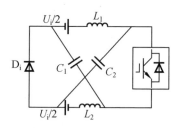

图 1.21　嵌入式 Z 源变换器

5. B4－Z 源阻抗源网络

为进一步减少传统 B4 电压型变换器中有源器件的数量,提高其可靠性和经济性,提出了一种将 B4 电压型拓扑加入 Z 源变换器的 B4－Z 源变换器,如图1.22所示。该拓扑广泛应用于三相电能变换系统中。

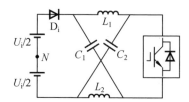

图 1.22　B4－Z 源变换器

6. 三开关三态 Z 源阻抗源网络

与传统阻抗源拓扑相比,三开关三态(Three Switch Three State,TSTS)拓扑所需的开关器件数量少,因此可以实现更高的功率密度。此外,它具有较低的电压应力和双接地特性,适用于光伏发电系统。其可分为 Boost-TSTS 阻抗源网络和 Buck-Boost-TSTS 阻抗源网络,如图 1.23 所示。

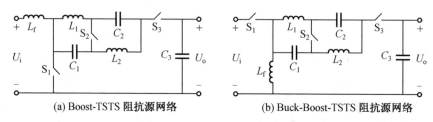

(a) Boost-TSTS 阻抗源网络　　　　　(b) Buck-Boost-TSTS 阻抗源网络

图 1.23　TSTS－Z 源变换器

7. 分布式 Z 源阻抗源网络

分布式阻抗网络,如传输线路等效模型和混合液晶元器件,可用于 Z 源变换器,如图1.24所示。这些分布式 Z 源网络很难实现,但分布式 Z 源阻抗源变换器不需要附加额外的二极管或开关来实现升压功能,因此其元件数量可达到最小化。这种拓扑可为设计更优越的阻抗源网络提供有效途径,通过利用在较高频率下的分布式电感和电容来设计射频功率变换器。

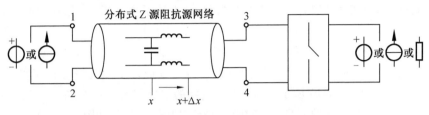

图 1.24　分布式 Z 源变换器

1.2.2　有变压器和耦合电感型阻抗源网络

1. L 源耦合电感阻抗源网络

为提高传统单电感 L 源变换器的输出增益,提出一种 Tap 型耦合电感单元和倍压 Tap 型耦合电感单元代替传统 L 源变换器中的单电感,相继得到 Tap 型 L 源耦合电感变换器和倍压 Tap 型 L 源耦合电感变换器,拓扑结构如图 1.25 所示。相比于 X 型结构的阻抗源变换器,Tap 型和倍压 Tap 型 L 源耦合电感变换器提高了升压能力,实现了连续的输入电流,输入输出共地,抑制了启动冲击电流,减小了元件数量,同时大大地拓宽了直通占空比的取值范围。

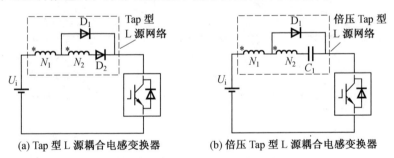

(a) Tap 型 L 源耦合电感变换器　　(b) 倍压 Tap 型 L 源耦合电感变换器

图 1.25　耦合电感 L 源变换器

2. Z 源耦合电感阻抗源网络

图 1.26 所示为 Tap 型耦合电感衍生过程示意图。由图可见,通过以耦合电感单元代替多级开关电感单元,利用辅助二极管实现耦合电感的初、次级绕组并联充电、串联放电,进而得到了 Tap 型耦合电感单元。将 Tap 型耦合电感引入 Z 源变换器,提出了 Tap 型耦合电感 Z 源(简称 Tap 型 Z 源)网络,实现了更高的升

压能力,减少了无源器件的数量,Tap 型 Z 源拓扑结构如图 1.27(a) 所示。尽管 Tap 型 Z 源网络具有较高的电压增益,但是仍然存在较多的二极管,加大了系统损耗。针对这一问题,提出了 TZ 源网络,通过改变耦合电感初、次级绕组与 Z 源电容的连接方式,在保持原有升压能力的基础上,去掉了图 1.27(a) 拓扑中的辅助二极管,降低器件数量,提高了效率,TZ 源拓扑结构如图 1.27(b) 所示。通过用三绕组耦合电感替换 TZ 源网络中的两个绕组耦合电感,得到了 YZ 源网络,该网络在绕组匹配上有更高的自由度,即相同的电压增益可以通过不同的绕组匹配实现,YZ 源拓扑结构如图 1.27(c) 所示。通过改变绕组的数量和连接方式,提出反接式耦合电感 Z 源网络和 Σ−Z 源网络,其拓扑结构分别如图 1.27(d) 和图 1.27(e) 所示。与上述其他耦合电感阻抗网络不同的是,Σ−Z 源网络的耦合电感匝比范围在 1~2 之间,且电压增益随着匝比减少而增大,为反比型耦合电感阻抗源网络。

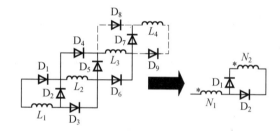

图 1.26　Tap 型耦合电感衍生过程示意图

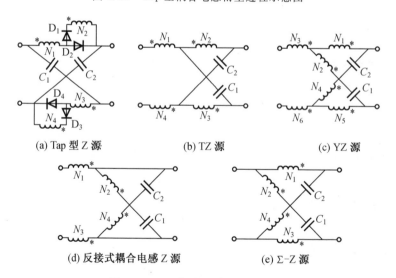

(a) Tap 型 Z 源　　　(b) TZ 源　　　(c) YZ 源

(d) 反接式耦合电感 Z 源　　　(e) Σ−Z 源

图 1.27　Z 源耦合电感阻抗源网络

尽管上述 Z 源耦合电感阻抗源网络大大提高了升压能力,但是输入电流依然处于断续状态。为了改善其输入电流状态,提出一种嵌入式 Z 源耦合电感阻抗源网络(简称嵌入式 Z 源),其广义的拓扑结构如图 1.28(a) 所示。 相比于图 1.28(b) 中的传统 Z 源耦合电感阻抗源变换器,嵌入式 Z 源耦合电感阻抗源变换器实现了连续的输入电流,抑制了启动冲击电流,并且降低了一个电容的电压应力。但是嵌入式 Z 源耦合电感阻抗源变换器的 X 型阻抗网络结构没有改变,输入输出依然不共地。

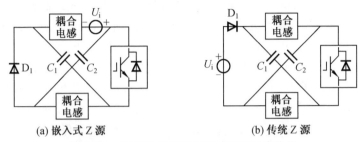

(a) 嵌入式 Z 源　　　　　　　　　　(b) 传统 Z 源

图 1.28　广义的 Z 源耦合电感阻抗源变换器

3. T 源耦合电感阻抗源网络

　　为了改善 Z 源耦合电感阻抗源变换器输入输出不共地的缺点,提出一种 T 源耦合电感阻抗源变换器,其拓扑结构如图 1.29(a) 所示。相比于 Z 源耦合电感阻抗源变换器,T 源耦合电感阻抗源变换器实现了输入输出共地,减少了元器件数量。通过改变耦合电感的绕组数量和连接方式提出了新型 T 源耦合电感阻抗源变换器,其拓扑结构如图 1.29(b) ～ (d) 所示。

　　图 1.29(b) 所示为 Y 源变换器,它保持了 YZ 源阻抗网络电压增益与匝比关系的特性,即相同的电压增益可以通过不同的绕组匹配实现。图 1.29(c) 所示为 Γ 源变换器,其电压增益随着耦合电感匝比增加而减小,为反比型耦合电感阻抗源变换器。图 1.29(d) 所示为反 Γ 源变换器,其电压增益随着耦合电感匝比增加而增大,为正比型耦合电感阻抗源变换器。

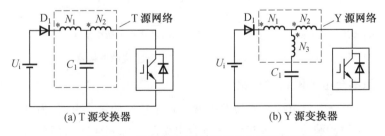

(a) T 源变换器　　　　　　　　　　(b) Y 源变换器

图 1.29　T 源及新型 T 源耦合电感阻抗源变换器

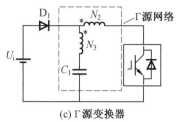

(c) Γ源变换器

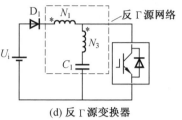

(d) 反Γ源变换器

续图 1.29

尽管上述 T 源及新型 T 源耦合电感阻抗源变换器实现了输入输出共地,减少了元器件数量,但是输入电流断续。为解决上述问题,提出一种改进 T 源耦合电感阻抗源网络,通过引入输入电容,实现了连续的输入电流,并且进一步提高了电压增益。同样地,通过改变耦合电感的绕组数量和连接方式,改进 Y 源变换器、改进 Γ 源变换器和改进反 Γ 源变换器依次被提出,其拓扑结构如图 1.30 所示。

上述改进 T 源及新型 T 源耦合电感阻抗源变换器同样保留了电压增益与相应绕组匝比关系的特性,只是电压增益随直通占空比的变化关系存在着不同,即升压能力不同。

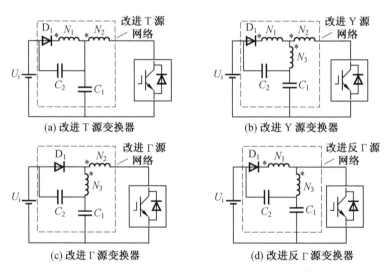

(a) 改进 T 源变换器

(b) 改进 Y 源变换器

(c) 改进 Γ 源变换器

(d) 改进反 Γ 源变换器

图 1.30　改进 T 源及新型 T 源耦合电感阻抗源变换器

4. 准 Z 源耦合电感阻抗源网络

嵌入式 Z 源耦合电感阻抗源变换器虽然实现了连续的输入电流,但是依然存在输入输出不共地的缺点。而改进 T 源耦合电感阻抗源变换器也存在输入电容电压应力过大的缺点。针对上述问题,提出了准 Z 源耦合电感阻抗源网络,实现了连续的输入电流,输入输出共地,并抑制了启动冲击电流。将准 Z 源耦合电感阻抗源网络与 Tap 型耦合电感、Y 型耦合电感、T 型耦合电感、Γ 型耦合电感和反 Γ 型耦合电感结合,提出了一系列准 Z 源耦合电感阻抗源变换器,其拓扑结构如图 1.31 所示。

　　上述耦合电感单元的引入,大大地改善了系列准 Z 源变换器的升压能力,并且图 1.31(c)～(f) 所示的准 Y 源变换器、准 T 源变换器、准 Γ 源变换器和准反 Γ 源变换器均保留了电压增益与相应绕组匝比关系的特性。

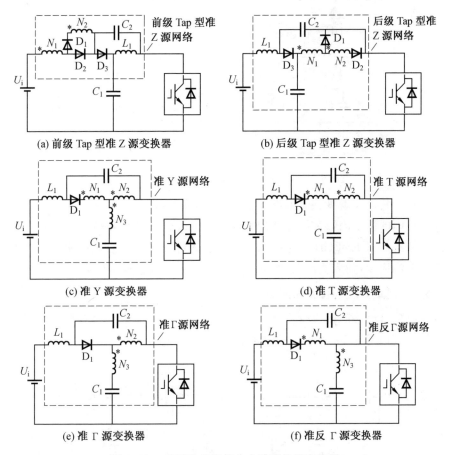

图 1.31　系列准 Z 源耦合电感阻抗源变换器

　　通过将图 1.31(c)～(f) 中系列准 Z 源耦合电感阻抗源变换器的电容 C_2 和二极管 D_1 的位置对调,改变电容和电感单元的充放电路径,得到了改进系列准 Z

源耦合电感阻抗源变换器,其拓扑结构如图 1.32 所示。

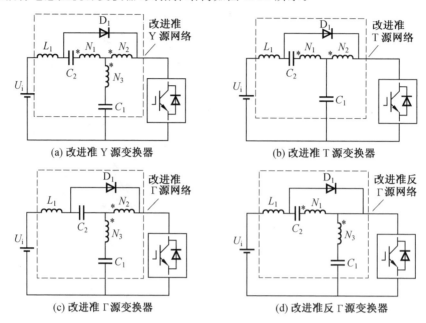

(a) 改进准 Y 源变换器　　　　　　(b) 改进准 T 源变换器

(c) 改进准 Γ 源变换器　　　　　　(d) 改进准反 Γ 源变换器

图 1.32　改进系列准 Z 源耦合电感阻抗源变换器

相比于传统 Y 源变换器和准 Y 源变换器,图 1.32(a) 所示的改进准 Y 源变换器具有不同的绕组因数和绕组匹配方式。其他改进准 Z 源耦合电感阻抗源变换器拓扑结构如图 1.32(b) ~ (d) 所示。上述改进准 Z 源耦合电感阻抗源变换器的输入电流连续,输入输出共地,并且具有较低的二极管电压应力。

5. A 源耦合电感阻抗源网络

A 源耦合电感阻抗源变换器如图 1.33 所示,图中给出了含有吸收回路的 A 源网络及其改进网络。每个吸收电路包括两个电容、一个辅助二极管和一个电感。

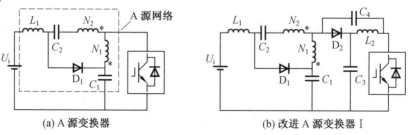

(a) A 源变换器　　　　　　(b) 改进 A 源变换器 I

图 1.33　A 源耦合电感阻抗源变换器

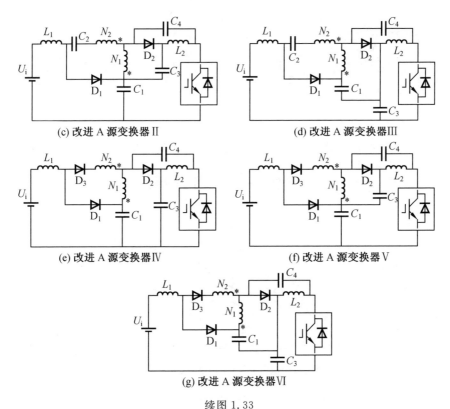

(c) 改进 A 源变换器Ⅱ

(d) 改进 A 源变换器Ⅲ

(e) 改进 A 源变换器Ⅳ

(f) 改进 A 源变换器Ⅴ

(g) 改进 A 源变换器Ⅵ

续图 1.33

6. 工源耦合电感阻抗源网络

为进一步转移漏感中储存的能量到输出侧,从而减轻开关两端的电压尖峰,同时也可以进一步提升电压增益,这里引入了二极管和电容构成的钳位－升压电路,即针对基本的工源耦合电感阻抗源变换器拓扑的特点,使用的二极管和电容构成的电路不仅起到了钳位开关电压应力的作用,而且在将漏感能量转移到输出侧的过程中提升了电压增益的作用,其主要拓扑如图 1.34 所示。

7. 高频变压器隔离阻抗源网络

将各种 Z 源阻抗源网络与高频变压器隔离相结合构建新拓扑,实现电气隔离,拓宽输入范围,提出一族电压型和电流型隔离 Z 源变换器。图 1.35 和图1.36所示为不同类型的隔离 Z 源变换器,它们是由现有的电压型和电流型 Z 源、准 Z 源和 T 源单级变换器结构衍生出来的。总体思路是将单级 Z 源网络中的电感替换为储能变压器(或耦合电感),并在变压器二次侧构建一个新的阻抗源网络。为了使系统正常运行,在电源端需要增加一个有源开关。因此,变压器在一次侧

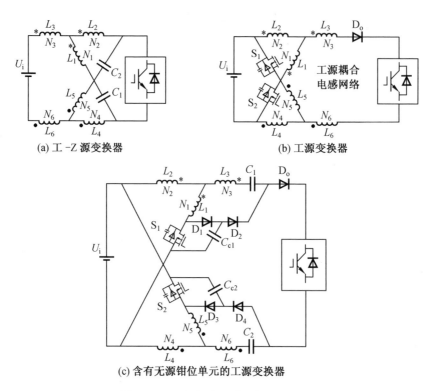

(a) 工-Z 源变换器   (b) 工源变换器

(c) 含有无源钳位单元的工源变换器

图 1.34 工源耦合电感阻抗源变换器

和二次侧的工作模式与传统 Z 源网络的电感工作模式一样;同时,能量可以通过变压器进行转移。除此之外,这些拓扑还能适应电压更低、范围更广的直流电源,可用在低电压可再生能源的应用领域,如光伏、燃料电池等。按照上述思路,也可以衍生出其他含有高频变压器的阻抗源网络,这里不再赘述。

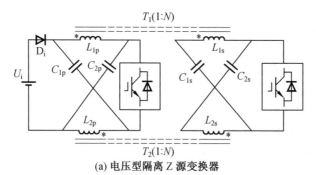

(a) 电压型隔离 Z 源变换器

图 1.35 一族电压型隔离 Z 源变换器

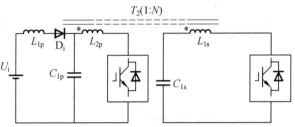

(b) 电压型隔离准 Z 源变换器（连续输入电流）

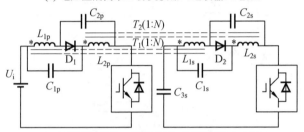

(c) 电压型隔离准 Z 源变换器（不连续输入电流）

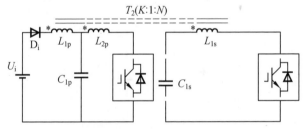

(d) 电压型隔离 T 源变换器（Ⅰ型）

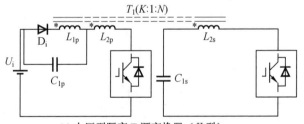

(e) 电压型隔离 T 源变换器（Ⅱ型）

续图 1.35

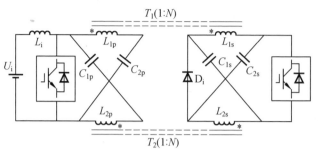

(a) 电流型隔离 Z 源变换器

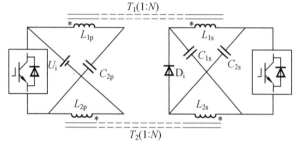

(b) 电流型隔离准 Z 源变换器（不连续输入电流）

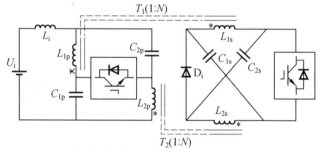

(c) 电流型隔离准 Z 源变换器（连续输入电流）

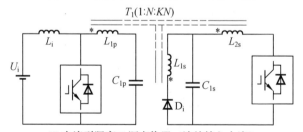

(d) 电流型隔离 T 源变换器（连续输入电流）

图 1.36　一族电流型隔离 Z 源变换器

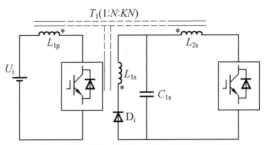

(e) 电流型隔离 T 源变换器（不连续输入电流）

续图 1.36

1.2.3　阻抗源逆变器的控制策略

本小节主要对阻抗源逆变器的升压控制策略、直通调制策略和直流链电压闭环控制策略进行简要介绍。

1. 升压策略

在阻抗源逆变器被提出后,很多学者对其升压控制策略进行了大量研究,典型的升压控制策略主要有:简单正弦脉宽调制(Sinusoidal Pulse Width Modulation,SPWM)升压策略、最大 SPWM 升压策略和恒定最大 SPWM 升压策略等。上述升压策略是在保证其他矢量输出状态不变的前提下,通过改变直通占空比和零矢量作用时间的替换比例来调节阻抗源逆变器的电压增益,进而实现升压控制,具体原理如下。

简单 SPWM 升压策略原理如图 1.37 所示,图中 u_a、u_b、u_c 为调制信号,其表达式如下:

$$u_a = M\sin \omega t \tag{1.1}$$

$$u_b = M\sin\left(\omega t + \frac{2\pi}{3}\right) \tag{1.2}$$

$$u_c = M\sin\left(\omega t + \frac{4\pi}{3}\right) \tag{1.3}$$

式中　M—— 调制度。

如图 1.37 所示,将参考电压 u_o 和 u_d 与载波信号进行比较,当载波信号值大于 u_o 或小于 u_d 时,逆变桥的所有开关处于导通状态,实现了直通矢量对零矢量的替换。根据式(1.1) ～ (1.3)可知,当调制度 M 增大时,可利用的直通占空比减小,这种简单 SPWM 升压策略的最大直通比被限制为 $1-M$。在简单 SPWM 升压策略下,每个载波周期的直通占空比相同,阻抗网络的输出电压相同,直流链电压稳定,但是由于没有最大程度利用零矢量,因此无法实现最大增益输出。

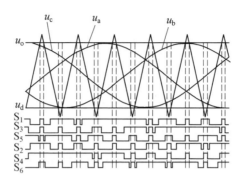

图 1.37　简单 SPWM 升压策略原理

为了在调制度固定的情况下实现最大增益输出,提出阻抗源逆变器的最大 SPWM 升压策略,其原理如图 1.38 所示。

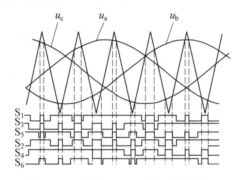

图 1.38　最大 SPWM 升压策略原理

从图 1.38 可以看出,当三角载波信号大于或小于三相正弦调制信号 u_a、u_b、u_c 时,逆变桥的所有开关处于导通状态,实现了将零矢量全部替换为直通矢量,将电压增益最大化。但是在固定的调制度下,由于每个载波周期内零矢量的作用时间不同,因此直通占空比是变化的,其变化频率为 6 倍输出电压频率,这将导致每个载波周期的阻抗网络输出电压均不相等,产生直流链电压脉动。同样,在最大 SPWM 升压策略下阻抗源网络的输入电流、电感电流、电容电压、开关电压均会由于直通占空比的变化而产生脉动。

为了在实现最大增益输出的同时尽可能降低直流链电压脉动,提出恒定最大 SPWM 升压策略,其原理如图 1.39 所示。通过上下两条参考电压 u_p、u_n 与载波信号进行比较,产生开关器件的触发信号来实现恒定最大 SPWM 升压控制。其中参考电压 u_p 和 u_n 的表达式如下:

$$\begin{cases} u_{\mathrm{p}} = \sqrt{3}\,M + M\sin\left(\theta - \dfrac{2\pi}{3}\right) \\ u_{\mathrm{n}} = M\sin\left(\theta - \dfrac{2\pi}{3}\right) \end{cases} \qquad \left(0 < \theta < \dfrac{\pi}{3}\right) \qquad (1.4)$$

$$\begin{cases} u_{\mathrm{p}} = M\sin\theta \\ u_{\mathrm{n}} = M\sin\theta - \sqrt{3}\,M \end{cases} \qquad \left(\dfrac{\pi}{3} < \theta < \dfrac{2\pi}{3}\right) \qquad (1.5)$$

从图 1.39 可以看出,当三角载波信号大于参考电压 u_{p} 或者小于 u_{n} 时,逆变器的所有开关处于导通状态,在保证直流链电压脉动降到最低的情况下将剩余零矢量全部转化为直通矢量,实现恒定最大 SPWM 升压控制。

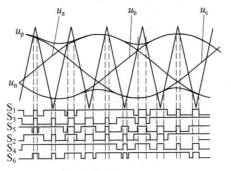

图 1.39　恒定最大 SPWM 升压策略原理

对比三种升压策略,尽管最大 SPWM 升压策略和恒定最大 SPWM 升压策略可以在固定调制度下获得较高的电压增益,但是这两种升压策略均会使直流链电压产生低频脉动,并且恒定最大 SPWM 升压策略实现起来较为复杂。国内科研学者余一帆分析了上述升压策略下电容电压和电感电流低频脉动的原理,给出了其低频脉动的影响因素,提出通过改变平均直通占空比来降低电容电压和电感电流的低频脉动,但是其直通占空比变化范围较大导致了电感电流过大。

部分学者提出简单空间矢量脉宽调制(Space Vector Pulse Width Modulation,SVPWM)升压控制策略。该方法的实现原理是将传统的正弦调制波注入三次谐波。设置调制波的最大峰值电压和最小峰值电压为上下两个参考值并与三角载波进行比较,当最大参考值大于载波或最小参考值小于载波时,产生直通矢量触发信号。该升压策略在固定的调制下进一步拓宽了直通占空比的取值范围,提高了阻抗源逆变器的输出增益。还有的学者将最大 SPWM 升压控制方式引入 SVPWM 策略,提出了最大 SVPWM 升压策略,进一步提高了电压增益。SVPWM 升压控制策略改善了直流电压利用率,提高了阻抗源逆变器的升压能力,目前已经被广泛应用。

2. 直通调制策略

（1）桥臂直通方式。

通过上述分析可知，阻抗源逆变器主要是通过以直通状态代替传统调制策略的零矢量状态来实现单级升降压功能。直通状态是指逆变桥臂上下开关同时导通，其直通方式主要分为单相直通、双相直通和三相直通，直通原理如图 1.40 所示。

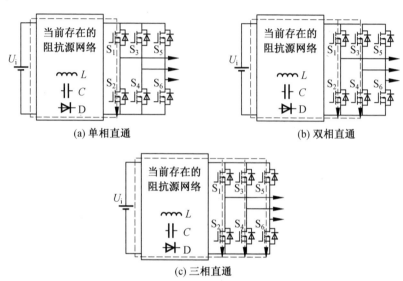

(a) 单相直通 (b) 双相直通

(c) 三相直通

图 1.40　三种桥臂直通原理

单相直通是指直通状态每次由一个桥臂直通实现，存在三种组合方式。双相直通是指直通状态每次由两个桥臂直通实现，同样存在三种组合方式。三相直通仅存在一种组合方式，即直通状态由三个桥臂同时直通实现。上述三种桥臂直通方式在直通电流相同时，直通相数越多逆变器开关的电流应力越低，能够避免某一相桥臂电流过大或发热严重等情况的出现，但需要对开关器件进行同步控制以保证各直通桥臂的电流均衡。

（2）直通分段方式。

阻抗源逆变器的升压控制策略主要有简单 SPWM 升压策略、最大 SPWM 升压策略、恒定最大 SPWM 升压策略、简单 SVPWM 升压策略和最大 SVPWM 升压策略。相比于 SPWM 升压策略，SVPWM 升压策略提高了直流电压利用率，改善了阻抗源逆变器的电压增益，降低了谐波含量。

接下来以简单 SVPWM 升压策略为例对其直通分段方式进行介绍。简单

SVPWM 升压策略的直通分段方式主要有单直通 SVPWM、四直通 SVPWM 和六直通 SVPWM 三种。

① 单直通 SVPWM 是指一次性完成直通矢量与零矢量的替换。由于七段式 SVPWM 存在三处零矢量,无法一次性完成替换,因此,单直通 SVPWM 仅适用于五段式 SVPWM,其第一扇区的开关时序如图 1.41 所示。

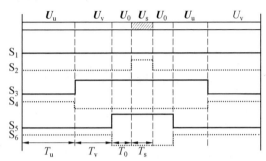

图 1.41　单直通 SVPWM 的第一扇区开关时序

图 1.41 中的 T_u、T_v、T_0 和 T_s 分别为起始矢量 U_u、终止矢量 U_v、零矢量 U_0 和直通矢量 U_s 的作用时间,单直通 SVPWM 各开关开通时间为

$$\begin{cases} T_a = T_s \\ T_b = T_u \\ T_c = T_u + T_v \end{cases}, \quad \begin{cases} T_A = T_u + T_v + T_s + T_0 \\ T_B = T_v + T_s + T_0 \\ T_C = T_s + T_0 \end{cases} \tag{1.6}$$

式中　T_A、T_B、T_C——开关 S_1、S_3、S_5 的开通时间;

　　　　T_a、T_b、T_c——开关 S_2、S_4、S_6 的开通时间。

② 四直通 SVPWM 是指在保证其他矢量作用时间不变的前提下,将直通矢量分成四份,分别注入零矢量 U_0、起始矢量 U_u、终止矢量 U_v 的切换位置,其第一扇区的开关时序如图 1.42 所示。

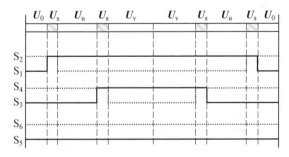

图 1.42　四直通 SVPWM 的第一扇区开关时序

四直通 SVPWM 各开关开通时间为

$$
\begin{cases}
T_a = \dfrac{2T_0 + T_s}{2} \\[2mm]
T_b = T_u + T_s + T_0 \\[2mm]
T_c = T_u + T_v + T_s + T_0
\end{cases}
,\quad
\begin{cases}
T_A = T_u + T_v + T_s \\[2mm]
T_B = \dfrac{2T_v + T_s}{2} \\[2mm]
T_C = 0
\end{cases}
\tag{1.7}
$$

③ 六直通 SVPWM 是指在保证其他矢量作用时间不变的前提下,将直通矢量分成六份,分别注入零矢量 U_0、起始矢量 U_u、终止矢量 U_v 的切换位置,其第一扇区的开关时序如图 1.43 所示。

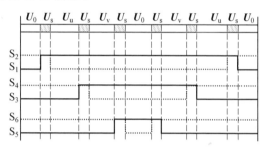

图 1.43 六直通 SVPWM 的第一扇区开关时序

六直通 SVPWM 各开关开通时间为

$$
\begin{cases}
T_a = \dfrac{2T_s + 3T_0}{6} \\[2mm]
T_b = \dfrac{6T_v + 4T_s + 3T_0}{6} \\[2mm]
T_c = \dfrac{2T_u + 2T_v + 2T_s + T_0}{2}
\end{cases}
,\quad
\begin{cases}
T_A = \dfrac{2T_u + 2T_v + 2T_s + T_0}{2} \\[2mm]
T_B = \dfrac{6T_v + 4T_s + 3T_0}{6} \\[2mm]
T_C = \dfrac{2T_s + 3T_0}{6}
\end{cases}
\tag{1.8}
$$

将直通矢量分段主要是为了在不改变其他矢量作用时间的前提下减小电感电流脉动。根据阻抗源逆变器的工作原理可知,电感元件在直通状态充电,电流上升;在非直通状态放电,电流下降。因此,直通矢量分段越多,电感电流脉动幅值越小,但是在多直通分段方式下电感充放电频率过高,导致磁芯损耗变大。

3.直流链电压闭环控制策略

当前存在的直流链电压闭环控制策略主要有直接控制和间接控制两种方法,两种方法的主要区别在于反馈变量的类型不同。

① 直接控制是将采集的直流链电压作为反馈量,根据给定量与反馈量的偏差来修正直通占空比进而实现对直流链电压的控制,直接控制系统框图如图 1.44(a)所示。该方法具有良好的动态响应特性。但是,由于直流链电压为高频脉冲输出,信号不易采集,硬件实现复杂。

② 间接控制是将采集的阻抗网络电容电压作为反馈量,通过调节直通占空比对反馈量进行控制,由于电容电压与直流链电压存在理论换算关系,因此可以实现对直流链电压的间接控制,间接控制系统框图如图1.44(b)所示。该方法虽然响应速度较直接控制方式略慢,但是硬件上容易实现。

控制算法上,阻抗源逆变器沿用了传统的PID算法、模糊控制、滑模控制、模型预测控制和神经网络等,将这些算法与阻抗源逆变器控制进行结合,提高了阻抗源逆变器的闭环控制特性。

控制模式主要有电压控制模式和电压电流双控制模式。电压控制模式是通过采集电压与给定值取偏差,经过相应的控制算法,得出直通占空比,进而实现升降压控制。电压电流双控制模式是通过采集电压与给定值取偏差,经过电压环算法得出给定电流值,将采集的电流值与给定电流值取偏差,经过电流环算法给出直通占空比,实现升降压控制。相比于电压控制模式,电压电流双控制模式具有优良的稳态特性和动态特性,但是实现起来也相对复杂。

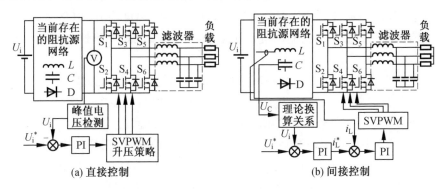

图 1.44　直流链电压闭环控制系统框图

由国内外相关研究可以总结出直流链电压闭环控制策略还存在以下问题。

(1) 在直通调制策略方面。

大部分研究集中于降低逆变桥臂电流应力和抑制电感电流脉动的方法,但是对输入电流脉动抑制方法的研究却十分稀少。输入电流脉动过大会对输入电源产生较大冲击,增加输入侧和逆变器侧器件的电流应力,增加系统成本,并且当输入电源电流路径与阻抗源网络的电感电流路径相同时,电感容易饱和。

(2) 在母线电压调节方面。

大量研究选择阻抗源网络而不选择DC/DC变换器的原因是,基于DC/DC变换器的升降压逆变系统是两级系统,控制复杂、稳定性差,而阻抗源逆变器则可以实现单级升降压特性。但是DC/DC变换器可以灵活地工作在电感电流连续和断续两种状态下,而阻抗源逆变器在电感电流断续时会出现母线电压跌落,导致逆变器输出波形畸变,无法正常工作。如何解决电感电流断续引起的母线电压跌落问题是非常值得探讨和分析的。

(3) 在闭环控制策略方面。

间接控制和直接控制均是通过控制直流链电压来实现对逆变器输出电压的控制,但是由于器件存在压降,对直流链电压的控制无法准确控制阻抗源逆变器的输出电压。同时,直流链电压与直通占空比之间存在非线性关系,影响系统的稳定性。如何准确、稳定地控制逆变器输出电压成了一个亟待解决的问题。

1.3 阻抗源网络与高增益 DC/DC 变换器之间的联系

1.2 节所提出的拓扑均从 Z 源等阻抗源网络推导得出。尽管阻抗源 DC/DC 变换器和高增益 DC/DC 变换器都可以实现电压的大幅度提升,但是在此之前,学界皆将两类变换器分开进行研究。实际上,两类 DC/DC 变换器之间存在着联系,可以实现相互转化。

本节从阻抗源网络和高增益 DC/DC 变换器的特点出发,探究阻抗源 DC/DC 变换器中存在的典型缺点,衍生出基于阻抗源网络的高增益 DC/DC 变换器,揭示了阻抗源 DC/DC 变换器和高增益 DC/DC 变换器之间的关系。

另外,将三电平思想拓展到耦合电感型高增益 DC/DC 变换器中,衍生出一系列的三电平高增益 DC/DC 变换器,这类变换器更加适合于高增益应用场合。三电平思想的引入,为高增益 DC/DC 变换器拓扑的演绎提供了一个新的思路。

1.3.1 阻抗源网络到高增益 DC/DC 变换器的演绎

将 1.2 节中提出的部分典型的阻抗源网络与基本的 Boost 变换器结合,构成了一系列阻抗源 DC/DC 变换器,如图 1.45 所示。

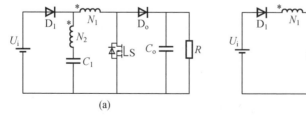

图 1.45 一系列阻抗源 DC/DC 变换器

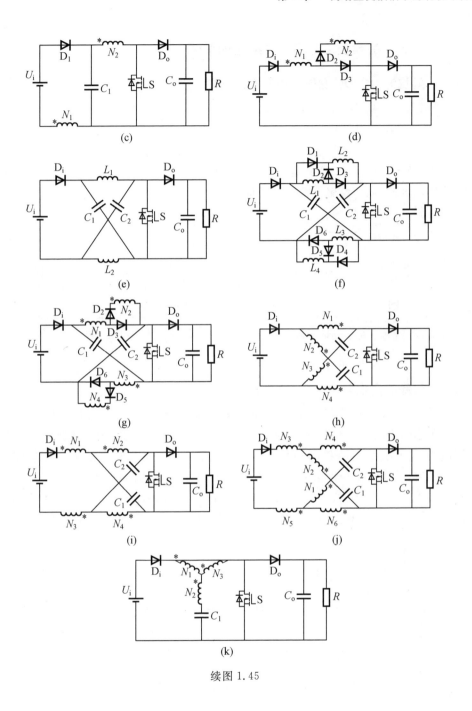

续图 1.45

1.3.2 高增益 DC/DC 变换器的演绎

1.阻抗源 DC/DC 变换器中存在的问题

根据图 1.45 所示的一系列阻抗源 DC/DC 变换器拓扑,广义的阻抗源 DC/DC 变换器可以简化为图 1.46(a)所示拓扑,从图中可以得出,阻抗源 DC/DC 变换器存在的一个典型问题是开关的电压应力与输出电压相等,不利于低导通电阻 MOSFET(金属－氧化物半导体场效应管)的使用,这也不利于变换器性能的改进。因此,如何减轻开关的电压应力成为关键。

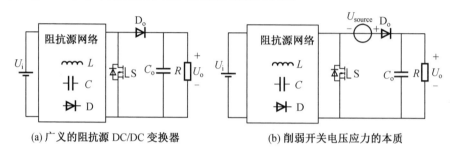

(a)广义的阻抗源 DC/DC 变换器   (b)削弱开关电压应力的本质

图 1.46　阻抗源 DC/DC 变换器存在的问题

2.演绎的高增益 DC/DC 变换器

高增益 DC/DC 变换器中,削弱开关电压应力的本质在于在变换器输出电容和开关之间串联等效 DC/DC 电压源,如 1.46(b)所示。因此,为了减轻开关的电压应力,将开关适当前移,同时,对应的二极管、电感和电容需要做出一定的移位。最后,基于阻抗源网络的高增益 DC/DC 变换器如图 1.47 所示。

表 1.1 对相关变换器理想增益和器件电压应力进行了总结,从表中可以得出,开关、二极管和电容的电压应力均低于输出电压,因此,可以使用低压开关和肖特基二极管。

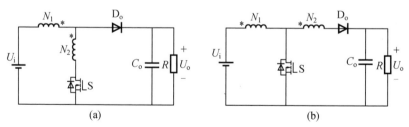

(a)   (b)

图 1.47　基于阻抗源网络的高增益 DC/DC 变换器

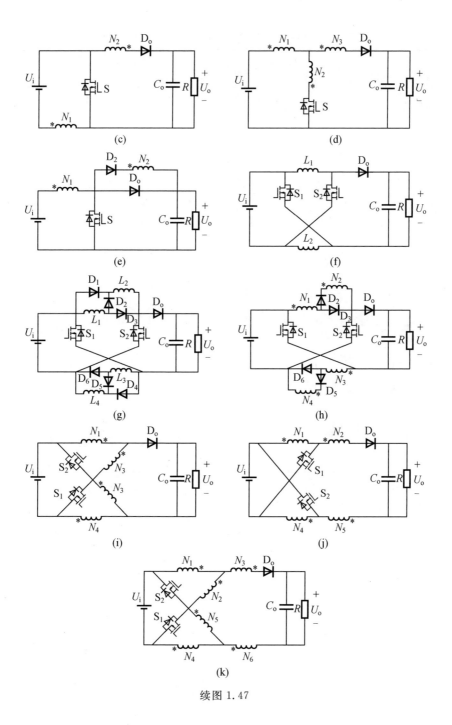

续图 1.47

表 1.1　相关变换器理想增益和器件电压应力总结

拓扑	增益	开关电压应力	二极管最大电压应力	中间电容最大电压应力
图 1.47（a）	$\dfrac{2N_1-N_2}{(N_1-N_2)(1-D)}$	$\dfrac{(N_1-N_2)U_\circ}{2N_1-N_2}$	$\dfrac{N_1U_\circ}{2N_1-N_2}$	$\dfrac{(N_1-DN_2)U_\circ}{2N_1-N_2}$
图 1.47（b）	$\dfrac{1+\dfrac{DN_2}{N_1}}{1-D}$	$\dfrac{U_\circ}{1+\dfrac{DN_2}{N_1}}$	$\dfrac{\left(1+\dfrac{N_2}{N_1}\right)U_\circ}{1+\dfrac{DN_2}{N_1}}$	$\dfrac{U_\circ}{1+\dfrac{DN_2}{N_1}}$
图 1.47（c）	$\dfrac{1+\dfrac{DN_2}{N_1}}{1-D}$	$\dfrac{U_\circ}{1+\dfrac{DN_2}{N_1}}$	$\dfrac{\left(1+\dfrac{N_2}{N_1}\right)U_\circ}{1+\dfrac{DN_2}{N_1}}$	$\dfrac{U_\circ}{1+\dfrac{DN_2}{N_1}}$
图 1.47（d）	$\dfrac{2N_1-N_2+N_3}{(1-D)(N_1-N_2)}$	$\dfrac{(N_1-N_2)U_\circ}{2N_1-N_2+N_3}$	$\dfrac{(N_1+N_3)U_\circ}{2N_1-N_2+N_3}$	A_7
图 1.47（e）	$\dfrac{N_1+N_2D}{N_1(1-D)}$	$U_\circ$	$\dfrac{N_1+N_2}{N_1-N_1D}U_\circ$	—
图 1.47（f）	$\dfrac{1+D}{1-D}$	$\dfrac{U_\circ}{1+D}$	$\dfrac{U_\circ}{1+D}$	$\dfrac{DU_\circ}{1+D}$
图 1.47（g）	$\dfrac{1+3D}{1-D}$	$\dfrac{1+D}{1+3D}U_\circ$	$\dfrac{1+D}{1+3D}U_\circ$	$\dfrac{2D}{1+3D}U_\circ$
图 1.47（h）	A_{12}	A_{10}	A_{13}	A_{14}
图 1.47（i）	A_8	A_1	A_2	A_9
图 1.47（j）	A_{15}	A_{11}	$\dfrac{N_1U_\circ}{D(2N_2+N_1)+N_1}$	$\dfrac{N_1U_\circ}{(2N_2+N_1)(1-D)}$
图 1.47（k）	A_3	A_4	A_5	A_6

注：D 表示开关的占空比；$U_\circ$ 表示变换器的输出电压；N_1、N_2、N_3 表示线圈匝数。

表 1.1 中部分变量表达式如下所示：

$$A_1=\frac{N_1-N_3}{3N_1-N_3+D(N_1-N_3)}U_\circ$$

$$A_2=\frac{2N_1}{3N_1-N_3+D(N_1-N_3)}U_\circ$$

$$A_3=\frac{D(N_1-N_2)+(3N_1-N_2+2N_3)}{(1-D)(N_1-N_2)}$$

$$A_4=\frac{(N_1-N_2)U_\circ}{D(N_1-N_2)+(3N_1-N_2+2N_3)}$$

$$A_5=\frac{(2N_1+2N_2)U_\circ}{D(N_1-N_2)+(3N_1-N_2+2N_3)}$$

$$A_6 = \frac{N_1 + N_3 - D(N_2 + N_3)}{D(N_1 - N_2) + (3N_1 - N_2 + 2N_3)} U。$$

$$A_7 = \frac{N_1 + N_3 - DN_2 - DN_3}{2N_1 - N_2 + N_3} U。$$

$$A_8 = \frac{3N_1 - N_3 + D(N_1 - N_3)}{(N_1 - N_3)(1 - D)}$$

$$A_9 = \frac{N_1(1 - D)}{3N_1 - N_3 + D(N_1 - N_3)} U。$$

$$A_{10} = \frac{1 + \dfrac{DN_2}{N_1}}{1 + \left(\dfrac{2N_2}{N_1} + 1\right) D} U。$$

$$A_{11} = \frac{N_1}{D(2N_2 + N_1) + N_1} U。$$

$$A_{12} = \frac{1 + \left(\dfrac{2N_2}{N_1} + 1\right) D}{1 - D}$$

$$A_{13} = \frac{1 + \dfrac{DN_2}{N_1}}{1 + \left(\dfrac{2N_2}{N_1} + 1\right) D} U。$$

$$A_{14} = \frac{D + \dfrac{DN_2}{N_1}}{1 + \left(\dfrac{2N_2}{N_1} + 1\right) D} U。$$

$$A_{15} = \frac{D(2N_2 + N_1) + N_1}{N_1(1 - D)}$$

1.3.3　漏感能量的消除

在实验过程中,耦合电感的漏感无法消除,漏感能量会引起开关两端剧烈的振荡,这样不但会导致过高的漏源极电压应力,无法使用低压 MOSFET,而且影响效率。因此,构造有效的钳位电路来转移漏感能量成为关键问题。图1.48 所示为基于阻抗源网络钳位模式下的高增益 DC/DC 变换器。

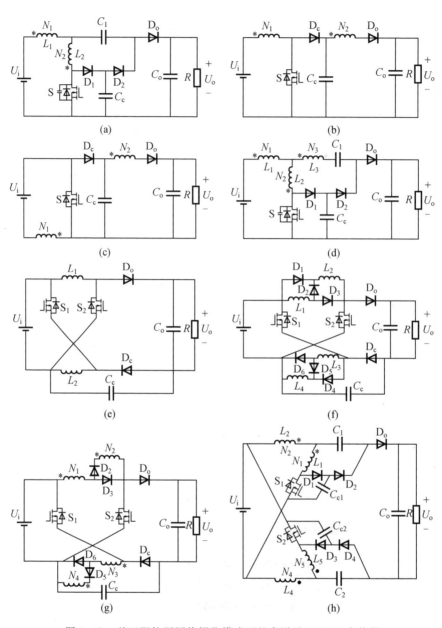

图 1.48　基于阻抗源网络钳位模式下的高增益 DC/DC 变换器

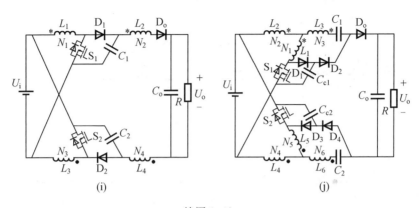

(i)　　　　　　　　　　　(j)

续图 1.48

在上述基于阻抗源网络钳位模式下的高增益 DC/DC 变换器中,部分变换器在相关研究已有提到,即图 1.48(a)、图 1.48(b)、图 1.48(d)、图 1.48(e) 和图 1.48(f) 所示变换器,并且做出了详细的分析,其余的变换器未报道过。

1.3.4　阻抗源直流变换器到三电平 DC/DC 变换器的演绎

学术界已经详细研究了一系列基本的三电平 DC/DC 变换器拓扑,如 Buck 变换器、Boost 变换器和 Buck-Boost 变换器等。三电平 DC/DC 变换器降低了器件的电压应力,增加了电感电流的脉动频率,提高了变换器的性能。在本节中,为了进一步提高高增益 DC/DC 变换器的性能,将三电平的思想引入到高增益 DC/DC 变换器中,演绎出一系列的三电平高增益 DC/DC 变换器,如图 1.49 所示。表 1.2 对三电平高增益 DC/DC 变换器电压应力进行了总结,从表中可以得出,进一步降低开关的电压应力,有利于性能的提高。

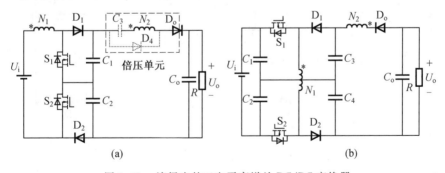

(a)　　　　　　　　　　　(b)

图 1.49　演绎出的三电平高增益 DC/DC 变换器

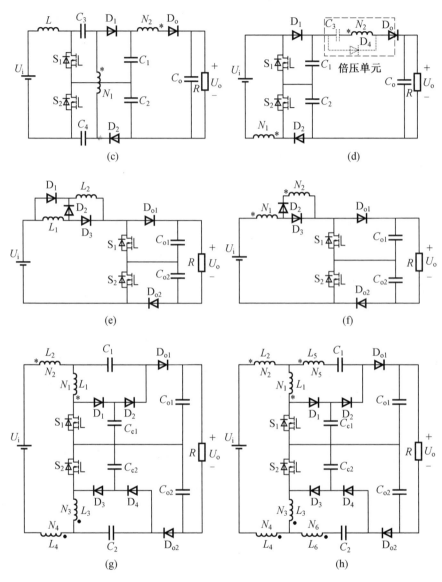

续图 1.49

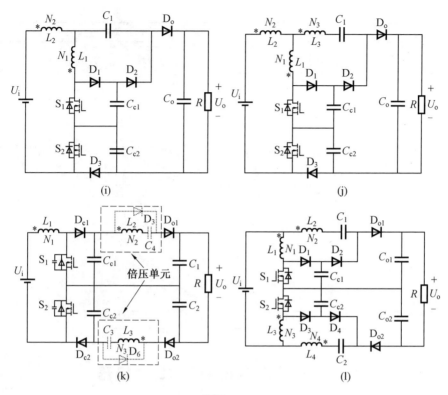

(i)　　　　　　　　　　　　　　　　(j)

(k)　　　　　　　　　　　　　　　　(l)

续图 1.49

表 1.2　三电平高增益 DC/DC 变换器电压应力总结

拓扑	增益	开关电压应力
图 1.49 (a)	$\dfrac{0.5\left(\dfrac{N_2}{N_1}\right)+1}{1-D}$	$\dfrac{0.5U_o}{0.5\left(\dfrac{N_2}{N_1}\right)+1}$
图 1.49 (b)	$\dfrac{N_2(D-0.5)+N_1}{N_1(1-D)}$	$\dfrac{N_1U_o}{N_2(2D-1)+2N_1}$
图 1.49 (c)	$\dfrac{N_2(D-0.5)+DN_1}{N_1(1-D)}$	$\dfrac{N_1U_o}{N_2(2D-1)+2DN_1}$
图 1.49 (d)	$\dfrac{0.5\left(\dfrac{N_2}{N_1}\right)+1}{1-D}$	$\dfrac{0.5U_o}{0.5\left(\dfrac{N_2}{N_1}\right)+1}$
图 1.49 (e)	$\dfrac{2D}{1-D}$	$0.5U_o$

续表1.2

拓扑	增益	开关电压应力
图 1.49 (f)	$\dfrac{(2D-1)\left(\dfrac{N_2}{N_1}\right)+1}{1-D}$	$0.5U_\circ$
图 1.49 (g)	$\dfrac{2N_2-1.5N_1}{(N_2-N_1)(1-D)}$	$\dfrac{N_2-N_1}{4N_2-3N_1}U_\circ$
图 1.49 (h)	$\dfrac{2N_2-1.5N_1+N_5(1-D)}{(N_2-N_1)(1-D)}$	$\dfrac{N_2-N_1}{2N_2-1.5N_1+N_5(1-D)}U_\circ$
图 1.49 (i)	$\dfrac{N_2-0.5N_1}{(N_2-N_1)(1-D)}$	$\dfrac{N_2-N_1}{2N_2-N_1}U_\circ$
图 1.49 (j)	$\dfrac{N_2-0.5N_1+0.5N_3}{(N_2-N_1)(1-D)}$	$\dfrac{N_2-N_1}{2N_2-N_1+N_3}U_\circ$
图 1.49 (k)	$\dfrac{\dfrac{N_2}{N_1}+1}{1-D}$	$\dfrac{0.5U_\circ}{\dfrac{N_2}{N_1}+1}$
图 1.49 (l)	$\dfrac{1.5N_2-1.5N_1+N_2D}{N_1(1-D)}$	$\dfrac{N_1}{3N_2-3N_1+2N_2D}U_\circ$

1.4　隔离型双向 DC/DC 变换器

高频隔离变压器既能保证绕组两侧实现很好的电气隔离,具有较高的安全性能,又能通过调节两绕组的匝数改变变压器的变比,来匹配不同的输入输出电压等级,因而,具有变压器结构的隔离型双向 DC/DC 变换器具有更广阔的研究前景。

类似于非隔离型双向 DC/DC 变换器可以由许多传统的单向 DC/DC 变换器演变得到,隔离型双向 DC/DC 变换器同样包含很多传统的电路结构。近年来,有关隔离型双向 DC/DC 变换器的研究中最为火热的一种拓扑结构是双有源桥(Dual Active Bridge,DAB)变换器。在 DAB 电路结构中,变压器原副边两侧的整流/逆变单元的桥臂上下两个功率器件均采用有源开关,直流电压经逆变得到高频的交流电,通过变压器原边侧绕组传输至副边侧,副边侧的高频交流电被整流为直流输出。根据变压器原副边两侧高频交流电之间的电路网络结构,隔离型双向 DC/DC 变换器可以分为谐振型与非谐振型。

1.4.1　传统隔离型双向 DC/DC 变换器

传统隔离型双向 DC/DC 变换器可以通过在常见的非隔离型双向变换器中加入具有高频隔离功能的变压器得到。图 1.50 所示分别为隔离型双向 Forward、Flyback、Cuk、Zeta/Sepic 和推挽 DC/DC 变换器。其中，隔离型双向 Forward 电路与隔离型双向 Flyback 电路均属于单向励磁状态，变压器利用率不高，同时受漏感影响较大，导致开关承受较大的电压尖峰，只适用于功率等级比较低的领域。隔离型双向推挽 DC/DC 变换器可以认为是由两个双向 Forward 电路构成的，其变压器可以被双向磁化，但是每个开关均承受了两倍的电压应力，同时变压器具有四个绕组，提高了制作的成本。隔离型双向 Cuk 电路与隔离型双向 Zeta/Sepic 电路受自身拓扑结构的限制，多了一级电容缓冲环节，导致其不适用于大功率的应用场合。

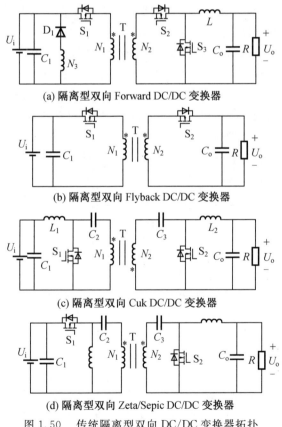

(a) 隔离型双向 Forward DC/DC 变换器

(b) 隔离型双向 Flyback DC/DC 变换器

(c) 隔离型双向 Cuk DC/DC 变换器

(d) 隔离型双向 Zeta/Sepic DC/DC 变换器

图 1.50　传统隔离型双向 DC/DC 变换器拓扑

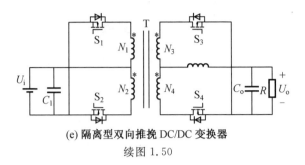

(e) 隔离型双向推挽 DC/DC 变换器

续图 1.50

1.4.2　谐振型双有源桥双向 DC/DC 变换器

在双有源桥电路中加入谐振槽网络,即可构成谐振型双有源桥双向 DC/DC 变换器,根据谐振槽的结构形式,可将其分为多种谐振形式的隔离型双向 DC/DC 变换器,如图 1.51 所示。由于谐振槽的电流为近似的正弦波,减小了变压器的涡流损耗,同时比较容易实现软开关,因此变换器可在更高的开关频率下工作,提高了变换器的功率密度。

最简单的谐振槽网络为 LC 串联谐振槽,如图 1.51(b) 所示。谐振槽中包括谐振电感和谐振电容,谐振电容还能作为隔直电容,避免磁性元件的直流偏置或饱和。通常该变换器的控制方法为脉宽调制,这种控制策略能实现一次侧的零电压软开关和二次侧的零电流软开关,故该变换器的效率远比非隔离型 DC/DC 变换器的高。但谐振槽的存在,使变换器的体积增大,功率密度得不到保障。

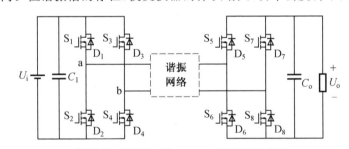

(a) 谐振型双有源桥双向 DC/DC 变换器拓扑结构

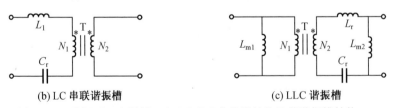

(b) LC 串联谐振槽　　　　　　　　　(c) LLC 谐振槽

图 1.51　谐振型双有源桥双向 DC/DC 变换器结构及其谐振槽结构

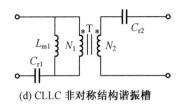

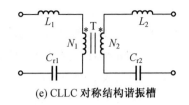

(d) CLLC 非对称结构谐振槽　　　　(e) CLLC 对称结构谐振槽

续图 1.51

在 LC 串联谐振槽网络基础上加入励磁电感构成了 LLC 谐振槽,如图 1.51(c) 所示。励磁电感能保证变换器实现软开关,且电压增益既可以大于1,也可以小于1,既能升压也能降压,因而相比于 LC 谐振型双有源桥双向 DC/DC 变换器,该变换器的应用范围更广。LLC 谐振型双有源桥双向 DC/DC 变换器常采用调频控制,在宽电压增益的场合,开关频率的调节范围变宽,不利于磁性元器件的设计,也会影响变换器的工作特性;另外其也会采用脉宽调制,通过调节占空比来调节变换器增益,当占空比过小时,电流有段时间断续,会影响软开关的实现,影响变换器的效率。

若在 LLC 谐振槽的基础上再增加一处谐振槽,就会得到 CLLC 非对称结构谐振槽,如图 1.51(d) 所示。CLLC 非对称结构谐振槽逆变侧的开关采用调频控制,占空比恒定为 0.5,整流侧的开关则由额外的谐振信号驱动,具有与传统的 LC 谐振型变换器相同的软开关特性。图1.51(e) 所示为 CLLC 对称结构谐振槽,该结构中功率流向取决于受控开关的位置,其控制方法与 CLLC 非对称型双有源桥双向 DC/DC 变换器是一致的,即一次侧开关调频控制,二次侧则让开关的反并联二极管工作。调频控制能保证软开关的实现,但是与传统 LC 串联谐振型双向 DC/DC 变换器采用的脉宽调制相比,无疑增加了控制复杂度。且 CLLC 型变换器需要更多的谐振元器件,使变换器的体积增大,成本增多。

目前对谐振型双有源桥双向 DC/DC 变换器的研究仍处于起步阶段,仍存在一些值得深入研究的内容。对谐振型变换器一般采用基波分析法进行分析,不能得到精确的数学表达式及小信号模型,降低了变换器控制的可靠性。谐振频率是谐振型变换器稳态特性中比较重要的参数,实际电路中的寄生参数对谐振频率影响比较大,给变换器的参数设计带来一定困难。

1.4.3　非谐振型双有源桥双向 DC/DC 变换器

非谐振型双有源桥双向 DC/DC 变换器中的电路网络仅为单一电感结构,即常见的 DAB 电路,本书中提及的 DAB 仅表示非谐振型电路。由于其对开关应力的要求较低,还能实现双向功率传输,拓扑结构对称,具有多样性的控制策略,能够满足多种场合电压增益的要求,因此近年来对 DAB 双向直流变换器的研究十分火热。DAB 电路根据输入与输出的类型,可以分为电流型和电压型。

简单的电流型双有源半桥双向 DC/DC 变换器是由彭方正提出的,如图 1.52 所示。该变换器较其他所有的双有源桥双向变换器而言,有最少的开关数量,一次侧为 Boost 电路,可将输入电压升压后,经二次侧逆变输出。输入的大电感能有效减小输入电流纹波,适用于对电流纹波要求高的场合,如储能系统中。但该变换器的一次侧上下两个开关在正向和反向功率传输时承受不同的电流,因而对开关的电流应力有一定的要求。此外,该拓扑为半桥结构,能传输的功率是有限的,适用于中小功率场合。

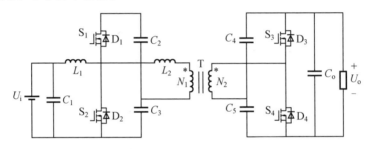

图 1.52　电流型双有源半桥双向 DC/DC 变换器

与电流型双有源桥双向 DC/DC 变换器相比,电压型双有源桥电路不存在低压侧开关很高的电压尖峰问题,但是输入和输出电流会存在较大的电流脉动,并不适合在对电流纹波要求高的场合应用。典型的电压型双有源全桥双向 DC/DC 变换器如图 1.53 所示,与半桥结构相比,全桥结构的不足之处是开关数量增加一倍,但是在相同的传输功率下,由于电压利用率提高了一倍,对开关的电流应力要求低,因此比较适合在大功率的场合应用。

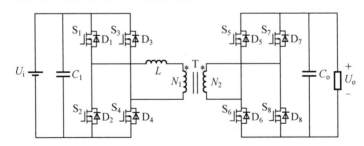

图 1.53　电压型双有源全桥双向 DC/DC 变换器

目前对 DAB 双向变换器的研究主要集中在拓宽开关的软开关范围,减小电流应力,提高变换器的效率等方面。DAB 电路中最简单的控制策略为单移相控制,是通过调节变压器两侧交流电压的移相角来调节变换器的功率大小和传输方向,这种控制策略最为简单,还易于实现。但是对于宽电压增益范围的应用场合下,该控制策略并不能保证 DAB 实现全功率范围的零电压开关(Zero Voltage Switching, ZVS)。在轻载时,变换器部分功率开关仍是硬开关状态,对变换器效率的影响很大。双移相控制、拓展型移相控制和三重移相控制均能在单移相控制的基础上拓宽软开关的工作范围,减少无功损耗,因为多了控制自由度,所以也提高了变换器的调节灵活性,因此在传统全桥型 DAB 中广泛使用。但是这些控制策略也仅仅局限于对开关的理想 ZVS 进行了分析,并没有考虑开关寄生参数对开关 ZVS 的影响,在实际应用中很难保证变换器在轻载时能够实现 ZVS 软开关。

　　通常实现软开关的策略有硬件上加入辅助开关或辅助电路和软件上改进优化控制策略,通过改进优化变换器的控制策略来实现软开关,简单而且易于实现,因而近年来很多学者对此进行了深入研究。部分学者提出通过建立动态模型来分析变换器实现 ZVS 的边界范围,通过比较不同工作情况下 ZVS 的范围给出了不同的控制策略,使变换器可以在全功率范围实现 ZVS。但是其忽略了开关寄生参数对软开关的影响,如果考虑开关寄生电容的影响,此时变换器是不能完全实现零电压开通的。还有学者建立了变换器精确的损耗模型,并通过实验分析了开关真正实现 ZVS 所需的电流环境,在此基础上,利用数值查表法控制变换器以实现开关实际 ZVS,但是此方法不具有普遍性,且当变换器参数发生改变时,整个数值表都要重新计算。还有很多文献通过变频控制来使变换器实现零电压开通,通过改变开关频率使双有源桥双向 DC/DC 变换器的电感电流在开关开通时刻为零,其余时刻非负,在实现临界 ZVS 的前提下,消除无功功率。但是这种方法只考虑临界 ZVS 的情况,在实际中很难保证开关不超出临界值,即很难保证 ZVS。

　　为了减小电流应力,提高变换器的效率,以优化电流有效值和降低无功环流为目标的控制方案也是近年来学者研究 DAB 的重点。部分学者提出通过建立三重移相控制下的精确模型实现电流有效值最小控制,但是在不同的功率传输情况下控制曲线不同,使得该控制方式复杂,不具有灵活性,同时缺乏变换器软开关的分析,使得变换器开关损耗大,效率还有待进一步提高。有的学者提出建立变换器的数学模型,通过谐波分析法控制变换器,以此来实现无功功率最小,同时也给出了变换器的软开关范围,但是其不能在全功率范围内实现 ZVS,而且变换器的软开关范围也是基于理想 ZVS 分析的,如果考虑实际 ZVS,范围会更窄。还有的学者对变换器的回流功率特性进行了分析,采用扩展型移相控制减小回流功率及电流峰值,但是其并没有对低压侧回流功率进行分析,而且没有考虑开关软开关的情况。

本章参考文献

[1] 央视网.《巴黎协定》正式生效:中国设定了四大减排目标[EB/OL].(2016-11-04)[2021-05-15]. http://news.cctv.com/2016/11/04/ARTINmMvNL834wLuzuAH2BRr161104.shtml.

[2] 国家发展改革委,国家能源局.能源生产和消费革命战略(2016—2030)[R].北京:国家发展改革委,国家能源局,2016.

[3] 国家发展改革委,国家能源局.能源发展“十四五”规划[R].北京:国家发展改革委,国家能源局,2020.

[4] 国家发展改革委,国家能源局.电力发展“十四五”规划[R].北京:国家发展改革委,国家能源局,2020.

[5] REN21. Renewables 2018 Global Status Report (GSR)[R]. Paris: REN21,2018.

[6] BP Group. BP 世界能源展望(2020 版)[R]. London:BP Group,2020.

[7] 赵一. 耦合电感倍压单元高增益变流器拓扑形成方法[D]. 杭州:浙江大学, 2012.

[8] LI W H, HE X N. Review of non-isolated high-step-up DC-DC converters in photovoltaic grid-connected applications[J]. IEEE Transactions on Industrial Electronics, 2011, 58(4): 1239-1250.

[9] LIU H, HU H, WU H, et al. Overview of high-step-up coupled-inductor boost converters[J]. IEEE Journal of Emerging and Selected Topics in Power Electronics, 2016, 4(2):689-704.

[10] RIM T C,JOUNG B G,CHO H G. Practical switch based state-space modeling of DC-DC converters with all parasitics[J]. Power Electronics, IEEE Transactions on Power Electronics, 1991,6(4):611-617.

[11] HASSANI M Y, MAALANDISH M, HOSSEINI S H. A new single-input multioutput interleaved high step-up DC-DC converter for sustainable energy applications[J]. IEEE Transactions on Power

Electronics，2020，36(2):1544-1552.

[12] DOBAKHSHARI S S, FATHI S H, MILIMONFARED J, et al. A dual active clamp DC-DC converter with high voltage gain[J]. IEEE Transactions on Power Electronics，2020，36(1):597-606.

[13] DAS M, AGARWAL V. Design and analysis of a high-efficiency DC-DC converter with soft switching capability for renewable energy applications requiring high voltage gain[J]. IEEE Transactions on Industrial Electronics，2016，63(5):2936-2944.

[14] DAS M, AGARWAL V. Novel high-performance stand-alone solar PV system with high-gain high-efficiency DC-DC converter power stages[J]. IEEE Transactions on Industry Applications，2015，51(6): 4718-4728.

[15] LUO F L, YE H. Positive output cascade boost converters[J]. Electric Power Applications, IEE Proceedings，2004，151(5):590-606.

[16] YE Y M, CHENG K W E. Quadratic boost converter with low buffer capacitor stress[J]. IET Power Electronics，2014，7(5):1162-1170.

[17] WIJERATNE D S, MOSCHOPOULOS G. Quadratic power conversion for power electronics: principles and circuits[J]. IEEE Transactions on Circuits & Systems I Regular Papers，2012，59(2):426-438.

[18] ZHANG N, SUTANTO D, QIU D, et al. High-voltage-gain quadratic boost converter with voltage multiplier[J]. IET Power Electronics，2015，8(12):2511-2519.

[19] SAADAT P, ABBASZADEH K. A single-switch high step-up DC-DC converter based on quadratic boost[J]. IEEE Transactions on Industrial Electronics，2016，63(2): 7733-7742.

[20] 李武华. 三绕组耦合电感实现高增益、高效率交错并联软开关Boost变换器[D]. 杭州:浙江大学,2008.

[21] ZHAO Y, LI W H, HE X N. Single-phase improved active clamp coupled-inductor-based converter with extended voltage doubler cell[J]. IEEE Transactions on Power Electronics，2012，27(6):2869-2878.

[22] LI W H, ZHAO Y, WU J, et al. Interleaved high step-up converter with winding-cross-coupled inductors and voltage multiplier cells[J]. IEEE Transactions on Power Electronics，2011，27(1):133-143.

[23] LI W H, ZHAO Y, DENG Y. Interleaved converter with voltage multiplier cell for high step-up and high-efficiency conversion[J]. IEEE Transactions on Power Electronics, 2010, 25(9): 2397-2408.

[24] WANG D, HE X, ZHAO R. ZVT Interleaved boost converters with built-in voltage doubler and current auto-balance characteristic[J]. IEEE Transactions on Power Electronics, 2008, 23(6):2847-2854.

[25] LI W H, HE X N. A family of interleaved DC-DC converters deduced from a basic cell with winding-cross-coupled inductors (WCCIs) for high step-up or step-down conversions [J]. IEEE Transactions on Power Electronics, 2008, 23(4): 1791-1801.

[26] HASANPOUR S, SIWAKOTI Y, MOSTAAN A, et al. New semiquadratic high step-up DC-DC converter for renewable energy applications[J]. IEEE Transactions on Power Electronics, 2021, 36(1): 433-446.

[27] JABARULLAH N H, GEETHA E, ARUN M, et al. Design, analysis, and implementation of a new high step-up DC-DC converter with low input current ripple and ultra-high-voltage conversion ratio[J]. IET Power Electronics, 2020, 13(15): 3243-3253.

[28] HASANPOUR S, SIWAKOTI Y, BLAABJERG F. Hybrid cascaded high step-up DC-DC converter with continuous input current for renewable energy applications[J]. IET Power Electronics, 2020, 13(15):3487-3495.

[29] LI W H, HE X N. An interleaved winding-coupled boost converter with passive lossless clamp circuits[J]. IEEE Transactions on Power Electronics, 2007, 22(4): 1499-1507.

[30] LI W, HE X. Zero-voltage transition interleaved high step-up converter with built-in transformer[J]. IET Power Electronics, 2011, 4(5):523-531.

[31] LI W C, XIANG X, LI C S, et al. Interleaved high step-up zvt converter with built-in transformer voltage doubler cell for distributed PV generation system[J]. IEEE Transactions on Power Electronics, 2013, 28(1): 300-313.

［32］李武华，何湘宁，吴剑勇. 隔离型三绕组耦合电感交错式 DC-DC 变换器
　　　［J］. 电工技术学报，2009，24（9）：99-106.

［33］ZHANG F，PENG F Z，QIAN Z M. Study of the multilevel converters in
　　　DC-DC applications［C］. Aachen，Germany：IEEE 35th Annual Power
　　　Electronics Specialists Conference，2004：1702-1706.

［34］KHAN，FAISAL H，TOLBERT，et al. A multilevel modular capacitor-clamped
　　　DC-DC converter. ［J］. IEEE Transactions on Industry Applications，2007，
　　　43（6）：1628-1638.

［35］CAO D，PENG F Z. Zero-current-switching multilevel modular
　　　switched-capacitor DC-DC converter［J］. IEEE Transactions on Industry
　　　Applications，2010，46（6）：2536-2544.

［36］QIAN W，CAO D，CINTRON-RIVERA J G，et al. A switched-capacitor
　　　DC-DC converter with high voltage gain and reduced component rating
　　　and count［J］. IEEE Transactions on Industry Applications，2012，
　　　48（4）：1397-1406.

［38］DUK-YOU K，JAE-KUK K，GUN-WOO M. A three-level converter
　　　with reduced filter size using two transformers and flying capacitors［J］.
　　　IEEE Transactions on Power Electronics，2013，28（1）：46-53.

［39］WALKER G R. Cascaded DC-DC converter connection of photovoltaic
　　　modules［C］. Aachen，Germany：IEEE Power Electronics Specialists
　　　Conference，2004.

［40］SEEMAN M D. A design methodology for switched capacitor DC-DC
　　　converters［D］. California：University of California，Berkeley，2009.

［41］LEI Y，PILAWA-PODGURSKI R C N. A general method for analyzing
　　　resonant and soft-charging operation of switched-capacitor converters［J］.
　　　IEEE Transactions on Power Electronics，2015，30（10）：5650-5664.

［42］CHUNG S H. Design and analysis of a switched-capacitor-based step-up
　　　DC-DC converter with continuous input current［J］. Circuits &
　　　Systems Ⅰ Fundamental Theory & Applications IEEE Transactions on，
　　　1999，46（6）：722-730.

［43］SEDAGHATI F，AZIZKANDI M E. Extendable topology of step-up
　　　DC-DC converter with continuous input current for renewable energy

applications[J]. IET Power Electronics, 2020, 13(15):3475-3486.

[44] DING J, ZHAO S W, YIN H, et al. High step-up DC-DC converters based on coupled inductor and switched capacitors[J]. IET Power Electronics, 2020, 13(14):3099-3109.

[45] ANDRADE J M D, COELHO R, LAZZARIN T. High step-up DC-DC converter based on modified active switched-inductor and switched-capacitor cells[J]. IET Power Electronics, 2020, 13(15):3127-3137.

[46] WANG F, WANG Y, SU B, et al. A three-phase interleaved high step-up bidirectional DC-DC converter[J]. IET Power Electronics, 2020, 13(12):2469-2480.

[47] GUO R, LIANG Z G, HUANG A Q. A family of multi modes charge pump based DC-DC converter with high efficiency over wide input and output range[J]. IEEE Transactions on Power Electronics, 2012, 27(11): 4788-4798.

[48] LAW K K, CHENG K W E, YEUNG Y P B. Design and analysis of switched-capacitor-based step-up resonant converters[J]. Circuits and Systems I: Regular Papers, IEEE Transactions on, 2005, 52(5):943-948.

[49] WU B, LI S X, SMEDLEY K M, et al. A family of two-switch boosting switched-capacitor converters[J]. IEEE Transactions on Power Electronics, 2015, 30(10): 5413-5424.

[50] PRUDENTE M, PFITSCHER L L, EMMENDOERFER G, et al. Voltage multiplier cells applied to non-isolated DC-DC converters [J]. IEEE Transactions on Power Electronics, 2008, 23(2): 871-887.

[51] FARDOUN A A, ISMAIL E H. Ultra step-up DC-DC converter with reduced switch stress[J]. IEEE Transactions on Industry Applications, 2010, 46(5): 2025-2034.

[52] HU X F, GONG C Y. A high gain input-parallel output-series DC-DC converter with dual coupled inductors[J]. IEEE Transactions on Power Electronics, 2015, 30(3): 1306-1317.

[53] LEE S, KIM P, CHOI S. High step-up soft-switched converters using voltage multiplier cells[J]. IEEE Transactions on Power Electronics, 2013, 28(7):3379-3387.

[54] PARK K B, MOON G W, YOUN M J. High step-up boost converter integrated with a transformer-assisted auxiliary circuit employing quasi-resonant operation[J]. IEEE Transactions on Power Electronics, 2012, 27(4):1974-1984.

[55] NYMAND M, ANDERSEN M A E. High-efficiency isolated boost DC-DC converter for high-power low-voltage fuel-cell applications[J]. IEEE Transactions on Industrial Electronics, 2010, 57(2):505-514.

[56] TSORNG-JUU, LIANG, JIAN-HSIENG, et al. Novel isolated high-step-up DC-DC converter with voltage lift[J]. IEEE Transactions on Industrial Electronics, 2013. 60(4): 1483-1491.

[57] HU Y, XIAO W, LI W, et al. Three-phase interleaved high-step-up converter with coupled-inductor-based voltage quadrupler[J]. Power Electronics IET, 2014, 7(7):1841-1849.

[58] REZAIE M, ABBASI V. Effective combination of quadratic boost converter with voltage multiplier cell to increase voltage gain[J]. IET Power Electronics, 2020, 13(11):2322-2333.

[59] YANG N, ZENG J, HU R, et al. A novel nonisolated high step-up converter with fewer passive devices and low voltage stress of power switches[J]. IET Power Electronics, 2020, 13(11): 2302-2311.

[60] LUO F L. Seven self-lift DC-DC converters, voltage lift technique[J]. IEE Proceedings - Electric Power Applications, 2001, 148(4):329-338.

[61] YE Y M, CHENG K W E. A family of single stage switched capacitor inductor PWM converters[J]. IEEE Transactions on Power Electronics, 2013, 28(11): 5196-5205.

[62] JIAO Y, LUO F L, ZHU M. Voltage-lift-type switched-inductor cells for enhancing DC-DC boost ability: principles and integrations in Luo converter[J]. Power Electronics IET, 2011, 4(1):131-142.

[63] LUNG-SHENG Y, TSORNG-JUU L, JIANN-FUH C. Transformerless DC-DC converters with high step-up voltage gain[J]. IEEE Transactions on Industrial Electronics, 2009, 56(8): 3144-3152.

[64] TANG Y, FU D J, WANG T. Analysis of active-network converter with coupled inductors[J]. IEEE Transactions on Power Electronics, 2015,

30(9)：4874-4882.

[65] TANG Y, FU D, WANG T, et al. Hybrid switched-inductor converters for high step-up conversion[J]. IEEE Transactions on Industrial Electronics, 2015, 62(3):1480-1490.

[66] 王挺，汤雨，何耀华. 一种带有无源无损钳位的高增益直流变换器[J]. 中国电机工程学报，2013，33(33)：26-34.

[67] KAZIMIERCZUK M K. Pulse-width modulated DC-DC power converters[M]. Hoboken:John Wiley & Sons, 2015.

[68] SONG W, LEHMAN B. Dual-bridge DC-DC converter：a new topology characterized with no deadtime operation[J]. IEEE Transactions on Power Electronics, 2004, 19(1):94-103.

[69] SONG W, LEHMAN B. Current-fed dual-bridge DC-DC converter[J]. IEEE Transactions on Power Electronics, 2007, 22(2):461-469.

[70] FOROUZESH M, BAGHRAMIAN A. Galvanically isolated high gain Y-source DC-DC converters for dispersed power generation[J]. IET Power Electronics, 2016, 9(6):1192-1203.

[71] HUSEV O, LIIVIK L, BLAABJERG F, et al. Galvanically isolated quasi-Z-source DC-DC converter with a novel ZVS and ZCS technique[J]. IEEE Transactions on Industrial Electronics, 2015, 62(12): 7547-7556.

[72] CHUB A, VINNIKOV D, BLAABJERG F, et al. A review of galvanically isolated impedance-source DC-DC converters[J]. IEEE Transactions Power Electronics, 2016,31(4): 2808-2828.

[73] ZHAO Q,LEE F C. High-efficiency, high step-up DC-DC converters[J]. IEEE Transactions Power Electronics, 2003, 18(1): 65-73.

[74] RONG-JONG W, ROU-YONG D. High step-up converter with coupled-inductor[J]. IEEE Transactions Power Electronics, 2005, 20(5): 1025-1035.

[75] YI-PING H, JIANN-FUH C, TSORNG-JUU L, et al. Novel high step-up DC-DC converter for distributed generation system[J].IEEE Transactions on Industrial Electronics, 2013, 60(4): 1473-1482.

[76] PENG F Z. Z-source inverter[J]. IEEE Transactions on Industry Applications, 2003, 39(2):504-510.

[77] SEO S -W, RYU J -H, KIM Y, et al. Non-isolated high step-up DC-DC converter with coupled inductor and switched capacitor[J]. IEEE Access, 2020, 8(8): 217108-217122.

[78] SAADAT P, ABBASZADEH K. A single-switch high step-up DC-DC converter based on quadratic boost[J]. IEEE Transactions on Industrial Electronics, 2016, 63(12): 7733-7742.

[79] SIWAKOTI Y P, PENG F Z, BLAABJERG F, et al. Impedance-source networks for electric power conversion part I: a topological review[J]. IEEE Transactions on Power Electronics, 2015, 30(2):699-716.

[80] SIWAKOTI Y P, LOH P C, BLAABJERG F, et al. Y-source boost DC-DC converter for distributed generation[J]. IEEE Transactions on Industrial Electronics, 2015,62(2): 1059-1069.

[81] SIWAKOTI Y P, BLAABJERG F, LOH P C. Quasi-Y-Source boost DC-DC converter[J]. Power Electronics IEEE Transactions on, 2015, 30(12): 6514-6519.

[82] SIWAKOTI Y P, BLAABJERG F, LOH P C. High step-up transinverse (Tx-1) DC-DC converter for the distributed generation system[J]. IEEE Transactions on Industrial Electronics, 2016, 63(7): 4278-4291.

[83] GONALVES P J F, AGOSTINI E. Generalised analysis of the high-voltage-gain interleaved ZVS boost-flyback converter[J]. IET Power Electronics, 2020, 13(11):2361-2371.

[84] DOBAKHSHARI S S, FATHI S H, MILIMONFARED J. High step-up double input converter with soft switching and reduced number of semiconductors[J]. IET Power Electronics, 2020, 13(10): 1995-2007.

[85] HASSAN W, LU Y, FARHANGI M, et al. Design, analysis and experimental verification of a high voltage gain and high-efficiency DC-DC converter for photovoltaic applications[J]. IET Renewable Power Generation, 2020, 14(10): 1699-1709.

[86] ABDEL-RAHIM O, WANG H. A new high gain DC-DC converter with model-predictive-control based MPPT technique for photovoltaic systems[J]. CPSS Transactions on Power Electronics and Applications, 2020, 5(2): 191-200.

[87] TANG Y, FU D J, WANG T, et al. Analysis of active-network converter with coupled inductors[J]. IEEE Trans. Power Electron, 2015, 30(9): 4874-4882.

[88] TANG Y, FU D, KAN J, et al. Dual switches DC-DC converter with three-winding-coupled inductor and charge pump[J]. IEEE Transactions on Power Electronics, 2015, 31(1):461-469.

[89] TANG Y, WANG T. Study of an improved dual-switch converter with passive lossless clamping[J]. IEEE Transactions on Industrial Electronics, 2015, 62(2):972-981.

[90] ZHAO Q, LEE F C. High-efficiency, high step-up DC-DC converters[J]. IEEE Transactions on Power Electronics, 2003, 18(1):65-73.

[91] AXELROD B, BERKOVICH Y, IOINOVICI A. Switched coupled-inductor cell for DC-DC converters with very large conersion ratio[C]. Paris, France: IEEE Industrial Electronics Society (IECON'06), 2006:2366-2371.

[92] MIRA M C, ZHANG Z, KNOTT A, et al. Analysis, design, modeling, and control of an interleaved-boost full-bridge three-port converter for hybrid renewable energy systems[J]. IEEE Transactions on Power Electronics, 2017, 32(2): 1138-1155.

[93] LIANG T J, TSENG K C. Analysis of integrated boost-flyback step-up converter[J]. Proc. IEE EPA, 2005, 152(2): 217-225.

[94] WANG T, TANG Y, HE Y H. Study of an active network DC-DC boost converter based switched-inductor[C]. Denver, CO, USA: IEEE Energy Conversion Congress and Exposition, 2013:4955-4960.

[95] NGUYEN M K, LIM Y C, KIM Y G. TZ-Source inverters[J]. IEEE Transactions on Industrial Electronics, 2013, 60(12): 5686-5695.

[96] BERKOVICH Y, AXELROD B. Switched-coupled inductor cell for DC-DC converters with very large conversion ratio[J]. IET Power Electronics, 2011, 4(3):309-315.

[97] LIANG T J, CHEN S M, YANG L S, et al. Ultra large gain step-up switched-capacitor DC-DC converter with coupled inductor for alternative sources of energy[J]. IEEE Transactions on Circuits and Systems I, 2012, 59(4): 864-874.

[98] AXELROD B，BERKOVICH Y，TAPUCHI S，et al．Steep conversion ratio Cuk, Zeta and Sepic converters based on a switched coupled-inductor cell[C]．Rhodes，Greece：IEEE 39th Power Electronics Specialists Conf．(PESC 08)，2008：3009-3014．

[99] YANG L S，LIANG T J，LEE H C，et al．Novel high step-up DC-DC converter with coupled-inductor and voltage-doubler circuits[J]．IEEE Transactions Power Electronics，2011,58(9)：4196-4206．

[100] 胡雪峰．高增益非隔离 Boost 变换器拓扑及其衍生方法研究[D]．南京：南京航空航天大学,2014．

[101] SOON J J，LOW K S．Sigma-Z-source inverters[J]．IET Power Electronics，2015, 8(5)：715-723．

[102] RUAN X，LI B，CHEN Q．Three-level converters-a new approach for high voltage and high power DC-to-DC conversion[C]．Cairns，QLD：IEEE Power Electronics Specialists Conference，2002：663-668．

[103] ZHAO Y，LI W，DENG Y，et al．High step-up boost converter with passive lossless clamp circuit for non-isolated high step-up applications[J]．IET Power Electronics，2011，4(8)：851-859．

[104] ABUTBUL O，GHERLITZ A，BERKOVICH Y，et al．Step-up switching-mode converter with high voltage gain using a switched-capacitor circuit[J]．IEEE Transactions on Circuits & Systems I Fundamental Theory & Applications，2003，50(8)：1098-1102．

[105] ALGHAYTHI M L，O'CONNELL R M，ISLAM N E，et al．A high step-up interleaved DC-DC converter with voltage multiplier and coupled inductors for renewable energy systems [J]．IEEE Access，2020，8：123165-123174．

[106] LENON S，RONNY G A C，THAMIRES P H，et al．High step-up non-isolated ZVS-ZCS DC-DC Cúk-based converter[J]．IET Power Electronics，2020，13(7)：1343-1352．

[107] FOROUZESH M，SIWAKOTI Y P，GORJI S A，et al．Step-up DC-DC converters：a comprehensive review of voltage-boosting techniques，topologies，and applications[J]．IEEE Transactions on Power Electronics，2017，32(12)：9143-9178．

[108] HERIS P C, SAADATIZADEH Z, BABAEI E, et al. New high step-up two-input-single-output converter with low-voltage stresses on switches and zero input currents ripple[J]. IET Power Electronics, 2018, 11(14): 2241-2252.

[109] HU X, GAO B, WANG Q, et al. A zero-ripple input current boost converter for high-gain applications[J]. IEEE Journal of Emerging and Selected Topics in Power Electronics, 2018, 6(1): 246-254.

[110] HU R, ZENG J, LIU J, et al. An ultrahigh step-up quadratic boost converter based on coupled-inductor[J]. IEEE Transactions on Power Electronics, 2020, 35(12): 13200-13209.

[111] SUN C, ZHANG X, CAI X. A step-up nonisolated modular multilevel DC-DC converter with self-voltage balancing and soft switching [J]. IEEE Transactions Power Electronics, 2020, 35(12): 13017-13030.

[112] LIU H, LI F, AI J, et al. A novel high step-up dual switches converter with coupled inductor and voltage multiplier cell for a renewable energy system[J]. IEEE Transactions on Power Electronics, 2016, 31(7): 4974-4983.

[113] AJAMI A, ARDI H, FARAKHOR A. A novel high step-up DC-DC converter based on integrating coupled inductor and switched-capacitor techniques for renewable energy applications[J]. IEEE Transactions on Power Electronics, 2015, 30(8): 4255-4263.

[114] 李飞. 有源耦合电感高增益直流变换器拓扑研究[D]. 哈尔滨: 哈尔滨工业大学, 2015.

[115] TANG Y, FU D, WANG T, et al. Hybrid switched-inductor converters for high step-up conversion[J]. IEEE Transactions on Industrial Electronics, 2015, 62(3): 1480-1490.

[116] SEEMAN M D. A design method for switched-capacitor DC-DC converters[D]. California: University of California, Berkeley, 2009.

[118] LIU H C, LI F, WHEELER P. A family of DC-DC converters deduced from impedance source DC-DC converters for high step-up conversion[J]. IEEE Transactions on Industrial Electronics, 2016, 63(11): 6856-6866.

[119] PARK K B, MOON G W，YOUN M J. High step-up boost converter integrated with a transformer-assisted auxiliary circuit employing quasi-resonant operation[J]. IEEE Transactions on Power Electronics，2012，27(4):1974-1984.

[120] 王睿. 应用准 Z 源逆变器的 IPM 驱动系统效率特性研究[D]. 哈尔滨:哈尔滨工业大学，2018.

[121] 唐心柳. 车用电流型 Trans- 准 Z 源逆变器的调制及其闭环控制研究[D]. 长沙:湖南大学，2018.

[122] 刘钰山. 准 Z 源级联多电平光伏逆变器控制方法的研究[D]. 北京:北京交通大学，2014.

[123] PENG F Z. Z-source inverter[J]. IEEE Transactions on Industry Applications，2003，39(2):504-510.

[124] SHI Y，LI R，XUE Y，et al. Optimized operation of current-fed dual active bridge DC-DC converter for PV applications[J]. IEEE Transactions on Industrial Electronics，2015，62(11): 6986-6995.

[125] WANG P,ZHOU L,ZHANG Y,et al. Input-parallel output-series DC-DC boost converter with a wide input voltage range，for fuel cell vehicles[J]. IEEE Transactions on Vehicular Technology，2017，66(4):7771-7781.

[126] FANG X P，QIAN Z M，PENG F Z. Single-phase Z-source PWM AC-AC converters[J]. IEEE Power Electronics Letters，2005，3(4):121-124.

[127] TANG Y，ZHANG C，XIE S. Z-source AC-AC converters solving commutation problem[J]. IEEE Transactions on Power Electronics，2007，22(6): 2146-2154.

[128] LIU H C，ZHANG C，JI Y，et al. Z-source matrix rectifier[J]. IET Power Electronics，2016，9(13):2580-2590.

[129] ZHU M，YU K，LUO F L. Switched inductor Z-source inverter[J]. IEEE Transactions on Power Electronics，2010，25(8): 2150-2158.

[130] ANDERSON J，PENG F. Four quasi-Z-source inverters [C]. Rhodes，Greece:Proc. PESC,2008: 2743-2749.

[131] NGUYEN M K,LIM Y C,CHO G B,et al. Switched-inductor quasi

Z-source inverter. [J]. IEEE Transactions on Power Electronics, 2011, 26(11):3183-3191.

[132] WALKER G R, SERNIA P C. Cascaded DC-DC converter connection of photovoltaic modules[J]. IEEE Transactions on Power Electronics, 2004, 19(4): 1130-1139.

[133] LUO F L, YE H. Positive output cascade boost converters[J]. Electric Power Applications, IEE Proceedings, 2004, 151(5):590-606.

[134] 孙东森. 储能型 Quasi-Z 源级联多电平光伏逆变器研究[D]. 北京:北京交通大学, 2013.

[135] HO A V, CHUN T W, KIM H G. Extended boost active-switched-capacitor/switched-inductor quasi-Z-source inverters[J]. IEEE Transactions on Power Electronics, 2015, 30(10):5681-5690.

[136] FATHI H, MADADI H. Enhanced-boost Z-source inverters with switched Z-impedance [J]. IEEE Transactions on Power Electronics, 2016, 63(2): 691-703.

[137] JAGAN V, KOTTURU J, DAS S. Enhanced-boost quasi-Z-source inverters with two switched impedance network[J]. IEEE Transactions on Industrial Electronics, 2017, 64(9):6885-6897.

[138] NGUYEN M K, LIM Y C, KIM Y G. TZ-source inverters [J]. IEEE Transactions on Industrial Electronics, 2013, 60(12): 5686-5695.

[139] LIU H C, LI F, WHEELER P. A family of DC-DC converters deduced from impedance source DC-DC converters for high step-up conversion[J]. IEEE Transactions on Industrial Electronics, 2016, 63(11):6856-6866.

[140] SOON J J, LOW K S. Sigma-Z-source inverters[J]. IET Power Electronics, 2015, 8(5):715-723.

[141] LOH P C, GAO F, BLAABJERG F. Embedded EZ-source inverters[J]. IEEE Transactions on Industry Applications, 2010, 46(1):256-267.

[142] QIAN W, PENG F Z, CHA H. Trans-Z-source inverters[J]. IEEE Transactions on Power Electronics, 2011, 26(12):3453-3463.

[143] LOH P C, LI D, BLAABJERG F. Γ-Z-source inverters[J]. IEEE

Transactions on Power Electronics，2013，28(11)：4880-4884.

[144] SIWAKOTI Y P, BLAABJERG F, GALIGEKERE V P, et al. Y-source impedance network[J]. IEEE Transactions on Power Electronics, 2016，31(12)：8081-8087.

[145] LOH P C, BLAABJERG F. Magnetically coupled impedance-source inverters[J]. IEEE Transactions on Industry Applications, 2013, 49(5)：2177-2187.

[146] SIWAKOTI Y P, BLAABJERG F, LOH P C. New magnetically coupled impedance Z-source networks[J]. IEEE Transactions on Power Electronics, 2016, 31(11)：7419-7435.

[147] ZHOU Y, HUANG W, ZHAO J, et al. Tapped-inductor quasi-Z-source inverter[C]. Orlando USA：Twenty-Seventh Annual IEEE Applied Power Electronics Conference and Exposition,2012：1625-1630.

[148] NGUYEN M K, LIM Y C, PARK S J. Improved trans-Z-source inverter with continuous input current and boost inversion capability[J]. IEEE Transactions on Power Electronics, 2013, 28(10)：4500-4510.

[149] ADAMOWICZ M, GUZINSKI J, STRZELECKI R, et al. High step-up continuous input current LCCT-Z-source inverters for fuel cells [C]. Phoenix, AZ, USA：Proc. ECCE, 2011：2276-2282.

[150] SIWAKOTI Y P, BLAABJERG F, LOH P C. Quasi-Y-source inverter[C] Wollongong, NSW, Australia：Power Engineering Conference. IEEE, 2015：1-5.

[151] YAM P, BLAABJERG F, LOH P C. Quasi-Y-source boost DC-DC converter [J]. IEEE Trans. Power Electronics, 2015, 30(12)：6514-6519.

[152] AGHDAM S R, BABAEI E, LAALI S. Maximum constant boost control method for switched-inductor Z-source inverter by using battery[C]. Vienna,Austria：Industrial Electronics Society, IECON 2013 - 39th Annual Conference of the IEEE, 2013：984-989.

[153]LEI P. L-Z-source Inverter [J]. IEEE Transactions on Power Electronics, 2014, 29(12)：6534-6543.

[154] MOSTAAN A, BAGHRAMIAN A, ZEINALI H. Discussion and comments on "L-Z source inverter"[J]. IEEE Transactions on Power Electronics, 2015, 30(12): 7308-7318.

[155] CHAUHAN A K, SINGH S K. Integrated dual-output L-Z source inverter for hybrid electric vehicle [J]. IEEE Transactions on Transportation Electrification, 2018, 4(3): 732-743.

[156] NGUYEN M K, LIM Y C, CHOI J H, et al. Trans-switched boost inverters[J]. IET Power Electronics, 2016, 9(5):1065-1073.

[157] SIWAKOTI Y P, BLAABJERG F, GALIGEKERE V P, et al. Y-source impedance network[J]. IEEE Transactions on Power Electronics, 2016, 31(12):8081-8087.

[158] SIWAKOTI Y P, CHUB A, BLAABJERG F, et al. Quadratic boost A-source impedance network [C]. Milwaukee, WI, USA:IEEE Trans Energy Conversion Congress and Exposition (ECCE), 2016: 1-6.

[159] WEI M, LOH P C, BLAABJERG F. Asymmetrical transformer-based embedded Z-source inverters[J].IET Power Electronics, 2013, 6(2):261-269.

[160] GAO F, LOH P C, LI D, et al. Asymmetrical and symmetrical embedded Z-source inverters[J]. IET Power Electronics, 2010, 4(2):181-193.

[161] MO W, LOH P C, CHI J. Six transformer based asymmetrical embedded Z-source inverters [C].Long Beach, CA, USA:IEEE 28st APEC, 2013: 273-279.

[162] MO W, LOH P C, BLAABJERG F. Asymmetrical Γ-Source inverters[J].IEEE Transactions on Industrial Electronics, 2013, 61(2):637-647.

[163] NGUYEN M K, LIM Y C, PARK S J, et al. Cascaded TZ-source inverters[J]. IET Power Electronics, 2014, 7(8):2068-2080.

[164] LI D, LOH P C, ZHU M, et al. Cascaded multicell trans-Z-source inverters[J]. IEEE Transactions on Power Electronics, 2013, 28(2):826-836.

[165] STRZELECKI R, ADAMOWICZ M, STRZELECKA N, et al. New

type T-source inverter[C]. Badajoz，Spain：Compatibility and Power Electronics，2009：191-195.

[166] NGUYEN M K，LIM Y C，PARK S J. Family of high-boost Z-source inverters with combined switched-inductor and transformer cells [J]. IET Power Electronics，2013，6(6)：1175-1187.

[167] LI D，LOH P C，ZHU M，et al. Generalized multicell switched-inductor and switched-capacitor Z-source inverters[J]. IEEE Transactions on Power Electronics，2013，28(2)：837-848.

[168] NGUYEN M K，LE T V，PARK S J，et al. Class of high boost inverters based on switched-inductor structure[J]. Power Electronics IET，2015，8(5)：750-759.

[169] BABAEI E，ASL E S，BABAYI M H，et al. Developed embedded switched-Z-source inverter[J]. IET Power Electronics，2016，9(9)：1828-1841.

[170] YANG L，QIU D，ZHANG B，et al. High-performance quasi-Z-source inverter with low capacitor voltage stress and small inductance[J]. IET Power Electronics，2015，8(6)：2331-2337.

[171] LIM Y C，NGUYEN M K，CHOI J H. Two switched-inductor quasi-Z-source inverters[J]. IET Power Electronics，2012，5(7)：1017-1025.

[172] MO W，LOH P C，BLAABJERG F. Asymmetrical Γ-source inverters[J]. IEEE Transactions on Industrial Electronics，2013，61(2)：637-647.

[173] LI D，LOH P C，ZHU M，et al. Enhanced-boost Z-source inverters with alternate-cascaded switched and tapped-inductor cells[J]. IEEE Transactions on Industrial Electronics，2013，60(9)：3567-3578.

[174] ZHU M，LI X，CAI X. Switched-tapped-inductor Z-source inverters[C]. Taipei，Taiwan：2015 IEEE 2nd International Future Energy Electronics Conference，2015：312-316.

[175] 盛况. 延展型 Z 源逆变器建模与调制策略研究[D]. 哈尔滨：哈尔滨工业大学，2011.

[176] PENG F，MIAOSEN S，QIAN Z. Maximum boost control of Z-source

inverter[J]. IEEE Transactions on Power Electronics，2005，20(2)：833-838

[177] SHEN M，WANG J，JOSEPH A，et al. Constant boost control of the Z-source inverter to minimize current ripple and voltage stress[J]. IEEE Transactions on Industry Applications，2006，42(3)：770-778.

[178] YU Q，ZHANG Q，LIANG B，et al. Single-phase Z-source inverter：analysis and low-frequency harmonics elimination pulse width modulation [C]. Phoenix，AZ，USA：Proc. IEEE Energy Conversion Congress and Exposition，2011：260-267.

[179] 张超华，汤雨，谢少军. 改进 Z 源逆变器的三次谐波控制策略[J]. 电工技术学报，2009，24(10)：114-119.

[180] 柳青. 基于准 Z 源逆变器的永磁同步电机控制系统研究[D]. 南京：南京航空航天大学，2017.

[181] 蔡春伟，曲延滨，盛况. Z 源逆变器改进型最大恒定升压[J]. 电机与控制学报，2011，42(5)：56-60.

[182] 刘海龙. Z 源逆变器新型拓扑与控制方法研究[D]. 西安：西北工业大学，2016.

[183] 蔡春伟. 串联型高增益 Z 源逆变器及其应用研究[D]. 哈尔滨：哈尔滨工业大学，2012.

[184] 房绪鹏. Z 源逆变器研究[D]. 杭州：浙江大学，2005.

[185] ZHANG Y，LIU J，LI X，et al. An improved PWM strategy for Z-source inverter with maximum boost capability and minimum switching frequency[J]. IEEE Transactions on Power Electronics，2018，33(1)：606-628.

[186] LOH P C，VILATHGAMUWA D M，LAI Y S，et al. Pulse-width modulation of Z-source inverters [J]. IEEE Transactions on Power Electronics，2005，20(6)：1346-1355.

[187] TANG Y，XIE S，DING J. Pulse width modulation of Z-source inverters with minimum inductor current ripple [J]. IEEE Transactions on Industrial Electronics，2004，61(1)：98-106.

[188] 田博雅. 基于直驱风力发电系统的准 Z 源逆变器研究[D]. 长沙：湖南大学，2016.

[189] DING X P, QIAN Z M, YANG S. A direct DC-link boost voltage PID-like fuzzy control strategy in Z-source inverter [C]. Rhodes, Greece：IEEE Power Electronics Specialists Conference，2008：405-411.

[190] DING X, QIAN Z, YANG S, et al. A PID control strategy for DC-link boost voltage in z-source inverter[C]. Anaheim, CA, USA：APEC 07 - Twenty-Second Annual IEEE Applied Power Electronics Conference and Exposition，2007：1145-1148.

[191] 董帅. Z 源逆变器纹波特性研究[D]. 哈尔滨：哈尔滨工业大学，2016.

[192] SEN G, ELBULUK M E. Voltage and current-programmed modes in control of the Z-source converter [J]. IEEE Transactions on Industrial Applications, 2010, 46(2)：680-686.

[193] CHUN T W, IRAN Q V, AHN J R, et al. AC output voltage control with minimization of voltage stress across devices in the Z-source inverter using modified SVPWM[C]. Jeju, Korea (South)：2006 37th IEEE Power Electronics Specialists Conference，2006：1-5.

[194] 丁新平，钱照明，崔彬，等. 基于模糊 PID 的 Z 源逆变器直流链升压电路控制[J]. 中国电机工程学报，2008，28(24)：31-37.

[195] ZAKIPOUR A, SHOKRI S, BINA M T. Closed-loop control of the grid connected Z-source inverter using hyper plane multi-input multi-output sliding-mode[J]. IET Power Electronics, 2017, 10(15)：2229-2241.

[196] XU B, RAN X H. Sliding mode control for three-phase quasi-Z-Source inverter [J]. IEEE Access, 2018：60318-60328.

[197] BAYHAN S, ABU-RUB H, BALOG R S. Model predictive control of quasi-Z-source four-leg inverter [J]. IEEE Trans. Ind. Electron., 2016, 63(7)：4506-4516.

[198] AYAD A, KARAMANAKOS P, KENNEL R. Direct model predictive current control strategy of quasi-Z-source inverters[J]. IEEE Transactions on Power Electronics, 2017, 32(7)：5786-5801.

[199] FATEMI S M J R, SOLTANI J, ABJADI N K, et al. Space-vector pulse-width modulation of a Z-source six-phase inverter with neural network classification[J]. IET Power Electronics, 2012, 5(9)：1956-1967.

[200] 汤雨. Z源逆变器研究[D]. 南京:南京航空航天大学, 2008.

[201] MANGU B, AKSHATHA S, SURYANARAYANA D, et al. Grid-connected pv-wind-battery-based multi-input transformer-coupled bidirectional DC-DC converter for household applications[J]. IEEE Journal of Emerging and Selected Topics in Power Electronics, 2016, 4(3): 1086-1095.

[202] HIROSE T, MATSUO H. Stand-alone hybrid wind-solar power generation system applying dump power control without dump load[J]. IEEE Transactions on Industrial Electronics, 2012, 59(2): 988-997.

[203] LU X, SUN K, GUERRERO J M, et al. State-of-charge balance using adaptive droop control for distributed energy storage systems in DC microgrid applications[J]. IEEE Transactions on Industrial Electronics, 2014, 61(6): 2804-2815.

[204] ZHANG J, WU H, CAO F, et al. Analysis and design of DC distributed DC power system with modular three-port converter[C]. Istanbul, Turkey: IEEE International Symposium on Industrial Electronics, 2014: 416-421.

[205] CAO B, XIAO J, CHEN J, et al. A high efficiency DC-DC converter based on bidirectional half-bridge[C]. Hefei, China: IEEE Conference on Industrial Electronics and Applications, 2016:763-768.

[206] REN X, RUAN X, QIAN H, et al. Three-mode dual-frequency two-edge modulation scheme for four-switch buck – boost converter[J]. IEEE Transactions on Power Electronics, 2009, 24(2): 499-509.

[207] RUAN X, LI B, CHEN Q, et al. Fundamental considerations of three-level DC-DC converters: topologies, analyses, and control[J]. IEEE Transactions on Circuits and Systems, 2008, 55(11): 3733-3743.

[208] ZHAO B, SONG Q, LIU W, et al. Overview of dual-active-bridge isolated bidirectional DC-DC converter for high-frequency-link power-conversion system[J]. IEEE Transactions on Power Electronics, 2014, 29(8): 4091-4106.

[209] LI X, BHAT A K S. Analysis and design of high-frequency isolated dual-bridge series resonant DC-DC converter[J]. IEEE Transactions on

Power Electronics, 2010, 25(4): 850-862.

[210] JIANG T, ZHANG J, WU X, et al. A bidirectional LLC resonant converter with automatic forward and backward mode transition[J]. IEEE Transactions on Power Electronics, 2015, 30(2): 757-770.

[211] JIANG T, ZHANG J, WU X, et al. A bidirectional three-level LLC resonant converter with PWAM control[J]. IEEE Transactions on Power Electronics, 2016, 31(3): 2213-2225.

[212] JUNG J H, KIM H S, RYU M H, et al. Design methodology of bidirectional CLLC resonant converter for high-frequency isolation of DC distribution systems[J]. IEEE Transactions on Power Electronics, 2013, 28(4): 1741-1755.

[213] OGGIER G G, GARCíA G O, OLIVA A R. Modulation strategy to operate the dual active bridge DC-DC converter under soft switching in the whole operating range[J]. IEEE Transactions on Power Electronics, 2011, 26(4): 1228-1236.

[214] DU Y, LUKIC S M, JACOBSON B S, et al. Modulation technique to reverse power flow for the isolated series resonant DC-DC converter with clamped capacitor voltage[J]. IEEE Transactions on Industrial Electronics, 2012, 59(12): 4617-4628.

[215] ZHAO B, YU Q, SUN W. Extended-phase-shift control of isolated bidirectional DC-DC converter for power distribution in microgrid[J]. IEEE Transactions on Power Electronics, 2012, 27(11): 4667-4680.

[216] JIANG C, LIU H. A novel interleaved parallel bidirectional dual-active-bridge DC-DC converter with coupled inductor for more-electric aircraft[J]. IEEE Transactions on Industrial Electronics, 2021, 68(2): 1759-1768.

[217] GUAN Y, XIE Y, WANG Y, et al. An active damping strategy for input impedance of bidirectional dual active bridge DC-DC converter: modeling, shaping, design and experiment[J]. IEEE Transactions on Industrial Electronics, 2021, 68(2): 1263-1274.

[218] IYER V M, GULUR S, BHATTACHARYA S. Hybrid control strategy to extend the ZVS range of a dual active bridge converter[C]. Tampa, FL, USA : IEEE Applied Power Electronics Conference and

Exposition，2017：2035-2042.

[219] RODRÍGUEZ A，VÁZQUEZ A，LAMAR D G，et al. Different purpose design strategies and techniques to improve the performance of a dual active bridge with phase-shift control[J]. IEEE Transactions on Power Electronics，2015，30(2)：790-804.

第 2 章

基于级联的 n 次型 DC/DC 变换器

　　本章首先介绍了构造级联 n 次型 DC/DC 变换器的普适法则,利用级联技术将多个基本升压单元级联起来构成新型 DC/DC 变换器。随着级联单元的增加,变换器电压增益按照幂次方的方式递增,输入电压范围也随之增大,显著提升了变换器的升压能力。其次,详细介绍了二次型和三次型升压 DC/DC 变换器的换流工作原理。最后,阐述了二次型和三次型升压 DC/DC 变换器的主要参数设计思想,并对其静态特性进行分析。

传统的 Boost 变换器具有电路结构简单、控制较为容易的优点,在升压变换领域得到了广泛的应用。在实际应用中,为了避免变换器工作在极限占空比的条件下所引起的过大功率损耗和增加控制回路设计复杂性的问题,传统 Boost 变换器的占空比一般取值为 $0.2 \sim 0.8$。然而在需要更高的电压增益或输入电压波动范围较大的应用领域,传统 Boost 变换器的应用将受到限制。

本章在传统 Boost 变换器的基础上提出了一些新型 DC/DC 变换器结构,较早的一种思想就是利用级联技术将多个基本电路级联起来构成新的 DC/DC 变换器。随着级联单元的增加,变换器电压增益按照幂次方的方式递增,输入电压范围也大大拓宽。然而,将 Boost 变换器进行简单级联,不可避免地会造成冗杂的电路结构和复杂的控制回路设计。通过将开关整合提出了二次型 Boost 变换器,在保持高电压增益和宽范围输入电压的前提下,变换器的控制更为便利。本章主要介绍基于级联的 n 次型 DC/DC 变换器拓扑的构造、改进和电路工作原理分析。

2.1　基于级联的 n 次型 DC/DC 变换器的构造

级联型变换器就是将两个或多个变换器通过首尾相接的方式连接起来。在 DC/DC 变换器中,Boost 变换器、Buck 变换器、Boost-Buck 变换器、Cuk 变换器、Sepic 变换器和 Zeta 变换器为六种基本的电路拓扑结构。多个基本的 Boost 电路单元通过级联方式可构成图 2.1(a) 所示的级联型 Boost 变换器,同理,多个基本的 Buck 电路单元可以构成图 2.1(b) 所示的级联型 Buck 变换器。这种级联方式获得的电路拓扑结构易于理解,并且可以获得较大的电压增益和较宽的输入输出电压范围,适用于新能源领域。

为了避免简单级联造成的电路结构冗杂、开关器件增加和控制回路设计复杂等问题,在对开关型变换器升降压原理理解的基础上,通过整合简单级联电路的拓扑结构来减少变换器开关的数目。将两级式级联型 Boost 变换器的开关整

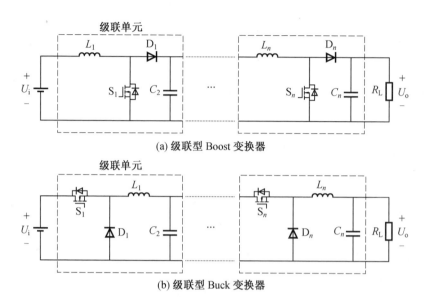

(a) 级联型 Boost 变换器

(b) 级联型 Buck 变换器

图 2.1　级联型变换器拓扑结构

合,得到二次型 Boost 变换器的主电路拓扑。如图 2.2(a) 所示的二次型 Boost 变换器仅有一个开关,因此大大降低了控制系统设计的复杂性。级联单元由电感、电容和二极管构成,增加级联单元的数目可以获得三次型以及 n 次型 Boost 变换器,如图 2.2(b)、(c) 所示。随着级联单元的增加,电压增益按照幂次方的方式递增,并且不会改变开关器件的数目。利用同样的方法可以得到二次型 Buck 变换器以及 n 次型 Buck 变换器。

　　Joel Anderson 和彭方正等人对 Z 源网络进行了改进,提出了准 Z 源变换器,其拓扑结构如图 2.3 所示。对比分析二次型 Boost 变换器和准 Z 源网络,两种拓扑的结构和工作原理极其相似。所不同的是准 Z 源变换器只是用电容 C_2 替换了二次型 Boost 变换器中的二极管 D_2,其他的电路结构保持一致,也正是由于电容的存在,准 Z 源网络的升压能力有了明显提高。三次型准 Z 源变换器如图2.4(a) 所示。因此,仿照 n 次型 Boost 变换器构造原理可以得到升压能力更强的 n 次型准 Z 源变换器,其拓扑结构如图 2.4(b) 所示。在三次型准 Z 源变换器的基础上,相关研究提出了两种扩展型 Boost 准 Z 源变换器,分别为图 2.5(a) 所示的连续电流 DA 型准 Z 源变换器和图 2.5(b) 所示的连续电流 CA 型准 Z 源变换器。进一步提出了升压能力更强的增强型 Boost 准 Z 源变换器,如图 2.6 所示。

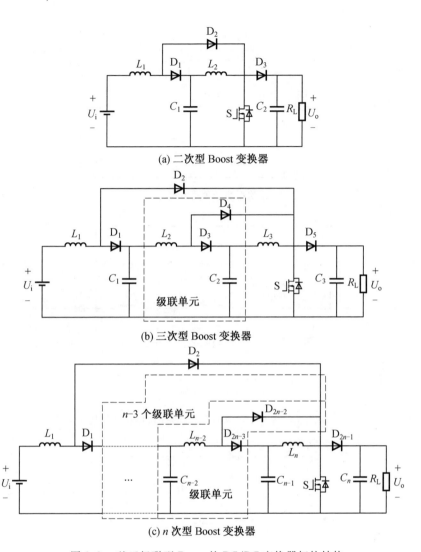

(a) 二次型 Boost 变换器

(b) 三次型 Boost 变换器

(c) n 次型 Boost 变换器

图 2.2　基于级联型 Boost 的 DC/DC 变换器拓扑结构

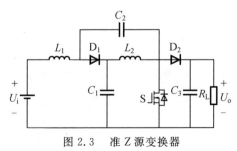

图 2.3　准 Z 源变换器

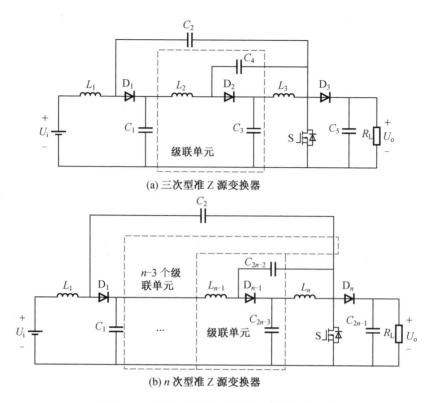

(a) 三次型准 Z 源变换器

(b) n 次型准 Z 源变换器

图 2.4   基于准 Z 源的 DC/DC 变换器拓扑结构

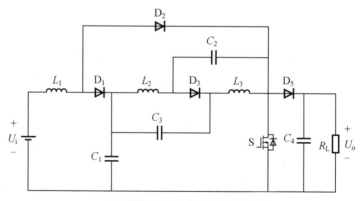

(a) 连续电流 DA 型准 Z 源变换器

图 2.5   扩展型 Boost 准 Z 源变换器

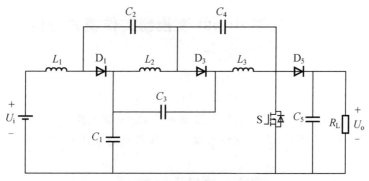

(b) 连续电流 CA 型准 Z 源变换器

续图 2.5

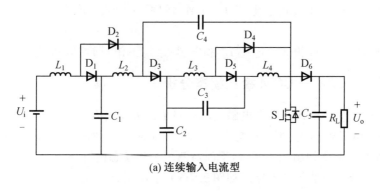

(a) 连续输入电流型

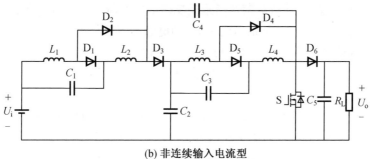

(b) 非连续输入电流型

图 2.6　增强型 Boost 准 Z 源变换器

2.2　二次型 Boost 变换器工作模式分析

二次型 Boost 变换器的拓扑结构如图 2.2(a) 所示,主电路拓扑结构由两个电感 L_1、L_2,两个电容 C_1、C_2,半导体器件以及输入电源 U_i 和负载电阻 R_L 组成。根据开关关断期间两个电感电流是否降低到零,即电感工作于 CCM 模式(连续导通模式) 或 DCM 模式(不连续导通模式),将电路的工作模式分为 4 种,分别如下。

①CCM－CCM 模式。电感 L_1 和电感 L_2 均工作于 CCM 模式。

②CCM－DCM 模式。电感 L_1 工作于 CCM 模式,电感 L_2 工作于 DCM 模式。

③DCM－CCM 模式。电感 L_1 工作于 DCM 模式,电感 L_2 工作于 CCM 模式。

④DCM－DCM 模式。电感 L_1 和电感 L_2 均工作于 DCM 模式。

2.2.1　CCM－CCM 模式模态分析

CCM－CCM 模式下两个电感电流在整个开关周期内都不为零,这种工作模式也简称为 CCM 模式。CCM 模式下二次型 Boost 变换器一个开关周期内工作模态的等效电路图如图 2.7 所示,下面对两个工作模态进行分析。

开关 S 导通时的等效电路图如图 2.7(a) 所示,此时二极管 D_1 和二极管 D_3 因分别反并联在电感 L_2 和负载两端而承受反向电压关断;二极管 D_2 承受正向电压导通;输入电源和电容 C_1 分别向电感 L_1 和电感 L_2 放电,电感电流线性上升;电容 C_2 向负载放电以维持输出电压稳定。此时电感 L_1、L_2 两端电压分别为

$$U_{L1} = U_i \tag{2.1}$$

$$U_{L2} = U_{C1} \tag{2.2}$$

开关 S 关断时的等效电路图如图 2.7(b) 所示,二极管 D_1 和二极管 D_3 分别因电感 L_1 和电感 L_2 的放电而承受正向电流导通;二极管 D_2 因并联在电感 L_2 两端承受反向电压关断;电源 U_i 以及电感 L_1 向电容 C_1 及负载侧放电,电感 L_2 向负载提供能量并为负载侧电容 C_2 充电;电感电流 I_{L1} 和电感电流 I_{L2} 线性减小。此时电感 L_1、电感 L_2 两端电压分别为

$$U_{L1} = U_i - U_{C1} \tag{2.3}$$

$$U_{L2} = U_{C1} - U_o \tag{2.4}$$

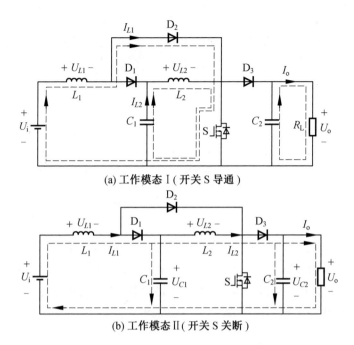

(a) 工作模态 I (开关 S 导通)

(b) 工作模态 II (开关 S 关断)

图 2.7　CCM 模式下二次型 Boost 变换器一个开关周期内工作模态的等效电路图

对电感 L_1 和电感 L_2 分别利用伏秒平衡原理可得

$$U_i D = (U_{C1} - U_i)(1 - D) \tag{2.5}$$

$$U_{C1} D = (U_o - U_{C1})(1 - D) \tag{2.6}$$

式中　　D—— 占空比。

由式(2.5)和式(2.6)计算可得二次型 Boost 变换器工作于 CCM 模式下的电压增益 G 为

$$G = \frac{1}{(1 - D)^2} \tag{2.7}$$

无论是 CCM－DCM 模式、DCM－CCM 模式还是 DCM－DCM 模式,这三种模式下二次型 Boost 变换器在一个开关周期内前两种工作模态的原理均与图 2.7 所示 CCM 模式下工作模态的等效电路图相同,为了避免重复,其工作原理在此不再赘述,下面分别分析 3 种模式下的其他工作模态,并计算其增益。

2.2.2　CCM － DCM 模式模态分析

CCM－DCM 模式下变换器的前两种工作模态与 CCM－CCM 模式下的两种工作模态相同。所不同的是,在开关 S 关断期间出现了第三种工作模态,此时电

感 L_1 的电流一直处于连续状态而电感 L_2 的电流出现断续。CCM－DCM 模式下工作模态 Ⅲ 的等效电路图如图 2.8 所示,输入电源以及电感 L_1 向电容 C_1 放电,二极管 D_3 两端承受反向电压关断,电容 C_2 向负载放电。

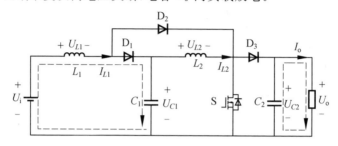

图 2.8 CCM－DCM 模式下工作模态 Ⅲ 的等效电路图

在一个开关周期内,设 d_1、d_2 分别为电感 L_1、L_2 的放电时间所占周期的比例。开关 S 关断期间,电感 L_1 工作在 CCM 模式,电感 L_2 工作在 DCM 模式,此时 $d_1 = 1 - D$,$d_2 < 1 - D$,其中 d_2 的值与电路参数、开关频率及占空比有关。

由电感的伏秒平衡原理可得

$$U_i D = (U_{C1} - U_i)(1 - D) \tag{2.8}$$

$$U_{C1} D = (U_o - U_{C1}) d_2 \tag{2.9}$$

由式(2.8)和式(2.9)整理可得 CCM－DCM 模式下二次型 Boost 变换器的电压增益 G 为

$$G = \frac{D + d_2}{(1 - D) d_2} \tag{2.10}$$

2.2.3　DCM－CCM 模式模态分析

DCM－CCM 模式下变换器的前两种工作模态也与 CCM－CCM 模式下的两种工作模态相同。所不同的是,在开关 S 关断期间出现了第三种工作模态,此时电感 L_2 的电流一直处于连续状态,而电感 L_1 的电流出现断续。DCM－CCM 模式下工作模态 Ⅲ 的等效电路图如图 2.9 所示。

开关 S 关断期间,电感 L_1 工作在 DCM 模式,电感 L_2 工作在 CCM 模式,此时 $d_1 < 1 - D$,$d_2 = 1 - D$。

由电感的伏秒平衡原理可得

$$U_i D = (U_{C1} - U_i) d_1 \tag{2.11}$$

$$U_{C1} D = (U_o - U_{C1})(1 - D) \tag{2.12}$$

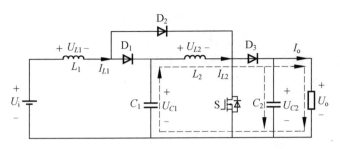

图 2.9　DCM－CCM 模式下工作模态 Ⅲ 的等效电路图

由式(2.11)和式(2.12)整理可得 DCM－CCM 模式下二次型 Boost 变换器的电压增益 G 为

$$G = \frac{D + d_1}{(1 - D)d_1} \tag{2.13}$$

2.2.4　DCM－DCM 模式模态分析

DCM－DCM 模式下开关断开以后两个电感电流先后出现断续,若电感电流最先出现断续,则二次型 Boost 变换器工作于 DCM－DCM 模式下的前 3 种工作模态与工作于 DCM－CCM 模式下的 3 种工作模态相同;否则就与工作于 CCM－DCM 模式下的 3 种工作模态相同。所不同的是,变换器工作于 DCM－DCM 模式时出现两个电感电流都断续的第四种工作模态,DCM－DCM 模式下工作模态 Ⅳ 的等效电路图如图 2.10 所示。开关 S 关断期间,输入电感 L_1 的电流和储能电感 L_2 的电流均会减小至 0,明显工作于 DCM 模式下,此时输入电感 L_1 与储能电感 L_2 均出现断续,仅由电容 C_2 向负载侧放电。

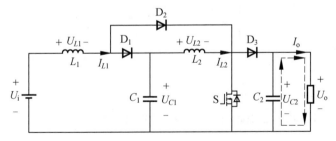

图 2.10　DCM－DCM 模式下工作模态 Ⅳ 的等效电路图

开关 S 关断期间,电感 L_1 和电感 L_2 均工作在 DCM 模式下,此时 $d_1 < 1 - D$,$d_2 < 1 - D$。

由电感的伏秒平衡原理可得

$$U_i D = (U_{C1} - U_i) d_1 \qquad (2.14)$$

$$U_{C1} D = (U_o - U_{C1}) d_2 \qquad (2.15)$$

由式(2.14)和式(2.15)整理可得 DCM－DCM 模式下二次型 Boost 变换器的电压增益 G 为

$$G = \frac{(D + d_1)(D + d_2)}{d_1 d_2} \qquad (2.16)$$

2.3   三次型 Boost 变换器工作模式分析

三次型 Boost 变换器的拓扑结构如图 2.11 所示,在二次型 Boost 变换器的基础上增加了一个级联单元,提高了电路整体的升压能力。级联单元由电容、电感和两个二极管构成。与二次型 Boost 变换器的模式分析过程类似,根据 3 个电感工作方式的不同,三次型 Boost 变换器的工作模式可以分为以下 8 种:CCM－CCM－CCM 模式、CCM－CCM－DCM 模式、CCM－DCM－CCM 模式、DCM－CCM－CCM 模式、CCM－DCM－DCM 模式、DCM－CCM－DCM 模式、DCM－DCM－CCM 模式和 DCM－DCM－DCM 模式。

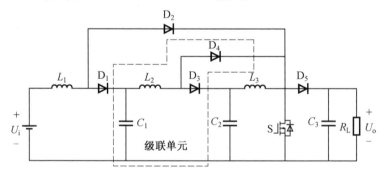

图 2.11   三次型 Boost 变换器的拓扑结构

2.3.1   CCM－CCM－CCM 模式模态分析

CCM－CCM－CCM 模式下三次型 Boost 变换器的三个电感电流在整个开关周期内都不为零,这种工作模式简称为 CCM 模式。一个周期内变换器存在两种工作模式,图 2.12 所示为 CCM 模式下三次型 Boost 变换器工作模态的等效电路图。

开关 S 导通时的等效电路图如图 2.12(a)所示,此时二极管 D_1、D_3、D_5 因为

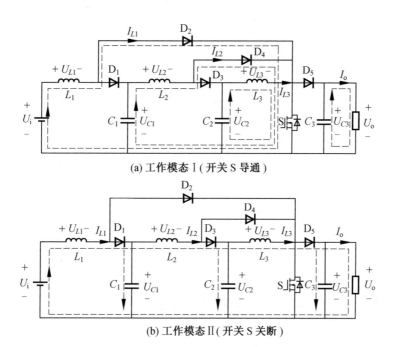

(a) 工作模态 I (开关 S 导通)

(b) 工作模态 II (开关 S 关断)

图 2.12　CCM 模式下三次型 Boost 变换器工作模态的等效电路图

分别反并联在电容 C_1、C_2、C_3 两端承受反向电压而关断；二极管 D_2 承受正向电压导通，输入电源为电感 L_1 充电，电感电流 I_{L1} 线性上升；电容 C_1、C_2 分别向电感 L_2、L_3 放电，电感电流 I_{L2}、I_{L3} 也线性上升；电容 C_3 向负载放电以维持输出电压稳定。此时电感 L_1、L_2、L_3 两端电压分别为

$$U_{L1} = U_i \tag{2.17}$$

$$U_{L2} = U_{C1} \tag{2.18}$$

$$U_{L3} = U_{C2} \tag{2.19}$$

开关 S 关断时的等效电路图如图 2.12(b) 所示，二极管 D_1、D_3 和 D_5 分别因电感 L_1、L_2 和 L_3 的放电而承受正向电流导通；二极管 D_2 和 D_4 此时因并联在电感两端承受反向电压。电源 U_i 和电感 L_1 串联起来一起向电容 C_1 及后级放电，电感 L_2、L_3 不仅向负载提供能量，同时分别为电容 C_2、C_3 充电；此时电感电流 $I_{L1} \sim I_{L3}$ 线性减小。

这种模态下电感 L_1、L_2、L_3 两端电压分别为

$$U_{L1} = U_i - U_{C1} \tag{2.20}$$

$$U_{L2} = U_{C1} - U_{C2} \tag{2.21}$$

$$U_{L3} = U_{C2} - U_o \tag{2.22}$$

由电感的伏秒平衡原理可得

$$U_i D = (U_{C1} - U_i)(1 - D) \qquad (2.23)$$

$$U_{C1} D = (U_{C2} - U_{C1})(1 - D) \qquad (2.24)$$

$$U_{C2} D = (U_o - U_{C2})(1 - D) \qquad (2.25)$$

由式(2.23)～(2.25)整理可得 CCM 模式下三次型 Boost 变换器的电压增益 G 为

$$G = \frac{1}{(1 - D)^3} \qquad (2.26)$$

与二次型 Boost 变换器分析类似,三次型 Boost 变换器中无论电感 L_1、L_2 和 L_3 中哪些电感工作于 DCM 模式,三次型 Boost 变换器在一个开关周期内前两种工作模态的原理均与图 2.12 所示的 CCM 模式下工作模态的等效电路图相同,为了避免重复,其工作原理在此不再赘述,下面只分析 7 种模式下的后几种工作模态,并计算其增益。

2.3.2　CCM－CCM－DCM 模式模态分析

CCM－CCM－DCM 模式下三次型 Boost 变换器的前两种工作模态与 CCM 模式下的两种工作模态相同。第三种工作模态为开关 S 关断期间电感 L_3 电流出现断续,另外两个电感仍然工作于 CCM 模式下。此时输入电源以及电感 L_1 向电容 C_1 及电感 L_2 放电,电感 L_2 向电容 C_2 放电,二极管 D_5 两端承受反向电压关断,电容 C_3 向负载提供能量。CCM－CCM－DCM 模式下工作模态 Ⅲ 的等效电路图如图 2.13 所示。

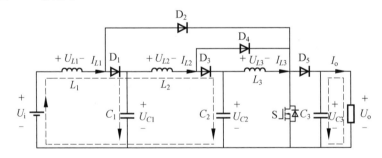

图 2.13　CCM－CCM－DCM 模式下工作模态 Ⅲ 的等效电路图

在一个开关周期内,设 d_1、d_2、d_3 分别为电感 L_1、L_2、L_3 的放电时间所占周期的比例。开关 S 关断期间,电感 L_1、L_2 工作在 CCM 模式,电感 L_3 工作在 DCM 模式,此时 $d_1 = 1 - D, d_2 = 1 - D, d_3 < 1 - D$。

由电感的伏秒平衡原理可得

$$U_i D = (U_{C1} - U_i)(1 - D) \qquad (2.27)$$

$$U_{C1} D = (U_{C2} - U_{C1})(1 - D) \qquad (2.28)$$

$$U_{C2} D = (U_o - U_{C2}) d_3 \qquad (2.29)$$

由式(2.27)～(2.29)整理可得 CCM－CCM－DCM 模式下三次型 Boost 变换器电压增益 G 为

$$G = \frac{D + d_3}{(1 - D)^2 d_3} \qquad (2.30)$$

三次型 Boost 变换器工作于 CCM－CCM－DCM 模式、CCM－DCM－CCM 模式或 DCM－CCM－CCM 模式时,在开关关断期间仅有一个电感电流发生断续而工作于 DCM 模式,而另外两个电感电流总是处于连续状态。只是发生电感电流断续的电感不同而已,因此这三种工作模式的分析过程和结果都极为相似,前两个工作模态完全一致,第三个工作模态也极为相似。为了避免不必要的重复,这里仅给出另外两种模式下三次型 Boost 变换器的电压增益。

CCM－DCM－CCM 模式下三次型 Boost 变换器电压增益 G 为

$$G = \frac{U_o}{U_i} = \frac{D + d_2}{(1 - D)^2 d_2} \qquad (2.31)$$

DCM－CCM－CCM 模式下三次型 Boost 变换器电压增益 G 为

$$G = \frac{U_o}{U_i} = \frac{D + d_1}{(1 - D)^2 d_1} \qquad (2.32)$$

2.3.3　CCM－DCM－DCM 模式模态分析

CCM－DCM－DCM 模式下三次型 Boost 变换器的前两种工作模态与 CCM－CCM－DCM 模式或 CCM－DCM－CCM 模式下的前两种工作模态相同。若电感 L_3 的电流最先出现断续,则第三种工作模态与 CCM－CCM－DCM 模式下的第三种工作模态相同;若电感 L_2 的电流最先出现断续,则第三种工作模态与 CCM－DCM－CCM 模式下的第三种工作模态相同,这里不再赘述。所不同的是,CCM－DCM－DCM 模式下三次型 Boost 变换器存在第四种工作模态,即电感 L_2、L_3 的电流均在开关关断期间发生断续,仅电感 L_1 处于电流连续状态。CCM－DCM－DCM 模式下工作模态 Ⅳ 的等效电路图如图 2.14 所示,此时输入电源以及电感 L_1 串联向电容 C_1 充电,二极管 D_3 和二极管 D_5 两端承受反向电压关断,电容 C_3 向负载提供能量。

在一个开关周期内,仍然设 d_1、d_2、d_3 为电感 L_1、L_2、L_3 的放电时间占空比。开关 S 关断期间,电感 L_1 工作在 CCM 模式,电感 L_2、L_3 工作在 DCM 模式,此时 $d_1 = 1 - D, d_2 < 1 - D, d_3 < 1 - D$。

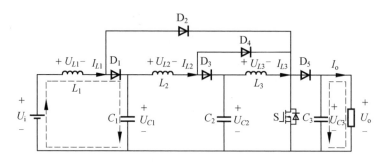

图 2.14　CCM－DCM－DCM 模式下工作模态 Ⅳ 的等效电路图

由电感的伏秒平衡原理可得

$$U_i D = (U_{C1} - U_i)(1 - D) \tag{2.33}$$

$$U_{C1} D = (U_{C2} - U_{C1})d_2 \tag{2.34}$$

$$U_{C2} D = (U_o - U_{C2})d_3 \tag{2.35}$$

由式(2.33) ～ (2.35)整理可得 CCM－DCM－DCM 模式下三次型 Boost 变换器电压增益 G 为

$$G = \frac{(D + d_2)(D + d_3)}{(1 - D)^2 d_2 d_3} \tag{2.36}$$

三次型 Boost 变换器工作于 CCM－DCM－DCM 模式、DCM－CCM－DCM 模式或 DCM－DCM－CCM 模式时,在开关关断期间仅有一个电感电流一直处于连续状态,而另外两个电感电流先后发生断续而工作于 DCM 模式。只是发生电感电流断续的电感不同而已,因此这三种工作模式的分析过程也较为相似。为了避免不必要的重复,这里仅给出 DCM－CCM－DCM 和 DCM－DCM－CCM 两种模式下三次型 Boost 变换器的电压增益。

DCM－CCM－DCM 模式下三次型 Boost 变换器电压增益 G 为

$$G = \frac{(D + d_1)(D + d_3)}{(1 - D)d_1 d_3} \tag{2.37}$$

DCM－DCM－CCM 模式下三次型 Boost 变换器电压增益 G 为

$$G = \frac{(D + d_1)(D + d_2)}{(1 - D)d_1 d_2} \tag{2.38}$$

2.3.4　DCM － DCM － DCM 模式模态分析

DCM－DCM－DCM 模式下三次型 Boost 变换器与前两种 DCM 模式三次型 Boost 变换器的区别是,在开关 S 关断期间,输入电感 L_1 和储能电感 L_2、L_3 的电流均会逐渐减小至 0,此模式下电感 L_1 ～ L_3 均工作在 DCM 模式,此时,二极管

D_1、D_3、D_5 两端均承受反向电压而关断,电容 C_3 负载放电保持输出电压稳定。DCM－DCM－DCM 模式下工作模态 V 的等效电路图如图 2.15 所示。

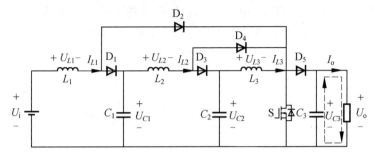

图 2.15　DCM－DCM－DCM 模式下工作模态 V 的等效电路图

在一个开关周期内,设 d_1、d_2、d_3 分别为电感 L_1、L_2、L_3 的放电时间占空比。开关 S 关断期间,电感 $L_1 \sim L_3$ 均工作在 DCM 模式,所以此时 $d_1 < 1-D, d_2 < 1-D, d_3 < 1-D$。

由电感的伏秒平衡原理可得

$$U_i D = (U_{C1} - U_i) d_1 \tag{2.39}$$

$$U_{C1} D = (U_{C2} - U_{C1}) d_2 \tag{2.40}$$

$$U_{C2} D = (U_o - U_{C2}) d_3 \tag{2.41}$$

由式(2.39)～(2.41)整理可得 DCM－DCM－DCM 模式下三次型 Boost 变换器电压增益 G 为

$$G = \frac{(D+d_1)(D+d_2)(D+d_3)}{d_1 d_2 d_3} \tag{2.42}$$

2.4　二次型及三次型 Boost 变换器电路参数计算

2.4.1　电感参数的选取

不论是二次型还是三次型 Boost 变换器,电感总是处于周期性的充电、放电状态,电感电流随之发生周期性的增大或减小;当电路处于稳态时,可以明显地看出电感电流上叠加了一个周期性的锯齿波状波动分量。电感电流的波动状态将直接影响电路的工作噪声和电磁兼容性指标,因此电感电流的波动越小越好。小的电感电流波动可以降低对器件电流应力的要求,有效减小器件的开关损耗。并且电感的大小也决定了电路是工作在 CCM 模式下还是工作在 DCM 模式下,所以电感参数的选择非常重要。

电感工作在 CCM 模式下的电流波形如图 2.16 所示;电感工作在 DCM 模式下的电流波形如图 2.17 所示;电感工作在临界条件下的电流波形如图 2.18 所示。则可以通过分析得出电感工作在 CCM 模式与 DCM 模式的临界电感,以及电感电流纹波的大小。

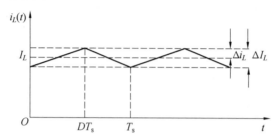

图 2.16　电感工作在 CCM 模式下的电流波形

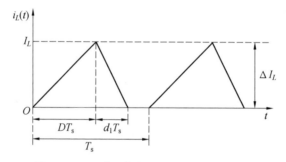

图 2.17　电感工作在 DCM 模式下的电流波形

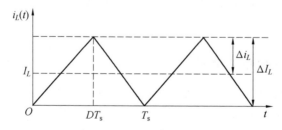

图 2.18　电感工作在临界条件下的电流波形

由图 2.16～2.18 可以看出，无论是工作在 CCM 模式下还是工作在 DCM 模式下，电感电流纹波大小均为

$$\Delta I_L = \frac{U_L}{L} \times DT_s \tag{2.43}$$

式中　U_L——电感 L 处于充电状态下两侧的电压；

　　　T_s——开关周期。

不难看出电感越大，电感电流的纹波越小，但是随着电感的逐渐增大，电路的动态响应也会变慢，因此要根据电路的实际情况合理选择电感大小，一般选择 CCM 模式下的电感电流纹波在有效值的 15% 左右。下面由图 2.18 分析电感在临界条件下的大小。假设所研究的 Boost 电路是理想的无损网络，则根据输入侧和输出侧有功功率守恒（忽略系统损耗），对于任一电感，有

$$I_L = \frac{U_o I_o}{U_L} \tag{2.44}$$

式中　U_o、I_o——电感输出侧电压和电流。

对于一阶 Boost 变换器，其输出增益 G 为

$$G = \frac{1}{1-D} \tag{2.45}$$

由图（2.16）及式（2.43）～（2.45），可以得出

$$I_L = \Delta i_L = \frac{1}{1-D} I_o = \frac{UDT_s}{2L_m} \tag{2.46}$$

推导可得

$$L_m = \frac{U_o D (1-D)^2}{2I_o f} \tag{2.47}$$

式中　I_L——电感电流；

　　　f——开关工作频率；

　　　L_m——励磁电感。

由推导结果可知，当所取电感值 $L > L_m$ 时，该电感工作于连续导通模式，反之工作于断续导通模式。

2.4.2　输出电压纹波的分析及电容参数的选取

输出电压的纹波即二次型 DC/DC 变换器中的输出电容两端电压的纹波。电容充电时电容电压增加，向负载放电时电容电压线性降低。当储能电感工作在 CCM 模式下时，输出侧电感电流 i_L 与电容电压 U_C 的关系如图 2.19 所示。

由电荷守恒可知，此时输出电压纹波 ΔU_o 仅与开关 S 导通时间以及电容容

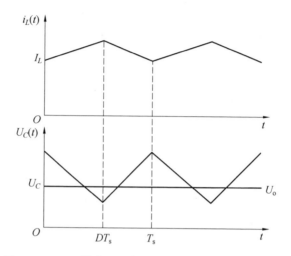

图 2.19 CCM 模式下电感电流 i_L 与电容电压 U_C 的关系

量有关,而与储能电感无关,即

$$\Delta U_{\circ} = \frac{I_{\circ} D T_{s}}{C_2} \tag{2.48}$$

由式(2.48)可以得出,电容越大、开关频率 f 越高,输出电压的纹波越小。

当储能电感工作在 DCM 模式下时,电感电流 i_L 与电容电压 U_C 的关系如图 2.20 所示。

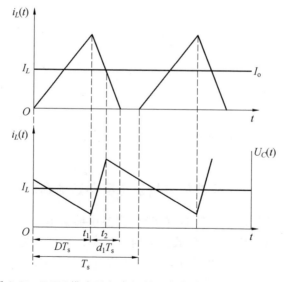

图 2.20 DCM 模式下电感电流 i_L 与电容电压 U_C 的关系

以二次型 Boost 变换器为例,由电荷守恒可知,此时输出电压纹波 $\Delta U_\circ$ 由开关关断期间 $(t_1 - t_2)$ 内电容 C_2 电压的上升幅度决定。开关 S 断开时电容 C_2 的充电电流 $i_{C2}(t)$ 为

$$i_{C2}(t) = i_{L2}(t) - i_\circ = i_{L2,\max} - \frac{U_\circ - U_{C1}}{L_2}t - i_\circ \qquad (2.49)$$

式中　$i_{L2,\max}$——t_1 时的电感电流 i_L 的值即最大值,其值为

$$i_{L2,\max} = \frac{U_{C1}}{L_2}DT_s \qquad (2.50)$$

令 $i_{C2}(t_2) = 0$,即 $i_{L2}(t_2) = i_\circ$,并假设 $t_1 = 0$,可得电容 C_2 的充电时间 Δt 为

$$\Delta t = t_2 - t_1 = \frac{(i_{L2,\max} - i_\circ)L_2}{U_\circ - U_{C1}} \qquad (2.51)$$

则输出电压纹波 $\Delta U_\circ$ 为

$$\Delta U_\circ = \frac{1}{C_2}\int_{t_1}^{t_2} i_{C2}(t)\,\mathrm{d}t = \frac{1}{C_2}\int_0^{\Delta t} i_{C2}(t)\,\mathrm{d}t \qquad (2.52)$$

将式(2.49)~(2.51)代入式(2.52),可得输出电压纹波为

$$\Delta U_\circ = \frac{\left(\dfrac{U_{C1}DT_s}{L_2} - i_\circ\right)^2 L_2}{2C_2(U_\circ - U_{C1})} \qquad (2.53)$$

根据输出电压纹波要求进而决定电容的取值。DCM 模式下三次型 Boost 变换器输出电压纹波大小的计算方式与二次型 Boost 变换器相同,只需将式(2.53)中的 U_{C1} 与 L_2 替换成 U_{C2} 与 L_3 即可。

由图 2.19 和图 2.20 可以看出,在输出电压功率相同的情况下,由于 DCM 模式下的电容放电时间大于 CCM 模式下的电容放电时间,结合理论分析很容易得出 DCM 模式下的输出电压纹波大于 CCM 模式下的输出电压纹波。

2.4.3　DCM 模式下电感放电时间所占周期比例 d_1 的计算

以 DCM-CCM 模式下二次型 Boost 变换器中电感 L_1 为例,此时该电感工作在断续导通模式,根据式(2.13)和式(2.44)可以推导出其输入输出电压电流的关系为

$$\frac{U_\circ}{U_L} = \frac{D + d_1}{d_1} \qquad (2.54)$$

$$\frac{I_\circ}{I_L} = \frac{d_1}{D + d_1} \qquad (2.55)$$

结合图 2.9 和式(2.43),可以得出

$$\Delta I_L = \frac{U}{L} \times DT_s = \frac{(U_o - U_L)}{L} \times d_1 T_s \qquad (2.56)$$

$$I_L = \frac{1}{2} \times \Delta I_L (D + d_1) = \frac{1}{2} \times \frac{U_L}{L} \times D(D + d_1) T_s \qquad (2.57)$$

由式(2.54)~(2.57)可得

$$d_1 = \frac{LI_o}{DU_o T_s} \times \left(1 + \sqrt{1 + \frac{2D^2 U_o T_s}{LI_o}}\right) \qquad (2.58)$$

而处于 DCM 模式下的电感输出侧与输入侧电压之比为

$$\frac{U_o}{U_L} = \frac{1 + \sqrt{1 + \dfrac{2D^2 U_o T_s}{LI_o}}}{2} \qquad (2.59)$$

2.4.4 二次型 Boost 电路性能分析

1.开关器件电压应力

各开关器件所承受的最大电压应力为其断开时两端的电压,由图 2.5~2.10 及其对应的理论分析可以看出,无论二次型 Boost 变换器中电感处于哪种工作模式,各开关器件所承受的最大电压应力表达式都是相同的,具体等式如下:

$$\begin{cases} U_S = U_o \\ U_{D1} = U_{C1} \\ U_{D2} = U_o - U_{C1} \\ U_{D3} = U_o \end{cases} \qquad (2.60)$$

式中　U_x——开关器件 x(x 为开关 S 或二极管 D_1、D_2 和 D_3)所承受的最大电压应力。

对应到各个模式下的二次型 Boost 变换器,由式(2.6)、式(2.7)、式(2.9)、式(2.10)、式(2.12)、式(2.13)、式(2.15)、式(2.16)及式(2.60)可以得出二次型 Boost 变换器中各开关器件所承受的最大电压应力,见表 2.1。表中,$D_1 = D + d_1$,$D_2 = D + d_2$,$D_3 = 1 - D$。

表 2.1　二次型 Boost 变换器中各开关器件的最大电压应力

模式	CCM−CCM	CCM−DCM	DCM−CCM	DCM−DCM
U_S	$\dfrac{U_i}{D_3^2}$	$\dfrac{D_2 U_i}{D_3 d_2}$	$\dfrac{D_1 U_i}{D_3 d_1}$	$\dfrac{D_1 D_2 U_i}{d_1 d_2}$
U_{D1}	$\dfrac{U_i}{D_3}$	$\dfrac{U_i}{D_3}$	$\dfrac{D_1 U_i}{d_1}$	$\dfrac{D_1 U_i}{d_1}$

续表2.1

模式	CCM－CCM	CCM－DCM	DCM－CCM	DCM－DCM
U_{D2}	$\dfrac{DU_i}{D_3^2}$	$\dfrac{DU_i}{D_3 d_2}$	$\dfrac{(1+D)D_1 U_i - (1+d_1)U_i}{D_3 d_1}$	$\dfrac{DD_2 U_i}{d_1 d_2}$
U_{D3}	$\dfrac{U_i}{D_3^2}$	$\dfrac{d_2 U_i}{D_3 d_2}$	$\dfrac{D_1 U_i}{D_3 d_1}$	$\dfrac{D_1 D_2 U_i}{d_1 d_2}$

2. 开关器件电流应力

各开关器件所承受的最大电流应力为其导通时流过的电流,同样地,由图 2.5 ～2.10 可以看出,无论二次型 Boost 变换器中电感处于哪种工作模态,各开关器件所承受的最大电流应力表达式都是相同的,具体等式如下:

$$\begin{cases} I_S = I_{L1,\max} + I_{L2,\max} \\ I_{D1} = I_{D2} = I_{L1,\max} \\ I_{D3} = I_{L2,\max} \end{cases} \tag{2.61}$$

式中　I_x——开关器件 x(x 为开关 S 以及二极管 D_1、D_2 和 D_3)所承受的最大电压应力。

而由图 2.6 和图 2.7 可以看出,无论电感工作在 CCM 模式下还是工作在 DCM 模式下,其电感电流在一个开关周期内,均在 DT_s 时达到最大值,但其区别为,电感工作在 CCM 模式下时,其电流最大值为

$$I_{L,\max} = I_L + \frac{U}{2L} \times DT_s \tag{2.62}$$

式中　L——所求电感的电感值。

工作在 DCM 模式下时,所求电感最大电流如式(2.43)所示。同样地,对应到各个模式下的二次型 Boost 变换器,由式(2.43)、式(2.44)、式(2.62)及表 2.1 可以得出,二次型 Boost 变换器中各开关器件所承受的最大电流应力,见表 2.2。表中,$D_1 = D + d_1$,$D_2 = D + d_2$,$D_3 = 1 - D$。

表 2.2　二次型 Boost 变换器中各开关器件的最大电流应力

模式	CCM－CCM	CCM－DCM	DCM－CCM	DCM－DCM
I_S		$I_{D1} + I_{D3}$		
I_{D1} I_{D2}	$\dfrac{I_o}{D_3^2} + \dfrac{U_i DT_s}{2L}$	$\dfrac{D_2 I_o}{D_3 d_2} + \dfrac{U_i DT_s}{2L}$	$\dfrac{U_i DT_s}{L}$	$\dfrac{U_i DT_s}{L}$
I_{D3}	$\dfrac{I_o}{D_3} + \dfrac{U_i DT_s}{2D_3 L}$	$\dfrac{U_i DT_s}{D_3 L}$	$\dfrac{I_o}{D_3} + \dfrac{U_i D_1 DT_s}{2d_1 L}$	$\dfrac{U_i D_1 DT_s}{d_1 L}$

2.4.5　三次型 Boost 电路性能分析

1. 开关器件电压应力

由图 2.11 ~ 2.15 可以看出,无论三次型 Boost 变换器中电感处于哪种工作模态,各开关器件所承受的最大电压应力表达式都是相同的,具体等式如下:

$$\begin{cases} U_{\mathrm{S}} = U_{\mathrm{o}} \\ U_{\mathrm{D1}} = U_{\mathrm{C1}} \\ U_{\mathrm{D2}} = U_{\mathrm{o}} - U_{\mathrm{C1}} \\ U_{\mathrm{D3}} = U_{\mathrm{C2}} \\ U_{\mathrm{D4}} = U_{\mathrm{o}} - U_{\mathrm{C2}} \\ U_{\mathrm{D5}} = U_{\mathrm{o}} \end{cases} \tag{2.63}$$

对应到各个模式下的三次型 Boost 变换器,由式(2.23)、式(2.26) 等可以得出三次型 Boost 变换器中各开关器件所承受的最大电压应力,见表 2.3,表中 $D_1 = D + d_1$,$D_2 = D + d_2$,$D_3 = 1 - D$,$D_4 = D + d_3$。

表 2.3　三次型 Boost 变换器中各开关器件的最大电压应力

模式	C－C－C	C－C－D	C－D－C	C－D－D
U_{S}	$\dfrac{U_{\mathrm{i}}}{D_3^3}$	$\dfrac{D_2 U_{\mathrm{i}}}{D_3^2 d_3}$	$\dfrac{D_2 U_{\mathrm{i}}}{D_3^2 d_2}$	$\dfrac{D_2 D_4 U_{\mathrm{i}}}{D_3 d_2 d_3}$
U_{D1}	$\dfrac{U_{\mathrm{i}}}{D_3}$	$\dfrac{U_{\mathrm{i}}}{D_3}$	$\dfrac{U_{\mathrm{i}}}{D_3}$	$\dfrac{U_{\mathrm{i}}}{D_3}$
U_{D2}	$\dfrac{D(2-D)U_{\mathrm{i}}}{D_3^3}$	$\dfrac{D(1+d_3)U_{\mathrm{i}}}{D_3^2 d_3}$	$\dfrac{D(1+d_2)U_{\mathrm{i}}}{D_3^2 d_2}$	$\dfrac{D(D_2+d_3)U_{\mathrm{i}}}{D_3 d_2 d_3}$
U_{D3}	$\dfrac{U_{\mathrm{i}}}{D_3^2}$	$\dfrac{U_{\mathrm{i}}}{D_3^2}$	$\dfrac{D_2 U_{\mathrm{i}}}{D_3 d_2}$	$\dfrac{D_2 U_{\mathrm{i}}}{D_3 d_2}$
U_{D4}	$\dfrac{DU_{\mathrm{i}}}{D_3^3}$	$\dfrac{DU_{\mathrm{i}}}{D_3^2 d_3}$	$\dfrac{DD_2 U_{\mathrm{i}}}{D_3^2 d_2}$	$\dfrac{DD_2 U_{\mathrm{i}}}{D_3 d_2 d_3}$
U_{D5}	$\dfrac{U_{\mathrm{i}}}{D_3^3}$	$\dfrac{D_2 U_{\mathrm{i}}}{D_3^2 d_3}$	$\dfrac{D_2 U_{\mathrm{i}}}{D_3^2 d_2}$	$\dfrac{D_2 D_4 U_{\mathrm{i}}}{D_3 d_2 d_3}$
模式	D－C－C	D－C－D	D－D－C	D－D－D
U_{S}	$\dfrac{D_1 U_{\mathrm{i}}}{D_3^2 d_1}$	$\dfrac{D_1 D_2 U_{\mathrm{i}}}{D_3 d_1 d_3}$	$\dfrac{D_1 D_2 U_{\mathrm{i}}}{D_3 d_1 d_2}$	$\dfrac{D_1 D_2^2 U_{\mathrm{i}}}{d_1 d_2 d_3}$
U_{D1}	$\dfrac{(D+d_1)U_{\mathrm{i}}}{d_1}$	$\dfrac{(D+d_1)U_{\mathrm{i}}}{d_1}$	$\dfrac{(D+d_1)U_{\mathrm{i}}}{d_1}$	$\dfrac{DD_1(D_1+d_3)U_{\mathrm{i}}}{d_1 d_2 d_3}$

续表 2.3

模式	D－C－C	D－C－D	D－D－C	D－D－D
U_{D2}	$\dfrac{D(2-D)D_1 U_i}{D_3^2 d_1}$	$\dfrac{DD_1(1+d_3)U_i}{D_3 d_1 d_3}$	$\dfrac{DD_1(1+d_2)U_i}{D_3 d_1 d_2}$	$\dfrac{DD_1 D_2 U_i}{d_1 d_2 d_3}$
U_{D3}	$\dfrac{DU_i}{D_3 d_1}$	$\dfrac{D_1 U_i}{D_3 d_1}$	$\dfrac{D_1 D_2 U_i}{d_1 d_2}$	$\dfrac{D_1 D_2 U_i}{d_1 d_2}$
U_{D4}	$\dfrac{DD_1 U_i}{D_3^2 d_1}$	$\dfrac{DD_1 U_i}{D_3 d_1 d_3}$	$\dfrac{DD_1 D_2 U_i}{D_3 d_1 d_2}$	$\dfrac{DD_1 D_2 U_i}{D_3 d_1 d_2}$
U_{D5}	$\dfrac{D_1 U_i}{D_3^2 d_1}$	$\dfrac{D_1 D_2 U_i}{D_3 d_1 d_3}$	$\dfrac{D_1 D_2 U_i}{D_3 d_1 d_2}$	$\dfrac{D_1 D_2 D_4 U_i}{d_1 d_2 d_3}$

注：表中 C 指 CCM，D 指 DCM。

2. 开关器件电流应力

与二次型 Boost 变换器类似地，由图 2.11 ~ 2.15 可以看出，无论三次型 Boost 变换器中电感处于哪种工作模态，各开关器件所承受的最大电流应力表达式都是相同的，具体等式如下：

$$\begin{cases} I_S = I_{L1,\max} + I_{L2,\max} + I_{L3,\max} \\ I_{D1} = I_{D2} = I_{L1,\max} \\ I_{D3} = I_{D4} = I_{L2,\max} \\ I_{D5} = I_{L3,\max} \end{cases} \tag{2.64}$$

其中，电感电流最大应力的计算与二次型相同，同样地，对应到各个模式下的三次型 Boost 变换器，由式（2.43）、式（2.44）、式（2.62）及表 2.3 可以得出三次型 Boost 变换器中各开关器件所承受的最大电流应力，见表 2.4，表中 $D_1 = D + d_1$，$D_2 = D + d_2$，$D_3 = 1 - D$，$D_4 = D + d_3$。

表 2.4　三次型 Boost 变换器中各开关器件的最大电流应力

模式	C－C－C	C－C－D	C－D－C	C－D－D
I_S	$I_{D1} + I_{D3} + I_{D5}$			
I_{D1} I_{D2}	$\dfrac{I_o}{D_3^3}+\dfrac{U_i DT_s}{2L}$	$\dfrac{D_2 I_o}{D_3^2 d_3}+\dfrac{U_i DT_s}{2L}$	$\dfrac{D_2 I_o}{D_3^2 d_2}+\dfrac{U_i DT_s}{2L}$	$\dfrac{D_2 D_4 I_o}{D_3 d_2 d_3}+\dfrac{U_i DT_s}{2L}$
I_{D3} I_{D4}	$\dfrac{I_o}{D_3^2}+\dfrac{U_i DT_s}{2d'L}$	$\dfrac{D_4 I_o}{D_3 d_3}+\dfrac{U_i DT_s}{2d'L}$	$\dfrac{U_i DT_s}{D_3 L}$	$\dfrac{U_i DT_s}{D_3 L}$
I_{D5}	$\dfrac{I_o}{D_3}+\dfrac{U_i DT_s}{2D_3^2 L}$	$\dfrac{U_i DT_s}{D_3^2 L}$	$\dfrac{I_o}{D_3}+\dfrac{U_i D_1 DT_s}{2D_3 d_2 L}$	$\dfrac{U_i DD_1 T_s}{D_3 d_2 L}$

续表 2.4

模式	D−C−C	D−C−D	D−D−C	D−D−D
I_S	$I_{D1}+I_{D3}+I_{D5}$			
I_{D1} I_{D2}	$\dfrac{U_i DT_s}{L}$	$\dfrac{U_i DT_s}{L}$	$\dfrac{U_i DT_s}{L}$	$\dfrac{U_i DT_s}{L}$
I_{D3} I_{D4}	$\dfrac{I_o}{D_3^2}+\dfrac{U_i DD_1 T_s}{2d_1 L}$	$\dfrac{D_2 I_o}{D_3 d_3}+\dfrac{U_i DD_1 T_s}{2d_1 L}$	$\dfrac{U_i DD_1 T_s}{d_1 L}$	$\dfrac{U_i DD_1 T_s}{d_1 L}$
I_{D5}	$\dfrac{I_o}{D_3}+\dfrac{U_i DT_s}{2D_3^2 L}$	$\dfrac{U_i DD_1 T_s}{D_3 d_1 L}$	$\dfrac{I_o}{D_3}+\dfrac{U_i DD_1^2 T_s}{2d_1 d_2 L}$	$\dfrac{U_i DD_1^2 T_s}{d_1 d_2 L}$

本章参考文献

[1] MATSUO H, HARADA K. The cascade connection of switching regulators[J]. IEEE Transactions on Industry Applications, 2007, 12(2):192-198.

[2] MORALES-SALDANA J A, GUTIERREZ E E C, LEYVA-RAMOS J. Modeling of switch-mode DC-DC cascade converters[J]. IEEE Transactions on Aerospace and Electronic Systems, 2002, 38(1):295-299.

[3] MAKSIMOVIC D, CUK S. Switching converters with wide DC conversion range[J]. IEEE Transactions on Power Electronics, 1991, 6(1):151-157.

[4] 彭方正,房绪鹏,顾斌,等. Z 源变换器[J]. 电工技术学报, 2004, 19(2):47-51.

[5] GAJANAYAKE C J, LUO F L, GOOI H B, et al. Extended boost Z-source inverters[J]. IEEE Transactions on Power Electronics, 2010, 25(10):2642-2652.

[6] VORPERIAN V. Simplified analysis of PWM converters using model of PWM switch. Continuous conduction mode[J]. IEEE Transactions on Aerospace & Electronic Systems, 1990, 26(3):497-505.

[7] XU J P. Modelling of switching DC-DC converters by time-averaging equivalent circuit approach Part 1. Continuous conduction mode[J]. International Journal of Electronics, 1993, 74(3):465-475.

第 3 章

基于耦合电感的正比型高增益 DC/DC 变换器

本章阐述了高增益直流变换器升压的内在机理,介绍了有源耦合电感网络,将其与传统的 Boost 变换器结合,衍生出有源耦合电感网络直流变换器;在此基础上,研究了耦合电感线圈间的连接方式以及线圈连接点与外部器件的连接种类,介绍了准有源耦合电感网络直流变换器,并分别对各个工作模式和器件应力进行分析。针对耦合电感漏感的问题,引入了钳位电路,不仅抑制了开关的电压尖峰,同时转移了漏感能量,提高了效率。最后,介绍了广义的耦合电感网络,衍生出一系列的 DC/DC 变换器拓扑,同时,采用钳位方法解决了耦合电感漏感能量的问题。广义耦合电感网络为高变比转换器的生成提供了新的思路。

3.1　高增益 DC/DC 变换器的内在升压本质

图 3.1 给出了传统 Boost 变换器拓扑、开关导通时 Boost 变换器的工作拓扑和开关关断时 Boost 变换器的工作拓扑。如图 3.1(b) 所示,当开关导通时,输入电源为电感充电;如图 3.1(c) 所示,当开关关断时,输入电源与电感串联为负载供电。因此,传统 Boost 变换器的升压能力取决于电感电压对输入电压的抬升能力。基于受控电压源特性的广义高增益 DC/DC 变换器拓扑如图 3.2 所示,在传统 Boost 变换器开关的两侧,采用开关电感、开关电容和耦合电感等升压技术,形成更多的受控电压源,从而衍生出一系列高增益直流变换器拓扑。

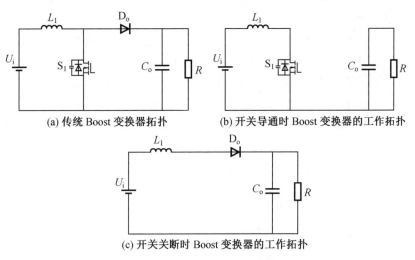

(a) 传统 Boost 变换器拓扑　　　　(b) 开关导通时 Boost 变换器的工作拓扑

(c) 开关关断时 Boost 变换器的工作拓扑

图 3.1　Boost 变换器的相关拓扑

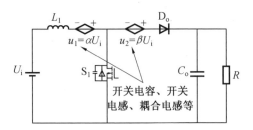

图 3.2　基于受控电压源特性的广义高增益 DC/DC 变换器拓扑

3.2　基于有源耦合电感的无源钳位高增益 DC/DC 变换器

3.2.1　有源耦合电感变换器的形成

自从 Z 源变换器(图 3.3)在 2003 年被提出之后,基于阻抗源网络的 DC/DC、DC/AC、AC/AC 和 AC/DC 变换器得到了广泛的研究。

基于 Z 源网络,用开关取代电容,提出了双 Boost 高增益变换器(又称为有源电感高增益变换器),如图 3.4 所示。该变换器与传统 Boost 变换器的相同点在于两个开关同步导通和关断;不同点在于开关导通时,两个电感被输入电源并联充电,开关关断时,两个电感与输入电源一起串联向负载传递能量。表 3.1 所示为 CCM 模式下,传统 Boost 变换器和双 Boost 变换器之间各项性能的比较。从表3.1 可以看出,相比于传统 Boost 变换器,双 Boost 变换器的电压增益更高,开关电压应力更小,但是二极管电压应力略高;另外,在输入电压、输出电压和输出功率相同的工作状态下,流过开关的电流应力更小。因此,将阻抗源网络思想引入高增益变换器领域是一个较好的选择。

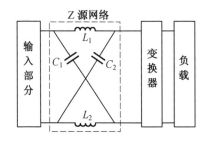

图 3.3　Z 源变换器拓扑

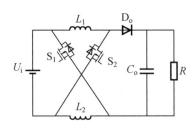

图 3.4　双 Boost 高增益变换器拓扑

表 3.1　传统 Boost 变换器和双 Boost 变换器性能比较

拓扑	增益(M)	开关 电压应力	开关电流 应力有效值	二极管 电压应力
传统 Boost 变换器	$\dfrac{1}{1-D}$	$U_\circ$	$\dfrac{\sqrt{D}}{1-D}I_\circ\sqrt{\dfrac{K_L^2}{12}+1}$	$U_\circ$
双 Boost 变换器	$\dfrac{1+D}{1-D}$	$\dfrac{U_o}{1+D}$	$\dfrac{\sqrt{D}}{1-D}I_\circ\sqrt{\dfrac{K_L^2}{12}+1}$	$\dfrac{2U_o}{1+D}$

TZ 源变换器拓扑如图 3.5 所示。类似于前述从 Z 源网络得出双 Boost 高增益变换器的方式和高增益变换器的内在升压本质,提出有源耦合电感高增益变换器拓扑,如图 3.6 所示。

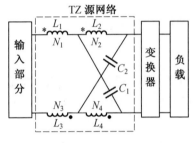

图 3.5　TZ 源变换器拓扑

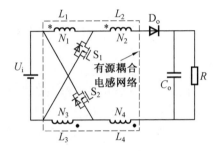

图 3.6　有源耦合电感高增益变换器拓扑

3.2.2　有源耦合电感变换器的理想静态工作分析

为了简化分析,这里假设耦合电感的耦合系数为 1,即忽略漏感;另外,其他的寄生参数也忽略不计。其中,L_1 和 L_2 为一组耦合电感,L_3 和 L_4 为一组耦合电感,两组耦合电感既可以每组分别使用一个磁芯,也可以两组共同使用同一个磁芯,这样可以提高功率密度。两组耦合电感的参数近似相等,定义匝比为

$$N=\frac{N_2}{N_1}=\frac{N_4}{N_3} \tag{3.1}$$

图 3.7 所示为有源耦合电感高增益变换器拓扑理想稳态工作波形,该拓扑稳态下主要有两个工作模态。

模态 Ⅰ:两个开关工作在导通状态,输入电源同时为两组耦合电感的原边线圈 L_1 和 L_3 充电,输出二极管工作在关断状态,耦合电感原边电流上升,输出电容为负载提供能量。模态 Ⅰ 工作等效电路如图 3.8(a) 所示。其中,电感 L_1 两端的电压应力为

$$U_{L1}=U_i \tag{3.2}$$

同时,输出二极管的反向电压应力为

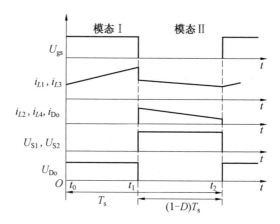

图 3.7　有源耦合电感高增益变换器拓扑理想稳态工作波形

$$U_{Do} = \frac{2N+1}{1-D}U_i \tag{3.3}$$

　　模态 Ⅱ：两个开关工作在关断状态，输入电源、两组耦合电感串联为负载和输出电容提供能量。耦合电感电流和输出二极管电流共同下降，耦合电感的变压器特性起到抬升输出电压的作用。模态 Ⅱ 工作等效电路如图 3.8(b) 所示。其中，电感 L_1 两端的电压应力为

$$U_{L1} = \frac{U_i - U_o}{2(N+1)} \tag{3.4}$$

此时，开关两端的电压应力为

$$U_{S1} = U_{S2} = \frac{U_i}{1-D} \tag{3.5}$$

　　根据电感电压的伏秒平衡原理，可以推导得出该变换器的理想电压增益为

$$G = \frac{D(2N+1)+1}{1-D} \tag{3.6}$$

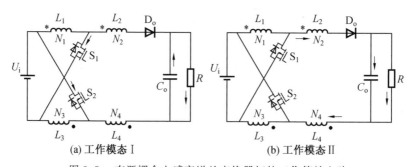

图 3.8　有源耦合电感高增益变换器拓扑工作等效电路

但是,在实验过程中,耦合电感的漏感不可能为零,因此,耦合电感漏感和开关的寄生电容易产生谐振,导致开关两端的电压尖峰过大,比较容易烧毁开关。同时,振荡也带来了更多的电磁干扰噪声。这样,不利于选择低压的 MOS 管,也不利于效率的提高。图 3.9 所示为变换器工作在输入电压为 20 V、输出电压为 200 V、工作频率为 50 kHz 情况下开关两端的电压波形。从图中可以看出,谐振导致开关两端存在较大的电压尖峰,严重降低了变换器的性能,因此,这一问题需要得到有效解决。

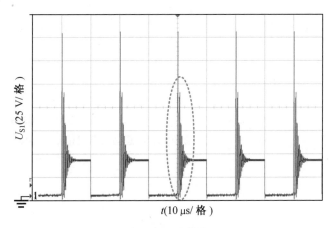

图 3.9　　开关两端电压波形

3.2.3　有源耦合电感无源钳位变换器的稳态工作分析

为了抑制开关两端的电压尖峰,同时为了提高效率,需要将耦合电感漏感中储存的能量转移到两端负载侧。这里采用二极管 — 电容构成的无源钳位电路实现这个目标。在有源耦合电感高增益直流变换器的基础上引入了无源钳位电路,本节介绍的基于有源耦合电感的无源钳位变换器拓扑如图 3.10(a) 所示,其等效电路如图 3.10(b) 所示。将图中两组耦合电感分别等效为理想耦合电感和漏感,匝比为 $N = N_2/N_1 = N_4/N_3$,漏感为 L_{k1} 和 L_{k2}。其中,漏感是耦合电感副边折算到原边的等效总漏感,C_2 是钳位电容,D_1 和 D_2 是钳位二极管,S_1 和 S_2 是主开关,D_o 是输出二极管,C_o 是输出电容,R 是负载。图 3.11 所示为基于有源耦合电感的无源钳位变换器的稳态工作波形,其在一个开关周期内,有四个简化的工作模态。为了简化分析,做出如下假设:

① 电容 C_1、C_2 和 C_o 为无穷大,电压 U_{C1}、U_{C2} 和 U_o 在一个开关周期中为固定值。

② 开关和二极管均为理想器件。

③ 为了简化推导,定义耦合电感原边电感量和所对应漏感的关系为 $K = \dfrac{L_i}{L_i + L_{ki}}$,其中 $i = 1, 2$。

④ U_x、i_x 和 I_x 分别表示某器件的电压应力、通过某器件的瞬时电流和通过某器件的平均电流,部分标注如图 3.11 所示。

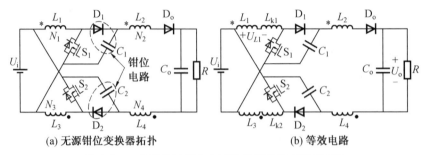

(a) 无源钳位变换器拓扑   (b) 等效电路

图 3.10   基于有源耦合电感的无源钳位变换器拓扑

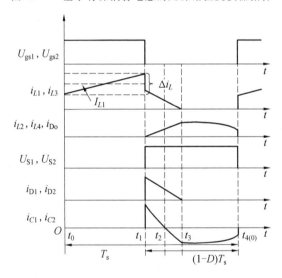

图 3.11   基于有源耦合电感的无源钳位变换器的稳态工作波形

下面是四个模态的分析,其稳态工作等效电路如图 3.12 所示。

模态 Ⅰ:在 $[t_0, t_1]$ 期间,主开关 S_1 和 S_2 导通,二极管 D_1、D_2 和 D_o 关断,其电流的流通路径如图 3.12(a) 所示。耦合电感原边电感电流 i_{L1} 和 i_{L2} 线性增加从而储存来自输入电源的能量。输出电容 C_o 独自为负载提供能量。当主开关 S_1 和 S_2 在时刻 t_1 关断时,模态 Ⅰ 结束。

模态 Ⅱ：在[t_1，t_2]期间，主开关 S_1 和 S_2 关断，二极管 D_1、D_2 和 D_o 导通，其电流的流通路径如图 3.12(b) 所示。耦合电感原边电感开始下降，漏感中储存的能量被钳位电容 C_1 和 C_2 吸收，从而减轻了主开关 S_1 和 S_2 漏源两端的电压振荡；副边电感电流逐渐上升，同时为负载和输出电容提供能量。当钳位电容 C_1 和 C_2 充电结束时，模态 Ⅱ 结束。

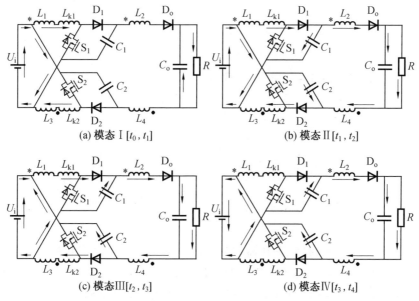

(a) 模态Ⅰ[t_0，t_1]　　　　　　　　(b) 模态Ⅱ[t_1，t_2]

(c) 模态Ⅲ[t_2，t_3]　　　　　　　　(d) 模态Ⅳ[t_3，t_4]

图 3.12　基于有源耦合电感的无源钳位变换器的工作模态图

模态 Ⅲ：在[t_2，t_3]期间，主开关 S_1 和 S_2 保持关断状态，二极管 D_1、D_2 和 D_o 保持导通状态，其电流的流通路径如图 3.12(c) 所示。由于耦合电感原边电感储存的能量不足以为副边电感提供能量，因此，此阶段钳位电容 C_1 和 C_2 中储存的漏感能量向负载侧转移。耦合电感副边为负载和输出电容提供能量。当耦合电感原边电感的能量为零，即钳位二极管 D_1 和 D_2 自然关断时，模态 Ⅲ 结束。

模态 Ⅳ：在[t_3，t_4]期间，主开关 S_1 和 S_2 保持关断状态，二极管 D_1 和 D_2 关断，二极管 D_o 依然保持导通状态，其电流的流通路径如图 3.12(d) 所示。由于耦合电感原边电感储存的能量已经释放完毕，因此，此阶段钳位电容 C_1 和 C_2，副边电感 L_2 和 L_4，输入电源和负载构成回路。当主开关 S_1 和 S_2 导通时，模态 Ⅳ 结束，下一周期开始。

3.2.4　有源耦合电感变换器的性能分析

1. 考虑漏感效应的变换器电压增益

在模态 Ⅰ 阶段(图 3.12(a)),根据电感串联分压,可得

$$U_{L1}^{I} = KU_i \tag{3.7}$$

在主开关关断阶段(图 3.12(b) ～ (d)),得出

$$U_{L1}^{II,III,IV} = K(U_i - U_{C1}) \tag{3.8}$$

$$2NU_{L1}^{II,III,IV} + U_o + U_i - 2U_{C1} = 0 \tag{3.9}$$

对电感 L_1 应用电感伏秒平衡原理,可得

$$\int_{t_0}^{t_1} U_{L1}^{I} \, \mathrm{d}t + \int_{t_1}^{t_4} U_{L1}^{II,III,IV} \, \mathrm{d}t = 0 \tag{3.10}$$

将式(3.7)～(3.9)代入式(3.10)中,推导出电容 C_1 的电压应力表达式和电压增益表达式如下:

$$U_{C1} = \frac{U_i}{1-D} \tag{3.11}$$

$$G = \frac{D(2NK+1)+1}{1-D} \tag{3.12}$$

根据式(3.12)可得出,变换器的电压增益受耦合电感匝比和耦合电感漏感的影响,如图 3.13 所示。随着耦合电感漏感的增加,变换器的电压增益下降,造成了一定的占空比损耗;随着耦合电感匝比的增加,电压增益显著增高。因此,准确设计耦合电感,可以有效提高变换器的升压能力。当忽略耦合电感漏感时,电压增益的表达式为

$$G = \frac{D(2N+1)+1}{1-D} \tag{3.13}$$

2. 变换器功率器件的电压应力和电流应力

为了分析稳态时器件的电压应力,忽略了电容电压纹波和漏感的影响。因此,根据上述分析,由输入电压表示的开关和二极管的电压应力为

$$U_{S1} = U_{S2} = U_{D1} = U_{D2} = \frac{U_i}{1-D} \tag{3.14}$$

$$U_{Do} = \frac{2NU_i}{1-D} \tag{3.15}$$

根据钳位电容电荷守恒定律,钳位二极管导通阶段的平均电流近似为

$$I_{D1} = I_{D2} = \frac{I_o}{1-D} \tag{3.16}$$

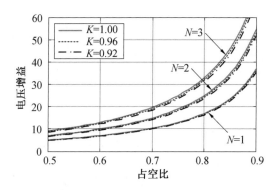

图 3.13　耦合电感匝比和漏感对变换器电压增益的影响

类似地,输出二极管导通阶段的平均电流表示为

$$I_{\mathrm{Do}} = \frac{I_{\mathrm{o}}}{1-D} \qquad (3.17)$$

根据图 3.11,流经开关的电流有效值为

$$I_{\mathrm{S1-RMS}} = I_{\mathrm{S2-RMS}} = \frac{(1+N)\sqrt{D}}{1-D} \cdot I_{\mathrm{o}} \sqrt{\frac{K_{\mathrm{r}}^2}{12}+1} \qquad (3.18)$$

式中　K_{r}——电感电流的纹波系数,即 $\Delta i_L = K_{\mathrm{r}} I_{L1}$;

　　　$I_{x-\mathrm{RMS}}$——x 的电流有效值。

为了证明该变换器所具有的优势,这里将其与传统 Boost 变换器、开关耦合电感 Boost 变换器(Boost－SCL)、超高增益耦合电感型开关电容 Boost 变换器(USC－CL)、耦合电感 SEPIC 变换器(CL－SEPIC)、无源钳位耦合电感型 Boost 变换器(CM－Boost－CL)做性能对比。受寄生参数和占空比影响的电压增益和效率表达式见表 3.2。

表 3.2　不同变换器间的性能比较

拓扑	Boost	Boost－SCL	USC－CL	CL－SEPIC	CM－Boost－CL	本书介绍的变换器
开关个数	1	1	1	1	1	2
二极管个数	1	2	4	2	2	2
磁芯数	1	1	1	2	1	1
电压增益	$\frac{1}{1-D}$	$\frac{1+ND}{1-D}$	$\frac{C_3}{1-D}$	$\frac{(1+N)D}{1-D}$	$\frac{ND+1}{1-D}$	$\frac{C_6}{1-D}$

续表3.2

拓扑	Boost	Boost－SCL	USC－CL	CL－SEPIC	CM－Boost－CL	本书介绍的变换器
开关电压应力	$\dfrac{U_i}{1-D}$	$U_i\dfrac{1+ND}{1-D}$	$\dfrac{U_i}{1-D}$	$U_i\dfrac{1+ND}{1-D}$	$\dfrac{U_i}{1-D}$	$\dfrac{U_i}{1-D}$
开关电流应力	$\dfrac{I_o}{1-D}$	$\dfrac{I_o(N+1)}{1-D}$	$\dfrac{I_oN(D+1)}{D(1-D)}$	$\dfrac{I_o(D+N)}{1-D}$	$\dfrac{I_o(N+1)}{1-D}$	$\dfrac{I_o(N+1)}{1-D}$
输出二极管电压应力	$\dfrac{U_i}{1-D}$	$U_i\dfrac{1+ND}{1-D}$	$\dfrac{NU_i}{1-D}$	$U_i\dfrac{1+ND}{1-D}$	$\dfrac{NU_i}{1-D}$	$\dfrac{(1+2N)U_i}{1-D}$
寄生参数影响的电压增益	$\dfrac{A_1}{B_1}$	$\dfrac{A_2}{B_2}$	$\dfrac{A_3}{B_3}$	$\dfrac{A_4}{B_4}$	$\dfrac{A_5}{B_5}$	$\dfrac{A_6}{B_6}$
寄生参数影响的效率	$\dfrac{A_1(1-D)}{B_1}$	$\dfrac{A_2(1-D)}{B_2(1+ND)}$	$\dfrac{A_3(1-D)}{B_3C_3}$	$\dfrac{A_4(1-D)}{B_4C_4}$	$\dfrac{A_5(1-D)}{B_5(ND+1)}$	$\dfrac{A_6(1-D)}{B_6C_6}$

表3.2中部分变量表达式如下所示：

$$A_1 = 1 - \frac{U_D(1-D)}{U_i}$$

$$B_1 = 1 - D + \frac{r_L + Dr_{DS} + (1-D)r_D}{(1-D)R}$$

$$A_2 = ND + 1 - \frac{U_D(1-D)}{U_i}2$$

$$B_2 = 1 - D + \frac{(N+1)r_L + r_D}{R} + \frac{D(N+1)^2(r_L + r_{DS})}{(1-D)R}$$

$$A_3 = 1 + N(D+1) - \frac{4U_D(1-D)}{U_i}$$

$$C_3 = 1 + N(D+1)$$

$$A_4 = D(N+1) - \frac{U_D(1-D)}{U_i}$$

$$C_4 = D(N+1)$$

$$C_6 = (2N+1)D + 1$$

$$B_3 = 1 - D + \frac{N(r_L + r_D)}{2R} + \frac{(Nr_L + r_D)(1+D)}{DR} +$$

$$\frac{N(1 + D + D^2)(r_L + r_{DS})}{D^2(1-D)R}$$

$$B_4 = 1 - D + \frac{r_{\text{DS}} D (N+1)^2}{(1-D)R} + \frac{N r_L + r_D}{R} +$$

$$\frac{(1 - 2D + 2D^2 + D N^2 - 2D^3 - 2D^2 N^2) r_L}{(1-D)R}$$

$$A_5 = ND + 1 - \frac{2U_D (1-D)}{U_i}$$

$$B_5 = 1 - D + \frac{(2 r_D + r_L (N+1))}{R} + \frac{(r_L + r_{\text{DS}}) D (N+1)^2}{(1-D)R}$$

$$B_6 = 1 - D + \frac{2(r_L + N r_L + r_D)}{R} + \frac{2D (N+1)^2 (r_L + r_{\text{DS}})}{R(1-D)}$$

$$A_6 = D(2N+1) + 1 - \frac{2U_D (1-D)}{U_i}$$

特定的变量说明如下：U_D 表示二极管的正向压降，r_L 表示电感电阻，r_{DS} 表示开关导通电阻，r_D 表示二极管正向导通电阻，R 表示负载。

图 3.14 所示为不同变换器的性能比较。

尽管上述变换器使用不同电压和电流应力的开关，为了定量地比较性能，假设相关的寄生参数是相同的。作为分析案例，寄生参数假设如下：

$$U_D = 1 \text{ V}, \quad r_L = 0.05 \ \Omega, \quad r_{\text{DS}} = 0.085 \ \Omega, \quad r_D = 0.02 \ \Omega$$

$$U_i = 20 \text{ V}, \quad U_o = 200 \text{ V}, \quad N = 2$$

图 3.14(a) 所示为负载变化时，不同变换器在寄生参数影响下的效率变化趋势。可以得出在轻载时，传统 Boost 变换器和耦合电感 SEPIC 变换器（CL —

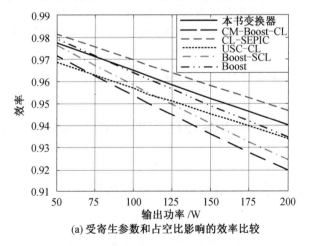

(a) 受寄生参数和占空比影响的效率比较

图 3.14　不同变换器的性能比较

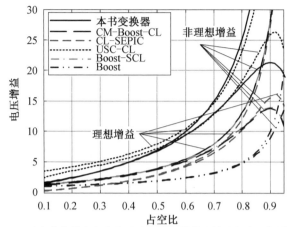

(b) 受寄生参数和占空比影响的电压增益比较（包含理想增益）

续图 3.14

SEPIC) 的效率优于本书变换器的效率,随着负载的加重,仅仅耦合电感 SEPIC 变换器的效率优于本书变换器的效率。因此,相比于传统 Boost 变换器,尽管本书变换器的器件数量增多,但效率没有降低。相反,由于高增益变换器中开关的电压和电流应力降低,因此该变换器获得了更优的效率。

图 3.14(b) 所示为占空比变化时,不同变换器在寄生参数影响下的电压增益比较。当占空比低于 0.65 时,只有超高增益耦合电感型开关电容 Boost 变换器 (USC－CL) 的理想增益优于本书变换器的理想增益,但是,当占空比低于 0.55 时,寄生参数对变换器的增益影响较小。随着占空比的增加,本书变换器的理想增益逐渐优于超高增益耦合电感型开关电容 Boost 变换器的理想增益。另外,寄生参数使得所有变换器的电压增益都有所下降,但是本书介绍的变换器的实际电压增益优于其他变换器的实际电压增益。

3.3　基于准有源耦合电感的高增益 DC/DC 变换器

3.3.1　初级准有源耦合电感变换器的形成

在基于耦合电感的 Boost 变换器中,根据耦合电感线圈连接点与外部器件的连接种类,一般分为如图 3.15 所示三种常见的耦合电感 Boost 变换器。但是,二极管抽头耦合电感 Boost 变换器的电压增益、输出二极管电压应力均逊于传统

Boost 变换器。因此,该种结构的耦合电感 Boost 变换器不适用于高增益转换场合。

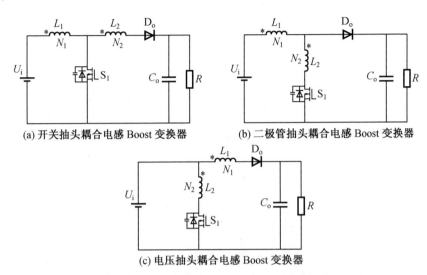

(a) 开关抽头耦合电感 Boost 变换器　　　　(b) 二极管抽头耦合电感 Boost 变换器

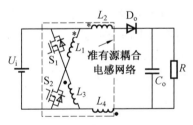

(c) 电压抽头耦合电感 Boost 变换器

图 3.15　三种常见的耦合电感 Boost 变换器

基于上述思想,根据 3.2 节中提出的有源耦合电感高增益变换器拓扑,本书介绍了一种新颖的拓扑结构 —— 准有源耦合电感变换器初级拓扑,如图 3.16 所示。

图 3.16　准有源耦合电感变换器初级拓扑

3.3.2　准有源耦合电感变换器的理想静态工作分析

这里,假设寄生参数和漏感都可以忽略不计。图 3.16 中,L_1 和 L_2 为一组耦合电感,L_3 和 L_4 为一组耦合电感。两组耦合电感既可以分别使用一个磁芯,也可以共同使用一个磁芯,不影响拓扑的工作模式。两组耦合电感缠绕在一个磁芯上可以有效地提升拓扑的功率密度。

准有源耦合电感变换器初级拓扑理想稳态工作波形如图 3.17 所示,该拓扑稳态下有两个工作模态。

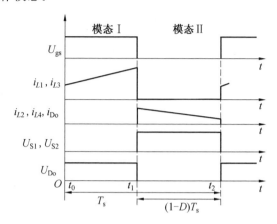

图 3.17　准有源耦合电感网络初级拓扑理想稳态工作波形

模态 Ⅰ：两个开关工作在导通状态，电感 L_1 和 L_3 的电流线性上升，耦合电感储存能量，输出二极管工作在关断状态，输出电容为负载提供能量。模态 Ⅰ 稳态工作的等效电路如图 3.18(a) 所示。其中，电感 L_1 两端的电压应力为

$$U_{L1} = U_i \tag{3.19}$$

同时，输出二极管的电压应力为

$$U_{Do} = \frac{2N}{1-D}U_i \tag{3.20}$$

模态 Ⅱ：两个开关工作在导通状态，电感 L_1 和 L_3 的能量通过耦合电感的作用转移到电感 L_2 和 L_4 上，输入电源与电感 L_2 和 L_4 串联为输出电容和负载提供能量。另外，输出二极管的电流线性下降。模态 Ⅱ 稳态工作等效电路如图 3.18(b) 所示。其中，电感 L_1 两端的电压应力为

$$U_{L1} = \frac{U_i - U_o}{2N} \tag{3.21}$$

此时，开关的电压应力为

$$U_{S1} = U_{S2} = \frac{U_i}{1-D} \tag{3.22}$$

根据式(3.19)和式(3.21)，应用电感电压伏秒平衡原理，推导出该变换器的电压增益为

$$G = \frac{(2N-1)D+1}{1-D} \tag{3.23}$$

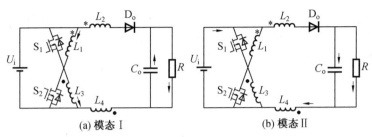

(a) 模态Ⅰ　　　　　　　　　　(b) 模态Ⅱ

图 3.18　准有源耦合电感变换器初级拓扑工作等效电路

图 3.19 所示为电压增益比较,在相同匝比和占空比的条件下,本节变换器的电压增益小于上节介绍的变换器。探究其原因,相比于上节介绍的变换器,在模态Ⅱ期间,只有耦合电感的副边线圈与输入电源串联抬升输出电压,耦合电感原边线圈并没有参与输出电压的抬升过程。因此,如果在模态Ⅱ期间,耦合电感的原边线圈也参与输出电压的抬升过程,那么电压增益就会得到显著提高。

在准有源耦合电感变换器初级拓扑的耦合电感原边线圈两端应用二极管—电容电路,有效地将耦合电感原边的电压通过二极管转移到电容上,提出了最终的变换器拓扑——基于准有源耦合电感的高增益变换器,如图 3.20 所示。

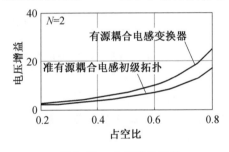

图 3.19　电压增益比较

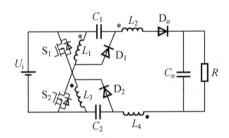

图 3.20　基于准有源耦合电感的高增益变换器

尽管在实验过程中,耦合电感的漏感必然存在,但是在此拓扑中,二极管—电容电路不仅起到了抬升输出电压的作用,同时,在开关关断时,还为耦合电感漏感储存的能量提供了路径,这样就避免了耦合电感漏感和开关寄生电容之间的谐振。因此,在此拓扑中,二极管—电容电路起到了两个作用。

3.3.3　准有源耦合电感变换器的稳态工作分析

图 3.21 所示为准有源耦合电感高增益变换器的等效电路。该等效电路包括三个二极管 D_{c1}、D_{c2} 和 D_o,三个电容 C_{c1}、C_{c2} 和 C_o,两个开关 S_1 和 S_2。两套耦合电感分别等效成理想变压器(变比为 $N = N_2/N_1 = N_4/N_3$)、励磁电感和漏感(副

边漏感折算到原边后总的等效漏感）。在一个开关周期中,一共有六个工作模态。部分器件的电压表示如图 3.21 所示。图 3.22 所示为基于准有源耦合电感的高增益变换器的稳态工作波形。为了简化分析,做出如下假设。

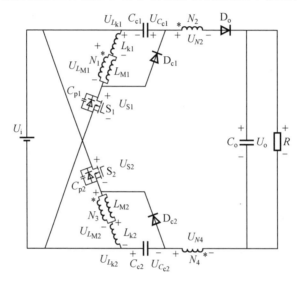

图 3.21　准有源耦合电感高增益变换器的等效电路

　　(1) 电容 C_{c1}、C_{c2} 和 C_o 为无穷大,电压 $U_{C_{c1}}$、$U_{C_{c2}}$ 和 U_o 在一个开关周期中为固定值。

　　(2) 所有二极管为理想器件,考虑开关的寄生电容 C_{p1} 和 C_{p2}。

　　(3) U_x、i_x 和 I_x 分别表示某器件的电压应力、通过某器件的瞬时电流和通过某器件的平均电流,部分标注如图 $3.21 \sim 3.23$ 所示。

　　下面是六个工作模态的分析,其稳态工作等效电路如图 3.23 所示。

　　模态 I:在[t_0, t_1]期间,两个主开关 S_1 和 S_2 导通,二极管 D_{c1} 和 D_{c2} 关断,二极管 D_o 导通,其电流的流通路径如图 3.23(a) 所示。耦合电感的原边线圈电流 $i_{L_{k1}}$ 和 $i_{L_{k2}}$ 线性增加,耦合电感的励磁电感 L_{M1} 和 L_{M2} 储存来自输入电源的能量。由于耦合电感漏感的作用,副边侧电流线性下降。在时刻 t_0 之前,开关的电压应力 U_{S1} 和 U_{S2} 下降为零。耦合电感副边线圈,电容 C_{c1} 和 C_{c2} 与输入电源串联,为输出电容和负载提供能量。当耦合电感副边电流在时刻 t_1 下降到零时,模态 I 结束。

　　模态 II:在[t_1, t_2]期间,主开关一直导通,二极管 D_{c1}、D_{c2} 和 D_o 关断,其电流的流通路径如图 3.23(b) 所示。耦合电感励磁电感 L_{M1} 和 L_{M2} 从电源侧吸收能量,耦合电感漏感电流 $i_{L_{k1}}$ 和 $i_{L_{k2}}$ 近似线性增加,输出电容为负载提供能量。当主

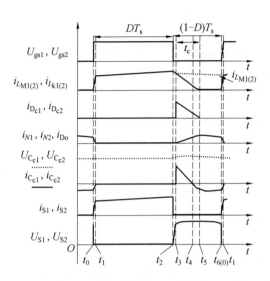

图 3.22　基于准有源耦合电感的高增益变换器的稳态工作波形

开关的驱动信号在时刻 t_2 由高变低时,模态 Ⅱ 结束。

模态 Ⅲ:在 $[t_2,t_3]$ 期间,主开关关断,二极管 D_{c1}、D_{c2} 和 D_o 保持关断状态,其电流的流通路径如图 3.23(c) 所示。此时耦合电感漏感电流为开关的寄生电容充电,负载依旧由输出电容单独提供能量。当寄生电容的电压应力在时刻 t_3 等于 $U_{C_{c1}}(U_{C_{c2}})+U_i$ 时,模态 Ⅲ 结束。

模态 Ⅳ:在 $[t_3,t_4]$ 期间,主开关保持关断状态,二极管 D_{c1}、D_{c2} 和 D_o 导通,其电流的流通路径如图 3.23(d) 所示。耦合电感漏感和部分励磁电感的能量分别通过二极管 D_{c1} 和 D_{c2} 转移到电容 C_{c1} 和 C_{c2} 上。同时,部分耦合电感励磁电感的能量通过耦合电感的副边线圈为输出电容和负载提供能量。此阶段,输出二极管电流 i_{Do} 处于上升状态。当在时刻 t_4 电容 C_{c1} 和 C_{c2} 充电结束时,模态 Ⅳ 结束。

模态 Ⅴ:在 $[t_4,t_5]$ 期间,主开关保持关断状态,二极管 D_{c1}、D_{c2} 和 D_o 保持导通状态,其电流的流通路径如图 3.23(e) 所示。输入电源、耦合电感及电容 C_{c1} 和 C_{c2} 一起为输出电容和负载提供能量。当漏感电流 $i_{L_{k1}}$ 和 $i_{L_{k2}}$ 下降到零时,模态 Ⅴ 结束。

模态 Ⅵ:在 $[t_5,t_6]$ 期间,主开关保持关断状态,二极管 D_{c1} 和 D_{c2} 关断,二极管 D_o 保持导通状态,其电流的流通路径如图 3.23(f) 所示。输入电源、耦合电感副边线圈及电容 C_{c1} 和 C_{c2} 共同为输出电容和负载传递能量。当在时刻 t_6 开关驱动信号由低电平转为高电平时,下一个开关周期开始。

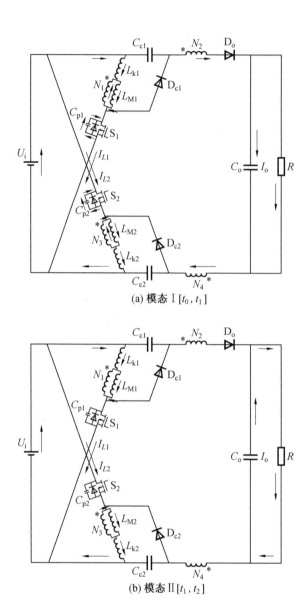

(a) 模态 I $[t_0, t_1]$

(b) 模态 II $[t_1, t_2]$

图 3.23　基于准有源耦合电感的高增益变换器的稳态工作等效电路

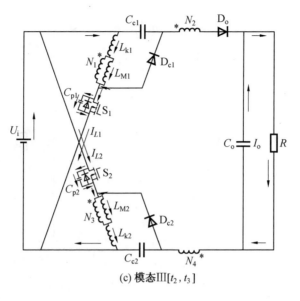

(c) 模态Ⅲ[t_2, t_3]

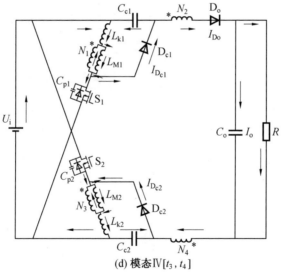

(d) 模态Ⅳ[t_3, t_4]

续图 3.23

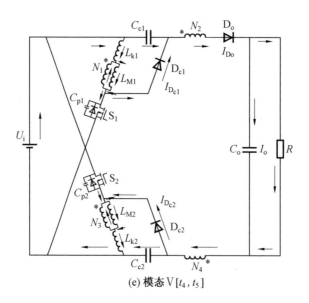

(e) 模态 V $[t_4, t_5]$

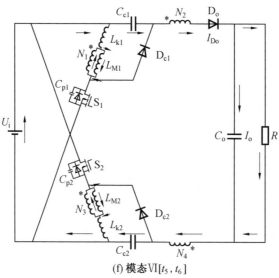

(f) 模态 VI $[t_5, t_6]$

续图 3.23

3.3.4　准有源耦合电感变换器的性能分析

1. 考虑漏感的变换器电压增益

为了简化分析,假设耦合电感漏感与励磁电感的关系如下:

$$K = \frac{L_{Mi}}{L_{Mi} + L_{ki}} \quad (i = 1, 2) \tag{3.24}$$

由于模态 Ⅰ 和模态 Ⅲ 的持续时间较短,仅仅考虑模态 Ⅱ、模态 Ⅳ、模态 Ⅴ 和模态 Ⅵ。在模态 Ⅱ 阶段,如图 3.23(b) 所示,可以得出耦合电感漏感 L_{k1} 和励磁电感 L_{M1} 承受的电压应力为

$$U_{L_{k1}}^{\mathrm{II}} = (1 - K)U_i \tag{3.25}$$

$$U_{L_{M1}}^{\mathrm{II}} = KU_i \tag{3.26}$$

在模态 Ⅳ、模态 Ⅴ 和模态 Ⅵ 阶段,根据图 3.23 中的相关等效电路图,得出下列方程:

$$U_{L_{k1}}^{\mathrm{IV}} = U_{L_{k1}}^{\mathrm{V}} = -U_{C_{c1}} - \frac{\left(U_{C_{c1}} - \dfrac{(U_o - U_i)}{2}\right)}{N} \tag{3.27}$$

$$U_{L_{M1}}^{\mathrm{IV}} = U_{L_{M1}}^{\mathrm{V}} = U_{L_{M1}}^{\mathrm{VI}} = \frac{U_{C_{c1}} - \dfrac{(U_o - U_i)}{2}}{N} \tag{3.28}$$

对耦合电感漏感 L_{k1} 和励磁电感 L_{M1} 分别应用电感伏秒平衡原理,得到如下积分方程:

$$\int_{t_1}^{t_2} U_{L_{k1}}^{\mathrm{II}} \, \mathrm{d}t + \int_{t_3}^{t_4} U_{L_{k1}}^{\mathrm{IV}} \, \mathrm{d}t + \int_{t_4}^{t_5} U_{L_{k1}}^{\mathrm{V}} \, \mathrm{d}t = 0 \tag{3.29}$$

$$\int_{t_1}^{t_2} U_{L_{M1}}^{\mathrm{II}} \, \mathrm{d}t + \int_{t_3}^{t_4} U_{L_{M1}}^{\mathrm{IV}} \, \mathrm{d}t + \int_{t_4}^{t_5} U_{L_{M1}}^{\mathrm{V}} \, \mathrm{d}t + \int_{t_5}^{t_6} U_{L_{M1}}^{\mathrm{VI}} \, \mathrm{d}t = 0 \tag{3.30}$$

将式(3.25) ～ (3.28) 代入积分方程中,推导出电容 C_{c1} 的电压应力和电压增益为

$$U_{C_{c1}} = \frac{D}{1 - D} \frac{1 + K + N(1 - K)}{2} U_i \tag{3.31}$$

$$G = \frac{D(N(K + 1) + 1) + 1}{1 - D} + \frac{D(K - 1)}{1 - D} \tag{3.32}$$

根据电压转换表达式,可以看出变换器的电压增益受耦合电感匝比和耦合电感漏感的影响,如图 3.24 所示。随着耦合电感漏感的增加,变换器的电压增益下降,造成了一定的占空比损耗;随着耦合电感匝比的增加,电压增益显著增高。因此,准确设计耦合电感,可以有效提高变换器的升压能力。当忽略耦合电

感漏感时,电压增益的表达式为

$$G = \frac{D(2N+1)+1}{1-D}$$ (3.33)

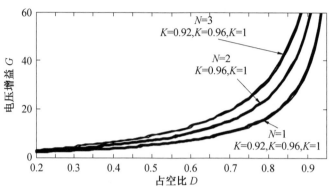

图 3.24 耦合电感匝比和漏感对变换器电压增益的影响

2. 变换器功率器件的电压应力和电流应力

根据上述分析,输入电压表示下的开关和二极管的电压应力为

$$U_{S1} = U_{S2} = U_{D_{c1}} = U_{D_{c2}} = \frac{U_i}{1-D}$$ (3.34)

$$U_{Do} = \frac{2NU_i}{1-D}$$ (3.35)

如果转换成输出电压的方式表示,开关和二极管的电压应力为

$$U_{S1} = U_{S2} = U_{D_{c1}} = U_{D_{c2}} = \frac{U_o}{D(2N+1)+1}$$ (3.36)

$$U_{Do} = \frac{2NU_o}{D(2N+1)+1}$$ (3.37)

开关和二极管的归一化电压应力与耦合电感匝比之间的关系如图3.25所示,随着匝比的增加,只有输出二极管的电压应力增加。

为了简化电流的计算,忽略模态 Ⅰ、模态 Ⅲ 和模态 Ⅳ。由于耦合电感的励磁电感较大,励磁电流可以认为是不变量。因此,部分电流的简化波形如图3.26所示。

根据输出电容的电荷守恒定律,输出二极管导通阶段的平均电流为

$$I_{Do} = \frac{I_o}{1-D}$$ (3.38)

根据电容 C_{c1} 和 C_{c2} 的充放电电荷守恒原理,推导出时间间隔 t_{25} 和 t_{56} 为

$$t_{25} = \frac{2(1-D)T_s}{N+1} \tag{3.39}$$

$$t_{56} = \frac{(N-1)(1-D)T_s}{N+1} \tag{3.40}$$

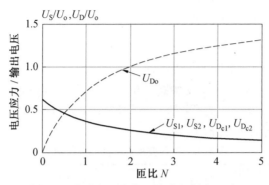

图 3.25　开关和二极管的归一化电压应力与耦合电感匝比之间的关系

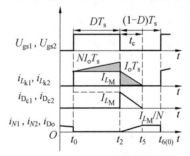

图 3.26　电流的简化波形

根据电容 C_{c1} 和 C_{c2} 的电荷守恒,二极管 D_{c1} 和 D_{c2} 导通阶段的平均电流为

$$I_{D_{c1}} = I_{D_{c2}} = \frac{N+1}{2(1-D)}I_o \tag{3.41}$$

由图 3.26,耦合电感的励磁电流可以推导为

$$I_{LM} = \frac{N+1}{1-D}I_o \tag{3.42}$$

根据耦合电感磁动势守恒,可以推导出

$$I_{L_{k1}[t_0,t_2]} + I_{L_{k2}[t_0,t_2]} = I_{L_{k1}[t_2,t_5]} + I_{L_{k2}[t_2,t_5]} + NI_{L_{S1}[t_2,t_6]} + NI_{L_{S2}[t_2,t_6]} \tag{3.43}$$

从上式可以推导出 $[t_0,t_2]$ 期间的漏感电流为

$$I_{L_{k1}[t_0,t_2]} = \frac{3N+1}{2(1-D)}I_o \tag{3.44}$$

因此,流过开关的电流有效值为

$$I_{S1-RMS}=I_{S2-RMS}=\sqrt{\frac{1}{T_s}\int_0^{DT_s}\left(I_{L_{k1}[t_0,t_2]}-0.5\Delta I_L+\frac{\Delta I_L}{DT_s}t\right)^2}\,dt$$

$$=\frac{3N+1}{2(1-D)}I_o\sqrt{D}\sqrt{\frac{K_r^2}{12}+1} \tag{3.45}$$

式中　K_r——电感电流的纹波系数,即 $\Delta I_L=K_r I_{L_{k1}[t_0,t_2]}$。

3. 不同变换器的性能比较

这里将本书介绍的变换器与传统的 Boost 变换器、CL－ANC 变换器、DS－TW－CP 变换器、ANC－PC 变换器、CM－CLC 变换器、Boost－SCL 变换器、CL－SEPIC 变换器、IBFC 变换器、SL－ANC 变换器和 SC－CLC 变换器做性能对比,具体的比较结果见表 3.4。

表 3.4　不同变换器间的性能比较

拓扑	Boost	CL－ANC	DS－TW－CP	ANC－PC	CM－CLC	Boost－SCL	CL－SEPIC	IBFC	SL－ANC	SC－CLC	本书介绍的变换器
开关数量	1	2	2	2	1	1	1	1	2	1	2
二极管数量	1	6	4	2	2	2	2	2	7	3	3
电压增益	$\frac{1}{A_1}$	$\frac{B_2}{A_1}$	$\frac{B_3}{A_1}$	$\frac{B_4}{A_1}$	$\frac{B_5}{A_1}$	$\frac{B_5}{A_1}$	$\frac{B_6}{A_1}$	$\frac{B_5}{A_1}$	$\frac{B_9}{A_1}$	$\frac{B_{10}}{A_1}$	$\frac{B_2}{A_1}$
开关点电压应力	U_o	$\frac{B_5 U_o}{B_2}$	$\frac{U_o}{B_3}$	$\frac{U_o}{B_4}$	$\frac{U_o}{B_5}$	U_o	$U_o\frac{B_5}{B_6}$	$\frac{U_o}{B_5}$	$B_4\frac{U_o}{B_9}$	$\frac{U_o}{N}$	$\frac{U_o}{B_2}$
输出二极管电压应力	U_o	$\frac{B_5 U_o}{B_2}$	$\frac{NU_o}{B_3}$	$\frac{U_o}{B_4}$	$\frac{NU_o}{B_5}$	U_o	$U_o\frac{B_5}{B_6}$	$\frac{NU_o}{B_5}$	$B_4\frac{2U_o}{B_9}$	$\frac{NU_o}{B_{10}}$	$\frac{2NU_o}{B_2}$

表 3.4 中部分变量表达式如下所示:

$$A_1=1-D$$

$$B_2=D(2N+1)+1$$

$$B_3=1+N+D$$

$$B_4=1+D$$

$$B_5=ND+1$$

$$B_6=(N+1)D$$

$$B_9=1+3D$$

$$B_{10} = N + 1$$

如图 3.27(a) 所示,当占空比低于 0.5 时,DS－TW－CP 变换器的电压增益高于其他变换器。但是本书变换器的二极管数量少于 DS－TW－CP 变换器的,

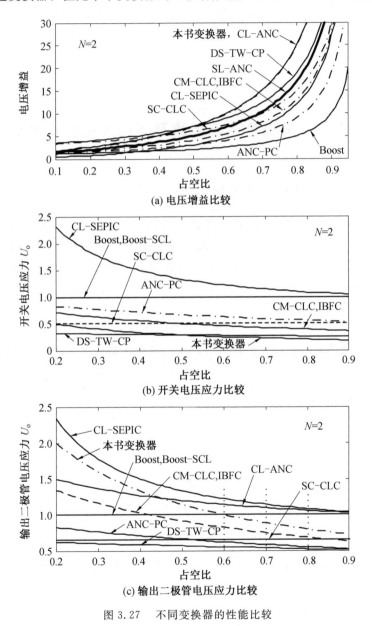

图 3.27　不同变换器的性能比较

稳定性更高,成本更低。当占空比高于 0.5 时,本书变换器的电压增益高于其他变换器。不同变换器的开关电压应力随占空比变化的曲线如图 3.27(b) 所示。当占空比低于 0.55 时,DS－TW－CP 变换器的开关电压应力较低;当占空比高于 0.55 时,本书变换器的电压应力相对较低。因此,可以使用低导通电阻的功率管,这有利于变换器效率的提升。如图 3.27(c) 所示,当占空比低于 0.6 时,变换器输出二极管的电压应力高于输出电压,因此,当匝比和稳态工作点确定时,需要做出适当的折中。

3.4 广义耦合电感网络及其相关拓扑的演绎

3.4.1 广义耦合电感网络

众所周知,Boost 变换器、Buck 变换器和 Buck－Boost 变换器三者的区别在于二极管、开关和电感三种器件的连接方式不同。根据同样的思路,有源耦合电感网络和准有源耦合电感网络的广义形式如图 3.28 所示。将两种广义耦合电感网络嵌入 Boost 变换器、Buck 变换器和 Buck－Boost 变换器中,得到一系列高增益变换器。

图 3.29 所示为广义有源耦合电感网络演绎的拓扑,表 3.6 所示为广义有源耦合电感网络演绎的拓扑转换比公式。这三种拓扑都具有较高的升压或降压能力。同时还降低了部分器件的电压应力和电流应力。图 3.29(a) 所示为升压型拓扑,适用于高增益变换场合;图 3.29(b) 所示为降压型拓扑,适用于高降压变换场合;图 3.29(c) 所示拓扑既可以升压又可以降压,适用于宽出的应用场合。

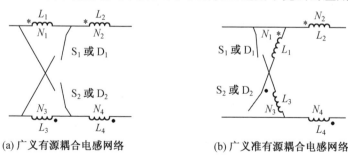

(a) 广义有源耦合电感网络　　　　(b) 广义准有源耦合电感网络

图 3.28　广义耦合电感网络

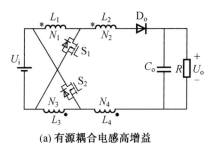

(a) 有源耦合电感高增益
Boost 变换器

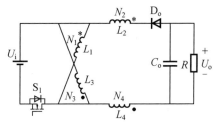

(b) 有源耦合电感高增益
Buck-Boost 变换器

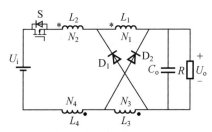

(c) 有源耦合电感高增益 Buck 变换器

图 3.29　广义有源耦合电感网络演绎的拓扑

表 3.6　广义有源耦合电感网络演绎的拓扑转换比公式

拓扑	电压增益公式
图 3.29(a)	$\dfrac{D(2N+1)+1}{1-D}$
图 3.29(b)	$\dfrac{-D(2N+1)}{1-D}$
图 3.29(c)	$\dfrac{D}{2N+2-D-2ND}$

　　图 3.30 所示为广义准有源耦合电感网络演绎的拓扑,表 3.7 所示为广义准有源耦合电感网络演绎的拓扑转换比公式。这三种拓扑都具有较高的升压或降压能力。同时还降低了部分器件的电压应力和电流应力,图 3.30(a) 所示为升压型拓扑,适用于高增益变换场合;图 3.30(b) 所示为降压型拓扑,适用于高降压变换场合;图 3.30(c) 所示拓扑既可以升压又可以降压,适用于宽出的应用场合。

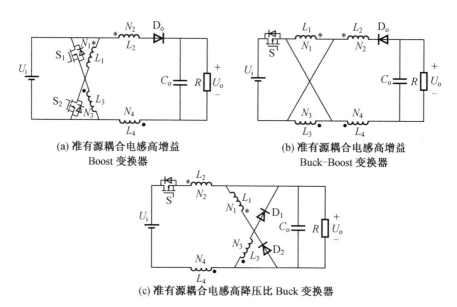

(a) 准有源耦合电感高增益
Boost 变换器

(b) 准有源耦合电感高增益
Buck-Boost 变换器

(c) 准有源耦合电感高降压比 Buck 变换器

图 3.30   广义准有源耦合电感网络演绎的拓扑

表 3.7   广义准有源耦合电感网络演绎的拓扑转换比公式

拓扑	电压增益公式
图 3.30(a)	$\dfrac{(2N-1)D+1}{1-D}$
图 3.30(b)	$\dfrac{-D(2N-1)}{1-D}$
图 3.30(c)	$\dfrac{D}{2N+D-2ND}$

3.4.2   基本拓扑的漏感解决方案

虽然广义耦合电感网络演绎的基本拓扑可以大大拓展电压增益,但是,硬件层面上耦合电感的漏感无法完全消除。漏感的出现不仅降低了效率,而且导致了相关半导体器件的电压尖峰。因此,如何解决漏感电感的能量成为一个关键问题。这里采用钳位方法有效解决了部分拓扑漏感电感能量的问题。

图 3.31 所示为广义有源耦合电感网络演绎拓扑的漏感解决方法。采用钳位方法后,该拓扑开关的电压尖峰得到了抑制,漏感有效地传递到了输出侧,提高了效率。

图 3.32 所示为广义准有源耦合电感网络演绎拓扑的漏感解决方法。类似

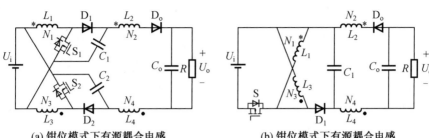

(a) 钳位模式下有源耦合电感
高增益 Buck-Boost 变换器

(b) 钳位模式下有源耦合电感
高增益 Boost 变换器

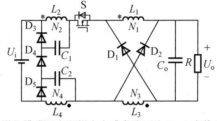

(c) 钳位模式下有源耦合电感高降压比 Buck 变换器

图 3.31　广义有源耦合电感网络演绎拓扑的漏感解决方法

的,采用钳位方法后,该拓扑开关的电压尖峰得到了抑制,漏感能量有效地传递
到了输出侧,提高了效率。

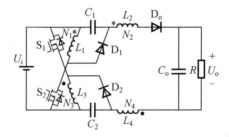

(a) 钳位模式下准有源耦合电感网络高增益 Boost 变换器

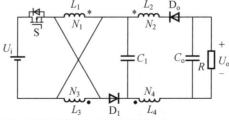

(b) 钳位模式下准有源耦合电感网络高增益 Buck-Boost 变换器

图 3.32　广义准有源耦合电感网络演绎拓扑的漏感解决方法

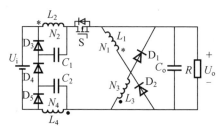

(c) 钳位模式下准有源耦合电感网络高降压比 Buck 变换器

续图 3.32

本章参考文献

[1] NGUYEN M K, LIM Y C,KIM Y G. TZ-source inverters[J]. IEEE Transactions on Industrial Electronics,2013,60(12): 5686-5695.

[2] YANG L S, LIANG T J, CHEN J F. Transformerless DC-DC converters with high step-up voltage gain[J]. IEEE Transactions on Industrial Electronics, 2009, 56(8): 3144-3152.

[3] BERKOVICH Y, AXELROD B. Switched-coupled inductor cell for DC-DC converters with very large conversion ratio[J]. IET Power Electronics, 2011, 4(3):309-315.

[4] LIANG T J,CHEN S M,YANG L S,et al. A. Ioinovici. Ultra large gain step-up switched-capacitor DC-DC converter with coupled inductor for alternative sources of energy[J]. IEEE Transactions on Circuits and Systems I, 2012, 59(4): 864-874.

[5] AXELROD B, BERKOVICH Y, TAPUCHI S, et al. Steep conversion ratio Cuk, Zeta and Sepic converters based on a switched coupled-inductor cell[C].Rhodes, Greece: IEEE 39th Power Electronics Specialists Conf, 2008: 3009-3014.

[6] QUN Z, LEE F C. High-efficiency, high step-up DC-DC converters[J]. IEEE Trans. Power Electron. , 2003, 18(1): 65-73.

[7] LIU H C, LI F. Novel high step-up DC-DC converter with active coupled-inductor network for a sustainable energy system[J]. IEEE

Transactions on Power Electronics,2015,30(12):6476-6482.

[8] LIU H C, LI F, WHEELER P. A family of DC-DC converters deduced from impedance source DC-DC converters for high step up conversion[J]. IEEE Transactions on Industrial Electronics,2016, 63(11): 6856-6866.

第 4 章

基于耦合电感的反比型高增益 DC/DC 变换器

　　　本章分析了耦合电感高增益变换器中的增益与匝比之间的关系,介绍了基本的反接式耦合电感 Boost 变换器,对比了耦合电感 Boost 变换器和反接式耦合电感 Boost 变换器的特性。在此基础上,介绍了基于 Σ 形耦合电感网络的反比型高增益直流变换器,分别对各个工作模态和器件应力,以及变换器反比特性进行分析。为了提升变换器实现增益的灵活性,结合正比型和反比型的特点,介绍了基于工形耦合电感网络的高增益直流变换器。该变换器既可以实现正比式的电压增益调节,又可以实现反比式的电压增益调节,并对该变换器工作模态和器件压力进行分析。

上一章介绍的适用于高增益场合的基于耦合电感的正比型高增益 DC/DC 变换器,需要较大的耦合电感匝比,这样不利于耦合电感的设计。为了解决这个问题,本章研究了耦合电感高增益变换器中的增益与匝比之间的关系,介绍了基本的反接式耦合电感 Boost 变换器;在此基础上,类似于第 3 章的思路,介绍了基于 Σ 形耦合电感的反比型高增益 DC/DC 变换器。该变换器的耦合电感匝比越小,电压转换增益越大,同时避免了极限占空比的工作状态,削弱了开关的峰值电流,有效优化了耦合电感的设计。

为了增加变换器实现增益的灵活性,结合正比型和反比型的特点,介绍了基于工形耦合电感的高增益 DC/DC 变换器。该变换器不但可以实现正比式的传统电压增益转换,而且可以实现反比式的电压增益转换,并根据工况灵活进行设计折中。

4.1　耦合电感高增益 DC/DC 变换器增益与匝比关系的特性分析

4.1.1　耦合电感 Boost 变换器的增益与匝比关系特性分析

目前,直流变换器实现高增益的常见技术有开关电容技术、开关电感技术、耦合电感技术以及它们的混合应用。其中,传统的基于耦合电感的高增益 Boost DC/DC 变换器拓扑如图 4.1 所示。

上述变换器推导出的电压增益表达式为

$$G = \frac{ND + 1}{1 - D} \tag{4.1}$$

从式(4.1)可以得出,电压增益随着匝比的提升而上升,即电压增益与匝比近似成正比关系。但是,为了提升电压增益而大幅度提高匝比是不现实的,耦合电感较大的匝比会带来诸多的缺点,如较大的漏感、较大的寄生电容和较大的体

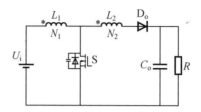

图 4.1　传统的基于耦合电感的高增益 Boost DC/DC 变换器拓扑

积等。因此,构造高增益 DC/DC 变换器,使得电压增益随着匝比的降低而提升,即增益与匝比近似成反比关系,是一个较好的思路。即电压增益公式如下:

$$G = \frac{A}{(N-1)(1-D)} \tag{4.2}$$

式中　A——与占空比和匝比有关的表达式。

4.1.2　反接式耦合电感 Boost 变换器的增益与匝比关系特性分析

通过改变耦合电感同名端的连接方式,如图 4.2 所示,首次介绍了基本的反接式耦合电感 Boost DC/DC 变换器。

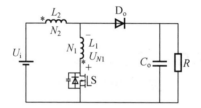

图 4.2　基本的反接式耦合电感 Boost DC/DC 变换器拓扑

当开关 S 导通时,线圈 N_1 两端的电压应力为

$$U_{N1} = \frac{U_i}{N-1} \tag{4.3}$$

当开关 S 关断时,线圈 N_1 两端的电压应力为

$$U_{N1} = \frac{U_i - U_o}{N} \tag{4.4}$$

根据伏秒平衡原理,得出上述反接式耦合电感 Boost DC/DC 变换器的电压增益为

$$G = \frac{N-1+D}{(N-1)(1-D)} \tag{4.5}$$

图 4.3 所示为式(4.1)和式(4.5)两种电压增益对比图,从图中可以看出,随

着匝比的降低,式(4.5)的增益曲线上升,式(4.1)的增益曲线下降。因此,可以避开上节所述大变比条件下耦合电感的缺点。

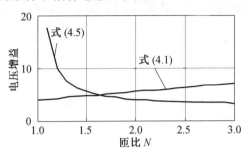

图 4.3　式(4.1)和式(4.5)两种电压增益对比图

4.1.3　两种耦合电感 Boost 变换器的增益变化率对比

从前一节得出,反接式耦合电感 Boost 变换器的电压增益随着匝比的下降而提升,这一特点更有利于耦合电感的设计。在本小节中,进一步对比两种耦合电感 Boost 变换器的增益随匝比变化的变化率。

分别关于匝比 N 对式(4.1)和式(4.5)求导,得出导数表达式为

$$\frac{\mathrm{d}G}{\mathrm{d}N} = \frac{D}{1-D} \tag{4.6}$$

$$\frac{\mathrm{d}G}{\mathrm{d}N} = \frac{D}{(N-1)^2(1-D)} \tag{4.7}$$

图 4.4 所示为式(4.6)和式(4.7)的增益变化率对比图,传统耦合电感 Boost 变换器在不同的匝比下,增益变化率基本保持恒定,即增益与匝比呈近似线性关系;反接式耦合电感 Boost 变换器随着匝比的降低,增益变化率显著提高,增益显著增加。

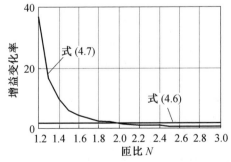

图 4.4　式(4.6)和式(4.7)的增益变化率对比图

4.2   基于 Σ 形耦合电感的钳位模式高增益 DC/DC 变换器

4.2.1   形耦合电感 Boost 变换器的推导和理想静态工作分析

图 4.5 所示为 Sigma Z 源变换器拓扑。参照前节阐述的转换方法,将 Sigma Z 源网络嵌入基本的 Boost 变换器中,得到如图 4.6 所示的基本的 Σ 形耦合电感 Boost 变换器拓扑。

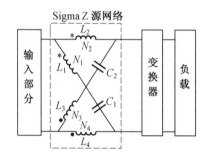

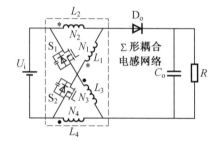

图 4.5   Sigma Z 源变换器拓扑　　　图 4.6   基本的 Σ 形耦合电感 Boost 变换器拓扑

本节只是分析理想状况下基本的 Σ 形耦合电感 Boost 变换器拓扑工作特性,所以忽略了耦合电感漏感和其他寄生参数的影响。其中,L_1 和 L_2 为一组耦合电感,L_3 和 L_4 为一组耦合电感,两组耦合电感既可以共用一个磁芯,也可以分别使用两个磁芯,工作状态相同。图 4.7 所示为本书拓扑的理想稳态工作波形,图 4.8 所示为本书拓扑两个模态的工作等效电路。

模态 Ⅰ:两个开关 S_1 和 S_2 同时导通,两组耦合电感同时充电,电感电流近似线性上升,输出二极管两端承受反向电压而截止,输出电容单独为负载提供能量,其工作等效电路如图 4.8(a) 所示。其中,电感 L_1 两端承受的电压应力为

$$U_{L1} = \frac{U_i}{N-1} \tag{4.8}$$

此时,输出二极管承受的反向电压应力为

$$U_{Do} = \frac{(N+1)U_i}{N-1} + U_o \tag{4.9}$$

模态 Ⅱ:两个开关 S_1 和 S_2 同时关断,输出二极管导通,电感 L_1 和 L_3 的电流迅速降为零,电感 L_2 和 L_4 的电流近似线性下降;电感 L_2、电感 L_4 和输入电压一

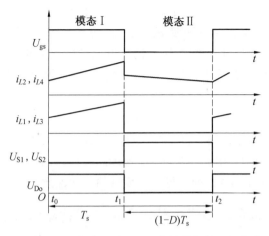

图 4.7　基本的 Σ 形耦合电感 Boost 变换器拓扑理想稳态工作波形

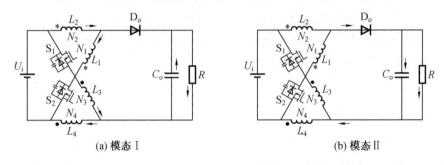

(a) 模态 I　　　　　　　　　　　　　(b) 模态 II

图 4.8　基本的 Σ 形耦合电感 Boost 变换器拓扑工作等效电路

起为负载和输出电容提供能量,其工作等效电路如图 4.8(b) 所示。其中,电感 L_1 两端承受的电压应力为

$$U_{L1} = \frac{U_i - U_o}{2N} \qquad (4.10)$$

同时,两个开关两端承受的电压应力为

$$U_{S1} = U_{S2} = \frac{(N-1)U_o + (N+1)U_i}{2N} \qquad (4.11)$$

根据伏秒平衡原理,电感 L_1 两端的伏秒积在周期 T_s 内为零,即

$$\int_0^{DT_s} U_{L1}\, dt + \int_{DT_s}^{T_s} U_{L1}\, dt = 0 \qquad (4.12)$$

最终,推导出基本拓扑的电压增益公式为

$$M = \frac{D(N+1) + N - 1}{(1-D)(N-1)} \qquad (4.13)$$

基于上述理想工作特性分析可知,基本的 Σ 形耦合电感 Boost 变换器拓扑,不但为电压增益公式引入了一个变量,拓展了电压增益,降低了开关的电压应力,而且有效减弱了大匝比工作条件下耦合电感的缺点所带来的负面影响。当然,尽管耦合电感的性能得到了提升,但是耦合电感的漏感依然不能为零,在开关 S_1 和 S_2 关断时,开关的漏源极依然会诱发大的电压尖峰,造成过高的电压应力,不利于高性能 MOS 管的应用,会引起较大的开关和导通损耗。一般情况下,采用 RC 或者 RCD 吸收电路,可以抑制电压尖峰。

但是,吸收电路的应用降低了变换器整体的效率。因此,需要寻找一种钳位电路来抑制开关两端的尖峰,同时提升变换器的整体性能。

4.2.2   形耦合电感钳位模式 Boost 变换器的稳态工作分析

为了抑制开关两端的电压尖峰,转移漏感中储存的能量,同时进一步提升电压增益,提高变换器的性能,本节采用二极管和电容构成的钳位—升压电路来达到目的,即针对基本的 Σ 形耦合电感 Boost 变换器拓扑的特点,使用二极管和电容电路不仅转移了漏感能量,抑制了电压尖峰,而且起到了增大电压增益的作用。图 4.9 所示为基于 Σ 形耦合电感的无源钳位 Boost 变换器拓扑,图 4.10 所示为其等效电路图。图 4.10 中各变量说明:匝比为 $N = \dfrac{N_2}{N_1} = \dfrac{N_4}{N_3}$;励磁电感为 L_{M2} 和 L_{M4};漏感为 L_{k2} 和 L_{k4},其中,漏感是副边折算到原边的等效总漏感;C_{c1} 和 C_{c2} 为钳位电容;D_1 和 D_3 为钳位二极管;S_1 和 S_2 为主开关;C_1 和 C_2 为能量转移电

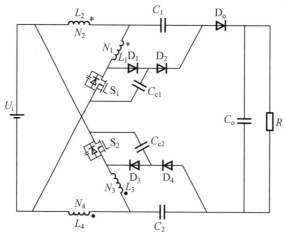

图 4.9   基于 Σ 形耦合电感的无源钳位 Boost 变换器拓扑

容,即升压电容;D_o 为输出二极管;C_o 为输出电容;R 为负载。

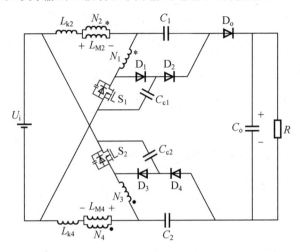

图 4.10　图 4.9 所示拓扑等效电路图

图 4.11 所示为基于 Σ 形耦合电感的无源钳位 Boost 变换器的稳态工作波形,为了简化模态的分析,做出如下假设:

(1) 各个电容均为无穷大,电容电压应力在一个开关周期中为固定值。

(2) 所有二极管为理想器件,考虑开关的寄生电容 C_{p1} 和 C_{p2}。

(3) 变换器工作在连续电流工作状态下。

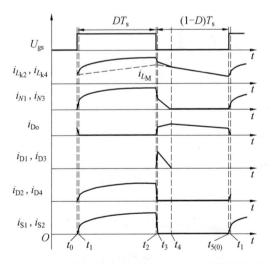

图 4.11　基于 Σ 形耦合电感的无源钳位 Boost 变换器的稳态工作波形

（4）U_x、i_x 和 I_x 分别表示某器件的电压应力、通过某器件的瞬时电流和通过某器件的平均电流。

接下来是 5 个模态的分析，基于 Σ 形耦合电感的无源钳位 Boost 变换器拓扑工作电路如图 4.12 所示。

模态 Ⅰ：在 $[t_0, t_1]$ 期间，开关 S_1 和 S_2 开始导通，二极管 $D_1 \sim D_4$ 反向截止，D_o 正向导通，其电流流通路径图如图 4.12(a) 所示。输入电源为耦合电感漏感 L_{k2} 和 L_{k4}、励磁电感 L_{M2} 和 L_{M4} 两路同时充电；　根据磁通守恒原理，漏感电流

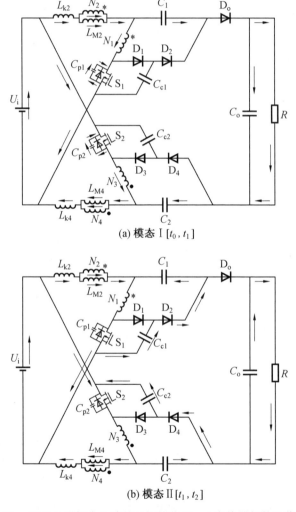

(a) 模态 Ⅰ $[t_0, t_1]$

(b) 模态 Ⅱ $[t_1, t_2]$

图 4.12　基于 Σ 形耦合电感的无源钳位 Boost 变换器拓扑工作电路

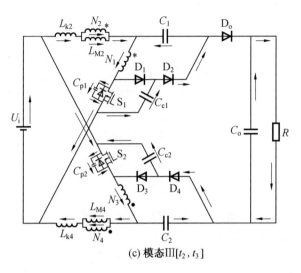

(c) 模态Ⅲ[t_2, t_3]

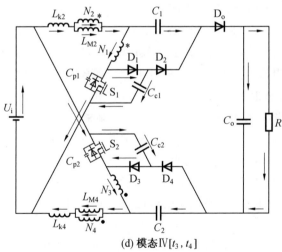

(d) 模态Ⅳ[t_3, t_4]

续图 4.12

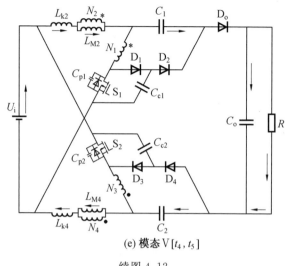

(e) 模态 V $[t_4, t_5]$

续图 4.12

$i_{L_{k2}}$ 和 $i_{L_{k4}}$、副边电流 i_{N1} 和 i_{N3} 迅速上升;输出二极管电流 i_{Do} 迅速下降。开关 S_1 和 S_2 的寄生电容储存的能量也在此阶段及时释放。输入电源 U_i、励磁电感 L_{M2} 和 L_{M4} 与升压电容 C_1 和 C_2 串联为负载 R 和输出电容 C_o 提供能量。当输出二极管电流 i_{Do} 下降为零时,模态 Ⅰ 结束。

模态 Ⅱ:在$[t_1, t_2]$期间,开关 S_1 和 S_2 保持导通,二极管 D_1、D_3 和 D_o 反向截止,D_2 和 D_4 正向导通,其电流流通路径如图 4.12(b) 所示。耦合电感漏感电流 $i_{L_{k2}}$ 和 $i_{L_{k4}}$、副边电流 i_{N1} 和 i_{N3} 近似线性上升。耦合电感副边 N_1 和 N_3、钳位电容 C_{c1} 和 C_{c2} 共同转移能量到升压电容 C_1 和 C_2 中。输出电容单独为负载提供能量。当开关 S_1 和 S_2 在时刻 t_2 关断时,此模态结束。

模态 Ⅲ:在$[t_2, t_3]$期间,开关 S_1 和 S_2 关断,二极管 D_1、D_3 和 D_o 反向截止,D_2 和 D_4 正向导通,其电流流通路径如图 4.12(c) 所示。耦合电感漏感 L_{k2} 和 L_{k4} 的能量被开关的寄生电容吸收。输出电容为负载 R 提供能量。当开关寄生电容的电压应力等于钳位电容 C_{c1} 和 C_{c2} 的电压应力时,二极管 D_1 和 D_3 导通,此模态结束。

模态 Ⅳ:在$[t_3, t_4]$期间,开关 S_1 和 S_2 保持关断,二极管 D_1、D_3 和 D_o 正向导通,D_2 和 D_4 反向截止,其电流流通路径如图 4.12(d) 所示。耦合电感漏感 L_{k2} 和 L_{k4} 的能量通过钳位二极管 D_1 和 D_3 转移到钳位电容 C_{c1} 和 C_{c2} 中。在此阶段,输出二极管电流保持上升趋势,流过耦合电感线圈的电流呈下降趋势。输入电源 U_i、励磁电感 L_{M2} 和 L_{M4} 与升压电容 C_1 和 C_2 串联为负载 R 和输出电容 C_o 提供能量。当钳位二极管电流 i_{D1} 和 i_{D3} 下降为零时,模态 Ⅳ 结束。

模态 Ⅴ:在 $[t_4, t_5]$ 期间,开关 S_1 和 S_2 保持关断,二极管 D_1、D_2、D_3 和 D_4 反向截止,D_o 正向导通,其电流流通路径如图 4.12(e) 所示。输入电源 U_i、励磁电感 L_{M2} 和 L_{M4} 与升压电容 C_1 和 C_2 串联为负载 R 和输出电容 C_o 提供能量。当开关 S_1 和 S_2 导通时,模态 Ⅴ 结束,下一个周期开始。

4.2.3　反比型变换器的性能分析

1. 考虑漏感的变换器电压增益

为了简化分析,这里假设耦合电感漏感与励磁电感的关系为

$$K = \frac{L_{Mi}}{L_{Mi} + L_{ki}} \quad (i = 2, 4) \tag{4.14}$$

当变换器稳态工作时,由于模态 Ⅰ 和模态 Ⅲ 持续的时间非常短,因此在本小节的分析中忽略这两个模态。在模态 Ⅱ 期间,根据图 4.12(b),可以得到励磁电感 L_{M2} 两端和电容 C_1 两端的电压应力表达式分别为

$$U_{L_{M2}} + \frac{1-K}{K} U_{L_{M2}} - \frac{N_1}{N_2} U_{L_{M2}} = U_i \tag{4.15}$$

$$U_{C1} = U_{C_{c1}} + \frac{N_1}{N_2} U_{L_{M2}} \tag{4.16}$$

在模态 Ⅳ 期间,根据图 4.12(d) 可以得到励磁电感 L_{M2} 两端的电压应力表达式为

$$U_{L_{M2}} + \frac{1-K}{K} U_{L_{M2}} - \frac{N_1}{N_2} U_{L_{M2}} + U_{C_{c1}} = U_i \tag{4.17}$$

在模态 Ⅳ 和模态 Ⅴ 期间,根据图 4.12(d) 和图 4.12(e),可以得到励磁电感 L_{M2} 两端的电压应力表达式为

$$U_{L_{M2}} + \frac{1-K}{K} U_{L_{M2}} - U_{C1} = \frac{U_i - U_o}{2} \tag{4.18}$$

根据伏秒平衡原理,励磁电感 L_{M2} 在一个周期内的伏秒积为零,即

$$\int_0^{DT_s} U_{M2} \, dt + \int_{DT_s}^{T_s} U_{M2} \, dt = 0 \tag{4.19}$$

将式(4.15)和式(4.17)代入式(4.19),可推导出钳位电容 C_{c1} 和励磁电感 L_{M2} 两端在模态 Ⅴ 期间的表达式分别为

$$U_{C_{c1}} = \frac{U_i}{1-D} \tag{4.20}$$

$$U_{L_{M2}} = \frac{U_i D}{\frac{1}{K} - \frac{N_1}{N_2}} \frac{-1}{1-D} \tag{4.21}$$

根据式(4.15)、式(4.16)和式(4.20),可以得到升压电容 C_1 两端的电压应力表达式为

$$U_{C1}=U_i\left(\frac{1}{1-D}+\frac{KN_1}{N_2-KN_1}\right) \tag{4.22}$$

根据拓扑的对称性,钳位电容 C_{c2} 和升压电容 C_2 两端的电压应力表达式为

$$U_{C_{c2}}=\frac{U_i}{1-D} \tag{4.23}$$

$$U_{C2}=U_i\left(\frac{1}{1-D}+\frac{KN_1}{N_2-KN_1}\right) \tag{4.24}$$

最终,根据式(4.18)、式(4.21)和式(4.22),考虑耦合电感漏感影响的电压增益表达式为

$$G=\frac{1}{1-D}+\frac{2N_2+DN_2-KDN_1}{(N_2-KN_1)(1-D)} \tag{4.25}$$

图4.13所示为耦合电感匝比和漏感对变换器电压增益的影响曲线。从图中可以看出,随着漏感的增加,电压增益会下降;随着匝比的减小,电压增益会增加。而在耦合电感的制作过程中,匝比的减小和漏感的减小是相关的,因此,这样可以优化耦合电感的设计,利于提高变换器的性能。当忽略漏感的时候,变换器的电压增益表达式为

$$G=\frac{1}{1-D}+\frac{2N+DN-D}{(N-1)(1-D)} \tag{4.26}$$

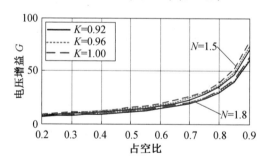

图4.13 耦合电感匝比和漏感对变换器电压增益的影响曲线

2.变换器功率器件的电压应力和电流应力

根据上节的分析,由输入电压表示的开关和二极管的电压应力表达式为

$$U_{S1}=U_{S2}=U_{D1}=U_{D3}=\frac{U_i}{1-D} \tag{4.27}$$

$$U_{D2}=U_{D4}=\frac{NU_i}{(1-D)(N-1)} \tag{4.28}$$

$$U_{Do} = \frac{2NU_i}{(1-D)(N-1)} \tag{4.29}$$

如果转换成输出电压表示,则相关的电压应力表达式为

$$U_{S1} = U_{S2} = U_{D1} = U_{D3} = \frac{(N-1)U_o}{3N+DN-D-1} \tag{4.30}$$

$$U_{D2} = U_{D4} = \frac{NU_o}{3N+DN-D-1} \tag{4.31}$$

$$U_{Do} = \frac{2NU_o}{3N+DN-D-1} \tag{4.32}$$

开关和二极管的归一化电压应力与耦合电感匝比之间的关系如图 4.14 所示,随着匝比的增加,开关和钳位二极管的电压应力上升,其余的二极管电压应力下降,因此,在设计匝比的时候,需要做出适当的折中。

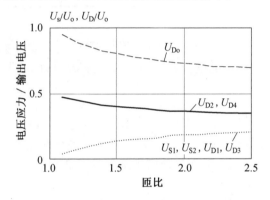

图 4.14　开关和二极管的归一化电压应力与耦合电感匝比之间的关系

图 4.15 所示为变换器拓扑简化的电流波形。由于变换器拓扑工作模态的对称性,因此主要推导上半部分的相关电流。

根据电容 C_o、C_1 和 C_2 的电荷守恒,可得二极管 D_o、D_2 和 D_4 在导通期间的平均电流为

$$I_{Do[t_2,t_5]} = \frac{I_o}{1-D} \tag{4.33}$$

$$I_{D2[t_0,t_2]} = I_{D4[t_0,t_2]} = \frac{I_o}{D} \tag{4.34}$$

根据电容 C_{c1} 或 C_{c2} 的充放电平衡,可以推导出 t_{24} 和 t_{45} 持续时间为

$$t_{24} = \frac{2T_s(1-D)(N-1)}{2N-1} \tag{4.35}$$

$$t_{45} = \frac{T_s(1-D)}{2N-1} \tag{4.36}$$

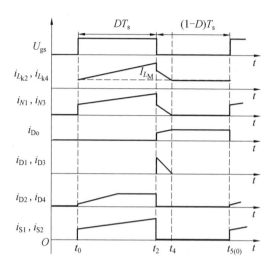

图 4.15　简化的电流波形

类似地,根据电容 C_{c1} 的电荷守恒,可得二极管 D_1 和 D_3 在导通期间的平均电流为

$$I_{D1[t_2,t_4]} = I_{D3[t_2,t_4]} = \frac{I_o(2N-1)}{2(1-D)(N-1)} \qquad (4.37)$$

在时间间隔 t_{25} 期间,在耦合电感线圈 N_1、N_2 和倍压电容 C_1(或耦合电感线圈 N_3、N_4 和倍压电容 C_2)的连接处应用基尔霍夫电流定律,可得耦合电感漏感 L_{k2} 或 L_{k4} 的平均电流为

$$I_{L_{k2}[t_2,t_5]} = I_{L_{k4}[t_2,t_5]} = \frac{2I_o}{1-D} \qquad (4.38)$$

根据磁链守恒定律,可以得出与耦合电感相关的等式为

$$N_2 I_{L_k[t_0,t_2]} - N_1 I_{N1[t_0,t_2]} = N_2 I_{L_k[t_2,t_5]} - N_1 I_{N1[t_2,t_4]} \qquad (4.39)$$

同时,还有以下等式:

$$I_{N1[t_0,t_2]} = I_{L_{k2}[t_0,t_2]} + I_{D2[t_0,t_2]} \qquad (4.40)$$

因此,推导出 $I_{N1[t_0,t_2]}$ 的电流表达式为

$$I_{N1[t_0,t_2]} = I_o \frac{D(2N^2 - 4N + 1) + 2N(N-1)}{2D(1-D)(N-1)^2} \qquad (4.41)$$

最后,推导出流过开关的电流有效值表达式为

$$I_{S1-RMS} = I_{S2-RMS} = \sqrt{\frac{1}{T_s} \int_0^{DT_s} \left(I_{N1[t_0,t_2]} - 0.5\Delta I_L + \frac{\Delta I_L}{DT_s}t \right)^2 dt}$$

$$= \frac{D(2N^2 - 4N + 1) + 2N(N-1)}{2D(1-D)(N-1)^2} I_o \sqrt{D} \sqrt{\frac{K_r^2}{12} + 1} \qquad (4.42)$$

式中

$$\Delta I_L = K_r I_{N1[t_0, t_2]}$$

4.3　基于工形耦合电感的钳位模式高增益 DC/DC 变换器

4.3.1　工形耦合电感 Boost 变换器的推导和理想稳态工作分析

本小节简要分析在忽略耦合电感漏感和其他寄生参数的情况下,基本的工形耦合电感 Boost 变换器拓扑的工作模式。其中,L_1、L_2 和 L_3 为一组耦合电感,L_4、L_5 和 L_6 为一组耦合电感,两组耦合电感既可以缠绕在两个磁芯上,也可以缠绕在一个磁芯上,两组耦合电感是对称的。图 4.16 所示为基本的工形耦合电感 Boost 变换器拓扑工作等效电路,图 4.17 所示为其理想稳态工作波形。

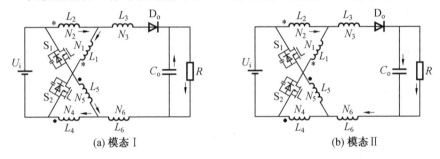

图 4.16　基本的工形耦合电感 Boost 变换器拓扑工作等效电路

模态 Ⅰ:开关 S_1、S_2 同时导通,电感 L_1、L_2、L_4 和 L_5 同时充电,线圈电流 i_{L1}、i_{L2}、i_{L4} 和 i_{L5} 线性上升,输出二极管承受反向电压截止,输出电容单独为负载提供能量。其工作等效电路如图 4.16(a) 所示。在模态 Ⅰ 期间,电感 L_1 承受的电压应力为

$$U_{L1} = \frac{U_i}{N_{21} - 1} \tag{4.43}$$

式中　$N_{ij} = \dfrac{N_i}{N_j}$。

同时,输出二极管承受的反向截止电压应力为

$$U_{Do} = \frac{(2N_{31} + N_{21} + 1)U_i}{N_{21} - 1} + U_o \tag{4.44}$$

模态 Ⅱ:开关 S_1、S_2 同时关断,输出二极管导通,电感 L_2、L_3、L_4 和 L_6 同时放

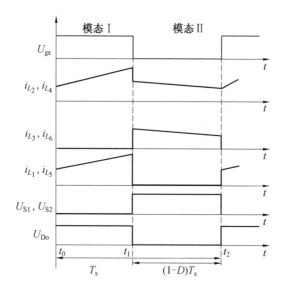

图 4.17　基本的工形耦合电感 Boost 变换器拓扑理想稳态工作波形

电,电感电流 i_{L2}、i_{L3}、i_{L4} 和 i_{L6} 下降,电感电流 i_{L1} 和 i_{L5} 直接下降到零,输入电压与电感 L_2、L_3、L_4 和 L_6 串联为输出电容和负载供电。其工作等效电路如图4.16(b)所示。在模态 Ⅱ 期间,电感 L_1 承受的电压应力为

$$U_{L1} = \frac{U_i - U_o}{2(N_{21} + N_{31})} \tag{4.45}$$

此外,开关两端承受的电压应力为

$$U_{S1} = U_{S2} = \frac{(N_{21} - 1)U_o + (2N_{31} + N_{21} + 1)U_i}{2(N_{21} + N_{31})} \tag{4.46}$$

根据伏秒平衡原理,电感 L_1 在一个周期内 T_s 的伏秒积为零,即

$$\int_0^{DT_s} U_{L1}\,\mathrm{d}t + \int_{DT_s}^{T_s} U_{L1}\,\mathrm{d}t = 0 \tag{4.47}$$

因此,变换器拓扑的电压增益表达式为

$$G = \frac{D(2N_{31} + N_{21} + 1) + (N_{21} - 1)}{(1 - D)(N_{21} - 1)} \tag{4.48}$$

根据上述理想工作条件下的分析可知,式(4.48)将耦合电感变换器和反接式耦合电感变换器的两种特性结合在一起,从而可以更加灵活地调整电压增益。但是,耦合电感的漏感在实验中必然存在,不仅会诱发开关两端的电压尖峰,还会造成占空比损耗,影响变换器效率,因此,转移漏感中储存的能量到输出侧成为亟须解决的问题。

4.3.2　工形耦合电感钳位模式 Boost 变换器的稳态工作分析

为了将漏感中储存的能量转移到输出侧,从而减轻开关两端的尖峰,同时也可以进一步提升电压增益,这里引入了二极管和电容构成的钳位－升压电路。该电路不仅起到了钳位开关电压应力的作用,还可以在将漏感能量转移到输出侧的过程中提升电压增益。图 4.18 所示为基于工形耦合电感的钳位模式 Boost 变换器拓扑,图 4.19 所示为其等效电路图。图 4.19 中各变量说明:励磁电感为 L_{M2} 和 L_{M4};漏感为 L_{k2} 和 L_{k4},其中,漏感是副边折算到原边的等效总漏感;C_{c1} 和 C_{c2} 为钳位电容;D_1 和 D_3 为钳位二极管;S_1 和 S_2 为主开关;C_1 和 C_2 为能量转移电容,即升压电容;D_o 为输出二极管;C_o 为输出电容;R 为负载。

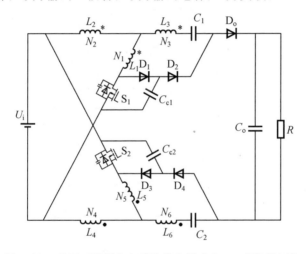

图 4.18　基于工形耦合电感的钳位模式 Boost 变换器拓扑

图 4.20 所示为基于工形耦合电感的钳位模式 Boost 变换器的稳态工作波形,为了简化模态分析,做出如下假设:

(1)变换器拓扑中各个电容足够大,电容电压在一个周期内保持恒定。

(2)二极管均为理想器件,考虑开关漏源极之间的寄生电容。

(3)变换器工作在连续电流模式下。

(4)U_x、i_x 和 I_x 分别表示某器件的电压应力、通过某器件的瞬时电流和通过某器件的平均电流。

基于工形耦合电感的钳位模式 Boost 变换器的工作模态分为 5 个,每个模态的工作电路如图 4.21 所示,相关模态分析如下。

模态 Ⅰ:在 $[t_0,t_1]$ 期间,两个开关 S_1 和 S_2 开始导通,二极管 $D_1 \sim D_4$ 反向截

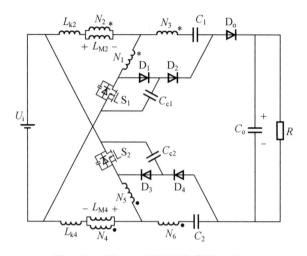

图 4.19　图 4.18 所示拓扑等效电路图

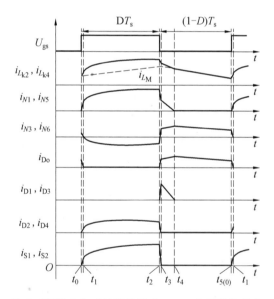

图 4.20　基于工形耦合电感的钳位模式 Boost 变换器的稳态工作波形

止,D_o 正向导通,其电流流通路径图如图 4.21(a) 所示。输入电源为耦合电感漏感 L_{k2} 和 L_{k4}、励磁电感 L_{M2} 和 L_{M4} 两路同时充电;根据磁通守恒原理,漏感电流 $i_{L_{k2}}$ 和 $i_{L_{k4}}$、副边电流 i_{N1} 和 i_{N3} 迅速上升;输出二极管电流 i_{Do} 迅速下降。开关 S_1 和 S_2 的寄生电容储存的能量也在此阶段及时释放。输入电源 U_i、励磁电感 L_{M2} 和 L_{M4} 与升压电容 C_1 和 C_2 串联为负载 R 和输出电容 C_o 提供能量。当输出二极

管电流 i_{Do} 下降为零时,模态 Ⅰ 结束。

模态 Ⅱ:在 $[t_1,t_2]$ 期间,开关 S_1 和 S_2 处于导通状态,二极管 D_1、D_3 和 D_o 因承受反向电压而截止,D_2 和 D_4 正向导通,其电流流通路径如图4.21(b)所示。耦合电感漏感电流 $i_{L_{k2}}$ 和 $i_{L_{k4}}$、副边电流 i_{N1} 和 i_{N3} 近似线性上升。耦合电感副边 N_1、N_3、N_5 和 N_6 与钳位电容 C_{c1} 和 C_{c2} 共同转移能量到升压电容 C_1 和 C_2 中。输出电容单独为负载提供能量。当开关 S_1 和 S_2 在时刻 t_2 关断时,此模态结束。

模态 Ⅲ:在 $[t_2,t_3]$ 期间,开关 S_1 和 S_2 关断,二极管 D_1、D_3 和 D_o 因承受反

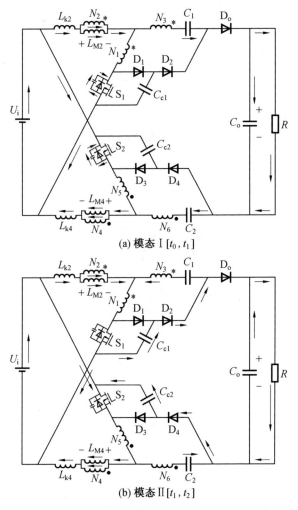

(a) 模态 Ⅰ $[t_0,t_1]$

(b) 模态 Ⅱ $[t_1,t_2]$

图 4.21　基于工形耦合电感网络的钳位模式 Boost 变换器拓扑工作电路

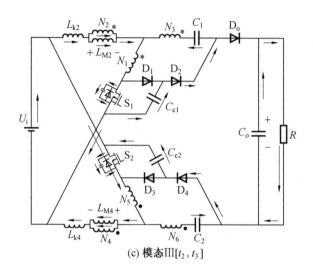

(c) 模态Ⅲ[t_2, t_3]

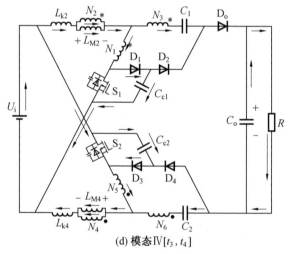

(d) 模态Ⅳ[t_3, t_4]

续图 4.21

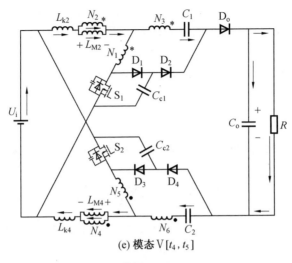

(e) 模态 V [t_4, t_5]

续图 4.21

向电压而截止,D_2 和 D_4 正向导通,其电流流通路径如图 4.21(c) 所示。耦合电感漏感 L_{k2} 和 L_{k4} 的能量被开关的寄生电容吸收,耦合电感副边 N_2、N_3、N_5 和 N_6 与钳位电容 C_{c1} 和 C_{c2} 继续转移能量到升压电容 C_1 和 C_2 中。输出电容为负载 R 提供能量。当开关寄生电容的电压应力等于钳位电容 C_{c1} 和 C_{c2} 的电压应力时,二极管 D_1 和 D_3 导通,此模态结束。

　　模态 Ⅳ:在 [t_3, t_4] 期间,开关 S_1 和 S_2 保持关断状态,二极管 D_1、D_3 和 D_o 正向导通,D_2 和 D_4 因承受反向电压而截止,其电流流通路径如图 4.21(d) 所示。耦合电感漏感 L_{k2} 和 L_{k4} 的能量通过钳位二极管 D_1 和 D_3 转移到钳位电容 C_{c1} 和 C_{c2} 中。在此阶段,输出二极管电流保持上升趋势,流过耦合电感线圈的电流呈下降趋势。输入电源 U_i、励磁电感 L_{M2} 和 L_{M4} 与升压电容 C_1 和 C_2 串联为负载 R 和输出电容 C_o 提供能量。当钳位二极管电流 i_{D1} 和 i_{D3} 下降为零时,模态 Ⅳ 结束。

　　模态 Ⅴ:在 [t_4, t_5] 期间,开关 S_1 和 S_2 保持关断状态,二极管 $D_1 \sim D_4$ 因承受反向电压而截止,D_o 正向导通,电流流通路径如图 4.21(e) 所示。输入电源 U_i、励磁电感 L_{M2} 和 L_{M4} 与升压电容 C_1 和 C_2 串联为负载 R 和输出电容 C_o 提供能量。当开关 S_1 和 S_2 导通时,模态 Ⅴ 结束,下一个周期开始。

4.3.3　反比型变换器的性能分析

1. 考虑漏感的变换器电压增益

当变换器稳态工作时,忽略短暂的模态 —— 模态 Ⅰ 和模态 Ⅲ。另外,由于电路工作状态的对称性,以下公式推导以拓扑上半部分变量为主。在模态 Ⅱ 期间,根据图 4.21(b),可以得到励磁电感 L_{M2} 两端和电容 C_1 两端的电压应力表达式分别为

$$U_{L_{M2}} + \frac{1-K}{K}U_{L_{M2}} - \frac{N_1}{N_2}U_{L_{M2}} = U_i \tag{4.49}$$

$$U_{C1} = U_{C_{c1}} + \frac{N_1}{N_2}U_{L_{M2}} + \frac{N_3}{N_2}U_{L_{M2}} \tag{4.50}$$

在模态 Ⅳ 期间,根据图 4.21(d),可以得到励磁电感 L_{M2} 两端的电压应力表达式为

$$U_{L_{M2}} + \frac{1-K}{K}U_{L_{M2}} - \frac{N_1}{N_2}U_{L_{M2}} + U_{C_{c1}} = U_i \tag{4.51}$$

在模态 Ⅳ 和模态 Ⅴ 期间,根据图 4.21(d) 和 4.21(e),可以得到励磁电感 L_{M2} 两端的电压应力表达式为

$$U_{L_{M2}} + \frac{1-K}{K}U_{L_{M2}} + \frac{N_3}{N_2}U_{L_{M2}} - U_{C1} = \frac{U_i - U_o}{2} \tag{4.52}$$

根据伏秒平衡原理,励磁电感 L_{M2} 在一个周期内的伏秒积为零,即

$$\int_0^{DT_s} U_{L_{M2}} \, dt + \int_{DT_s}^{T_s} U_{L_{M2}} \, dt = 0 \tag{4.53}$$

将式(4.49) 和式(4.51) 代入式(4.53),可推导出钳位电容 C_{c1} 和励磁电感 L_{M2} 两端在模态 Ⅴ 期间的表达式分别为

$$U_{C_{c1}} = \frac{U_i}{1-D} \tag{4.54}$$

$$U_{L_{M2}} = \frac{U_i D}{\frac{1}{K} - \frac{N_1}{N_2}} \cdot \frac{-1}{1-D} \tag{4.55}$$

根据式(4.49)、式(4.50) 和式(4.54),可以得到升压电容 C_1 两端的电压应力表达式为

$$U_{C1} = U_i \left(\frac{1}{1-D} + \frac{KN_1 + KN_3}{N_2 - KN_1} \right) \tag{4.56}$$

最终,根据式(4.52)、式(4.55) 和式(4.56),考虑耦合电感漏感影响的电压增益表达式为

$$G = \frac{D(N_2 - KN_1) + 3N_2 + 2KN_3 - KN_1}{(N_2 - KN_1)(1-D)} \tag{4.57}$$

图 4.22 所示为耦合电感匝比和漏感对变换器电压增益的影响曲线。由图可见,随着漏感的增加,电压增益下降;随着匝比 N_{21} 的减小,电压增益上升,这说明

了本书所介绍变换器的增益的反比特性；随着匝比 N_{31} 的增加，电压增益上升，这说明了该变换器的增益的正比特性。两种特性可以使电压增益的改变和耦合电感的设计更加灵活。当忽略耦合电感漏感时，理想的电压增益表达式为

$$G = \frac{D(N_{21}-1)+3N_{21}+2N_{31}-1}{(N_{21}-1)(1-D)} \tag{4.58}$$

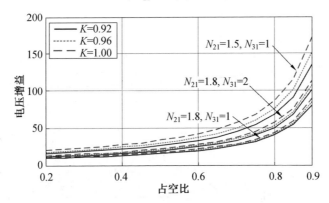

图 4.22　耦合电感匝比和漏感对变换器电压增益的影响曲线

2. 变换器功率器件的电压应力和电流应力

根据上节的分析，由输入电压表示的开关和二极管的电压应力表达式为

$$U_{S1}=U_{S2}=U_{D1}=U_{D3}=\frac{U_i}{1-D} \tag{4.59}$$

$$U_{D2}=U_{D4}=\frac{N_{21}+N_{31}}{(1-D)(N_{21}-1)}U_i \tag{4.60}$$

$$U_{Do}=\frac{2(N_{21}+N_{31})}{(1-D)(N_{21}-1)}U_i \tag{4.61}$$

当转换成输出电压表示时，相关的表达式为

$$U_{S1}=U_{S2}=U_{D1}=U_{D3}=\frac{(N_{21}-1)U_o}{D(N_{21}-1)+3N_{21}+2N_{31}-1} \tag{4.62}$$

$$U_{D2}=U_{D4}=\frac{(N_{21}+N_{31})U_o}{D(N_{21}-1)+3N_{21}+2N_{31}-1} \tag{4.63}$$

$$U_{Do}=\frac{2(N_{21}+N_{31})U_o}{D(N_{21}-1)+3N_{21}+2N_{31}-1} \tag{4.64}$$

图 4.23 所示为开关和二极管的归一化电压应力与耦合电感匝比之间的关系曲线。从图 4.23(a) 可以看出，随着耦合电感匝比 N_{21} 的降低，开关、二极管 D_1 和 D_3 的电压应力下降，其余的二极管电压应力上升；从图 4.23(b) 可以看出，随着耦合电感匝比 N_{31} 的升高，开关、二极管 D_1 和 D_3 的电压应力下降，其余的二极

管电压应力上升。而从图 4.23 得出,随着耦合电感匝比 N_{21} 的降低和 N_{31} 的升高,电压增益显著增加,因此,这一结论非常有利于提升变换器的电压增益。最后,针对不同匝比对变换器增益造成的不同影响,设计变换器的时候需要做出适当的折中。

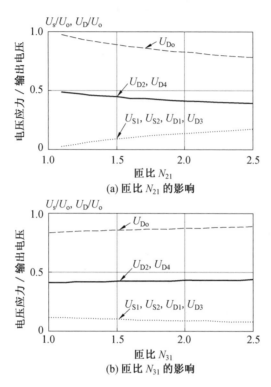

图 4.23   开关和二极管的归一化电压应力与耦合电感匝比之间的关系曲线

图 4.24 所示为变换器拓扑简化的电流波形。由于变换器拓扑的对称特点,以下电流主要以上半部分器件的相关电流为主。

根据电容 C_o 和 C_1 的电荷守恒,可得二极管 D_o 和 D_2 在导通期间的平均电流为

$$I_{Do[t_2,t_5]} = \frac{I_o}{1-D} \tag{4.65}$$

$$I_{D2[t_0,t_2]} = \frac{I_o}{D} \tag{4.66}$$

根据电容 C_{c1} 充放电平衡,可以推导出 t_{24} 和 t_{45} 持续时间为

$$t_{24} = t_c = \frac{2N_{23}(N_{21}-1)(1-D)T_s}{2N_{21}N_{23} + N_{21} - N_{23}} \tag{4.67}$$

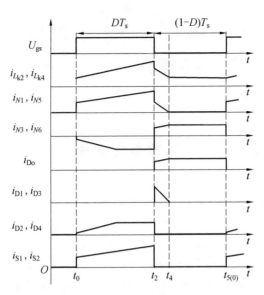

图 4.24 简化的电流波形

$$t_{45} = \frac{(N_{23} + N_{21})(1 - D)T_s}{2N_{21}N_{23} + N_{21} - N_{23}} \tag{4.68}$$

根据电容 C_{c1} 的电荷守恒,可得二极管 D_1 在导通期间的平均电流为

$$I_{D1[t_2, t_4]} = \frac{I_o(2N_{21}N_{23} + N_{21} - N_{23})}{2N_{23}(N_{21} - 1)(1 - D)} \tag{4.69}$$

在时间间隔 t_{25} 期间,在耦合电感线圈 N_1、N_2 和 N_3 的结点处应用基尔霍夫电流定律,耦合电感漏感 L_{k2} 的平均电流为

$$I_{L_{k2}[t_2, t_5]} = \frac{2I_o}{1 - D} \tag{4.70}$$

根据磁链守恒定律,可以得出与耦合电感相关的等式为

$$N_2 I_{L_k[t_0, t_2]} - N_1 I_{N1[t_0, t_2]} - N_3 I_{N3[t_0, t_2]} = N_2 I_{L_k[t_2, t_5]} - N_1 I_{N1[t_2, t_4]} + N_3 I_{N3[t_2, t_5]} \tag{4.71}$$

同时,还有以下等式:

$$I_{N1[t_0, t_2]} = I_{L_k[t_0, t_2]} + I_{N3[t_0, t_2]} \tag{4.72}$$

因此,推导出 $I_{N1[t_0, t_2]}$ 的电流表达式为

$$I_{N1[t_0, t_2]} = I_o\left(\frac{4N_{21}^2 + 1 - 6N_{21} - 3N_{31} + 2N_{21}N_{31}}{2(1 - D)(N_{21} - 1)^2} + \frac{N_{21} + N_{31}}{D(N_{21} - 1)}\right) \tag{4.73}$$

最后,推导出流过开关的电流有效值表达式为

$$I_{S1-RMS} = I_{S2-RMS} = \sqrt{\frac{1}{T_s} \int_0^{DT_s} \left(I_{N1[t_0,t_2]} - 0.5\Delta I_L + \frac{\Delta I_L}{DT_s}t \right)^2 dt}$$

$$= I_{N1[t_0,t_2]} \sqrt{D} \sqrt{\frac{K_r^2}{12} + 1} \tag{4.74}$$

式中　K_r 定义为 $\Delta I_L = K_r I_{N_1[t_0,t_2]}$。

本章参考文献

[1] LIU T F, WANG Z S, PANG J Y, et al. Improved high step-up DC-DC converter based on active clamp coupled inductor with voltage double cells[C]. Vienna, Austria: Industrial Electronics Society, IECON 2013-39th Annual Conference of the IEEE, 2013:864-866.

[2] BERKOVICH Y, AXELROD B. High step-up DC-DC converter based on the switched-coupled-inductor boost converter and diode-capacitor multiplier[C]. Berkovich: IET Power Electronics, Machines and Drives (PEMD 2012), 6th IET International Conference, 2012:1-3.

[3] 胡雪峰. 高增益非隔离 Boost 变换器拓扑及其衍生方法研究[D]. 南京:南京航空航天大学, 2014:37-38.

[4] SOON J J, LOW K S. Sigma-Z-source inverters[J]. Power Electronics IET, 2015, 8(5):715-723.

[5] LI F, LIU H C. A cascaded couple inductor-reverse high step up converter integrating three-winding coupled inductor and diode-capacitor technique[J]. IEEE Transactions on Industrial Informatics, 2017, 13(3):1121-1130.

第5章

非隔离型高增益双向 DC/DC 变换器

本 章从四种基本非隔离型双向 DC/DC 变换器入手,介绍了非隔离型高增益双向 DC/DC 变换器的基本工作原理;为了改善基本双向 DC/DC 变换器电路的性能,减少开关损耗和降低电流应力,在其基础上构造了耦合型拓扑,其输出电流是连续的且纹波较小,同时也提高了输出电压增益;构造了一种结合磁耦合、倍压与无源钳位电路的新型双向 DC/DC 变换器,进一步提高了输出电压增益。通过磁耦合技术、倍压技术、无源钳位电路技术的应用,形成了一系列高增益、低应力、高效率的拓扑结构,为非隔离型高增益双向 DC/DC 变换器的构造提供了新的思路。

单向的 DC/DC 变换器只能将能量从一个方向传到另一个方向,而双向 DC/DC 变换器(Bi-directional DC/DC Converter,BDC)可以在保持输入、输出电压极性不变的情况下,根据具体需要改变电流的方向,进而改变能量的流动方向。非隔离双向 DC/DC 变换器常用于新能源发电系统与直流不断电系统中,如图 5.1 所示为非隔离型双向 DC/DC 变换器在风力供电系统中的应用。

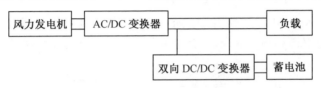

图 5.1　非隔离型双向 DC/DC 变换器在风力供电系统中的应用

本章先从基本非隔离型 DC/DC 变换器的原理入手,而后分析基于解决基本双向 DC/DC 变换器的开关反向恢复问题的两种新型拓扑。此外,将介绍一种基于耦合单元的高增益双向 DC/DC 变换器,并对其进行分析。

5.1　典型的非隔离型 DC/DC 变换器的拓扑结构

非隔离型双向 DC/DC 变换器由于省去了变压器,系统结构简单,四种常见的非隔离型双向 DC/DC 变换器如图 5.2 所示,分别为双向 Buck-Boost DC 变换器、双向 Buck-Boost 变换器、双向 Cuk 变换器和双向 Zeta-Sepic 变换器。其基本的构造方法是将 Buck 变换器、Boost 变换器与 Buck-Boost 变换器的二极管换成金属－氧化物半导体场效应晶体管(Metal Oxide Semiconductor Field Effect Transistor,MOSFET)或带有反并联二极管的绝缘栅双极晶体管(Insulated-Gate Bipolar Transistor,IGBT)。

下面对基本双向 Buck-Boost 变换器工作模式进行分析,其主电路如图 5.2(b)所示。

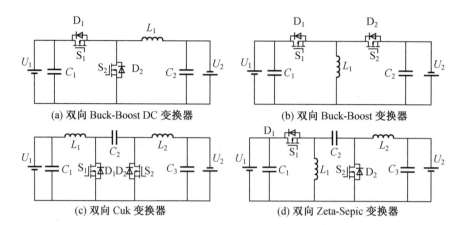

(a) 双向 Buck-Boost DC 变换器　　　　(b) 双向 Buck-Boost 变换器

(c) 双向 Cuk 变换器　　　　　　　　(d) 双向 Zeta-Sepic 变换器

图 5.2　四种常见的非隔离型双向 DC/DC 变换器

　　正向／反向工作时,仅 S_1 给触发信号,其工作与基本的 Buck-Boost 电路一致,正向工作电路图如图 5.3 所示,其控制信号和电流波形图如图 5.4 所示。

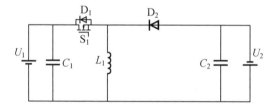

图 5.3　正向工作电路图

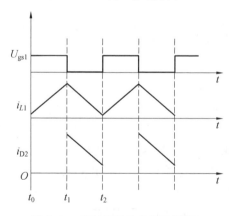

图 5.4　控制信号和电流波形图

　　模态 $\mathrm{I}[t_0,t_1]$:t_0 时刻,给 S_1 驱动信号,电源 U_1 经 S_1 给电感 L_1 充电,电感电流线性上升。

模态 Ⅱ$[t_1,t_2]$：t_1 时刻后，电感 L_1 给电容 C_2 和电源 U_2 充电，经二极管 D_2 续流。其反向工作原理与正向类似。

正向工作一个周期内电感电流变化值为 0，由伏秒积平衡可得

$$\int_{t_0}^{t_1} U_1 \, dt + \int_{t_1}^{T} (-U_2) = 0 \tag{5.1}$$

$$\frac{U_2}{U_1} = \frac{1}{1-D} \tag{5.2}$$

其反向工作的工作过程与正向类似，这里不再赘述。

双向 Buck-Boost 变换器与其结构相似，同样输入电流波形很差，且其输出的电压极性也被改变。双向 Buck-Boost 变换器虽然结构简单，但由于左输入侧直接与开关相连，所以其输入电流的电流纹波很大，且在该处易产生电压振荡。双向 Cuk 变换器虽然解决了两侧输入电流波形的问题，但结构稍显复杂。双向 Zeta-Sepic 变换器具有 Zeta 与 Sepic 两种工作模式，第一种模式下对输出波形控制效果较好，而第二种模式下对输入的波形控制效果更好。由于传统变换器构造的双向变换器往往有诸多限制，于是基于减小开关应力、降低开关损耗、减轻反向恢复能力的要求，下一节重点介绍基于耦合电感的双向 DC/DC 变换器设计。

5.2　基于耦合电感的双向 DC/DC 变换器设计

本节给出了两种基于耦合电感的双向 DC/DC 变换器，旨在减少开关损耗和提高系统的传输效率。

5.2.1　基于耦合电感的双向 Buck-Boost 变换器

基于耦合电感的双向 Buck-Boost 变换器主电路如图 5.5 所示。该拓扑通过引入一个小的耦合电感把非隔离双向 DC/DC 变换器（NI－BDC）的开关支路完全分离成两组能流通路，D_1、S_1 一组用于降压方向，D_2、S_2 一组用于升压方向。为防止惯性电流流经 MOSFET 的体二极管，D_1、D_2 由反向恢复特性好的二极管替代，从而缓解了 MOSFET 的体二极管的反向恢复问题。

1. 模态分析

以降压模式为例进行模态分析，了解其工作过程。首先做出以下假设。

（1）所有元器件都是理想的。

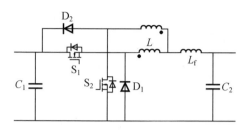

图 5.5   基于耦合电感的双向 Buck-Boost 变换器主电路

（2）耦合电感自感为 L，耦合系数是 1。

（3）i_1、i_2 和 i_{Lf} 分别是流经耦合电感两个线圈和滤波电感的电流，基于耦合电感的双向 Buck/Boost 变换器如图 5.6 所示，其降压状态理想波形如图 5.7 所示。

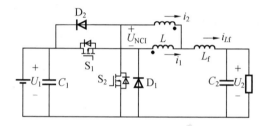

图 5.6   基于耦合电感的双向 Buck/Boost 变换器

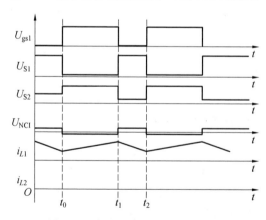

图 5.7   变换器降压状态理想波形

模态 Ⅰ[t_0,t_1]：t_0 时刻，S_1 导通，D_1 和 S_2 关断。电源 U_1 向电感和负载提供能量，电流方向如图 5.6 所示。耦合电感上的感应电压使得负电压 U_{NCI} 加在 D_2 两端并保持其关断。因此，有 $i_1 = i_{Lf}$，$i_2 = 0$。滤波电感电流线性增长，由电感的元件特性可推出其斜率为

$$\frac{\mathrm{d}i_1}{\mathrm{d}t} = \frac{\mathrm{d}i_{Lf}}{\mathrm{d}t} = \frac{U_1 - U_2}{L + L_f} \tag{5.3}$$

模态 $\mathrm{II}[t_1, t_2]$：t_1 时刻，S_1 关断，D_1 续流导通。电感给负载供电，维持电流方向不变。耦合电感感应电压极性改变，U_{NCI} 也变为正压，加在 S_2 两端，从而阻止其体二极管导通。因而仍有 $i_1 = i_{Lf}$，$i_2 = 0$。滤波电感电流线性下降，斜率为

$$\frac{\mathrm{d}i_1}{\mathrm{d}t} = \frac{\mathrm{d}i_{Lf}}{\mathrm{d}t} = -\frac{U_2}{L + L_f} \tag{5.4}$$

根据以上分析可见，降压模式下，只有 D_1、S_1 工作，电路工作状态与单向的 Buck 变换器相同，完全可以等效为滤波电感值为 $(L_f + L)$ 的单向 Buck 电路。同理分析升压模式下的电路模态，可以得出类似的结论：升压模式下，右端低压侧为电源端，左端高压侧为负载端，电路中只有 D_2、S_2 工作，电路工作状态与单向的 Boost 变换器相同，完全可以等效为滤波电感值为 $(L_f + L)$ 的单向 Boost 电路。

2. 稳态分析

继续以电路的 Buck 模式为例进行稳态分析，研究电路的输入输出关系，为主电路参数设计做准备。当主电路进入稳态后，根据伏秒平衡原理，电感 $L_f + L$ 两端的电压 u_{Lf+L} 在一个周期内的积分为零。根据模态分析，u_{Lf+L} 的表达式为

$$u_{Lf+L} = \begin{cases} U_1 - U_2 & (t_0 < t < t_1) \\ -U_2 & (t_1 < t < t_2) \end{cases} \tag{5.5}$$

式中 $t_0 \sim t_2$——一个周期 T，$t_1 - t_0 = DT$，$t_2 - t_1 = (1-D)T$。

根据伏秒平衡原理，有

$$\int_{t_0}^{t_2} u_{Lf+L} \mathrm{d}t = \int_{t_0}^{t_1}(U_1 - U_2)\mathrm{d}t + \int_{t_1}^{t_2}(-U_2)\mathrm{d}t = (U_1 - U_2)DT - U_2(1-D)T = 0 \tag{5.6}$$

解得

$$\frac{U_2}{U_1} = D \tag{5.7}$$

可以看出该电路降压模式降压比与传统的双向 Buck-Boost 电路一样，同理可以分析得出 Boost 模式下，电压增益为

$$G = \frac{1}{1-D} \tag{5.8}$$

这里对含耦合电感的双向 Buck-Boost 变换器拓扑进行了详细的分析。该电路通过引入一个电感值较小的耦合电感，将升降压支路分离开，使用反向恢复特性较好的单二极管来代替体二极管作用，从而缓解了传统双向 Buck-Boost 变换器开关体二极管的反向恢复问题。

新能源供电系统中高增益电力变换器理论及应用技术

通过对耦合电感双向 Buck-Boost 变换器拓扑的模态以及电路工作状态的分析,可以让读者更好地理解引入耦合电感的作用。稳态分析证明了该电路的基本特性并未改变,升降压比与传统双向 Buck-Boost 一致。下一节将分析基于耦合电感的二重交错并联双向 Buck-Boost 变换器,通过模态分析、稳态分析研究该电路工作方式。

5.2.2 基于耦合电感的二重交错并联双向 DC/DC 变换器

基于耦合电感的二重交错并联 Buck-Boost 变换器主电路如图 5.8 所示,与一般的二重交错并联 Buck-Boost 电路不同的是,该电路并没有采用两个分立电感,而是采用了耦合电感的设计,电感 L_1 和 L_2 是耦合电感,其耦合系数为 k。引入耦合电感后,电路实现了开关零电流开通,减轻了反向恢复问题,减小了电路损耗。

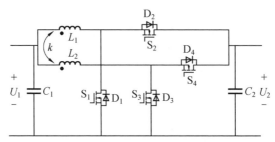

图 5.8 基于耦合电感的二重交错并联 Buck-Boost 变换器主电路

由于耦合电感之间存在相互耦合,对主电路工作模态进行分析时,为了更清晰明了,需要对耦合电感进行解耦等效,图 5.9 所示为耦合电感实际电路结构及解耦后的等效电路结构。

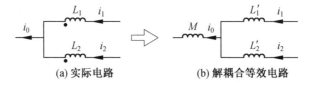

(a) 实际电路   (b) 解耦合等效电路

图 5.9 耦合电感实际电路结构及解耦后的等效电路结构

变换前后参数关系如下:

$$\begin{cases} L_1' = L_1 - M \\ L_2' = L_2 - M \\ M = k\sqrt{L_1 L_2} \end{cases} \tag{5.9}$$

根据式(5.9)可知,如果 $L_1 = L_2$,则 $L_1' = L_2'$,耦合电感紧密耦合时,k 接近于 1,则有 $M = kL_1 = kL_2$。

1. 模态分析

以降压模式为例,进行模态分析。降压模式解耦等效电路图如图 5.10 所示,其中 $L_1 = L_2 = L, L_1' = L_2' = L', M = kL$。降压模式下,$S_1$、$S_3$、$D_2$、$D_4$ 没有电流流过,处于非工作状态。

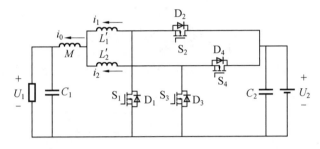

图 5.10　降压模式解耦等效电路图

降压模式下电路工作一个周期的理想波形如图 5.11 所示,其可以分成 6 个模态。

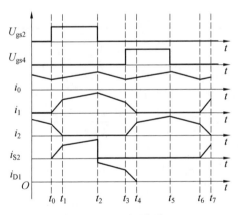

图 5.11　理想波形

模态 $\text{I}[t_0, t_1]$:其工作状态如图 5.12 所示。t_0 时刻前,S_2 处于关断状态,二极管 D_3 续流;t_0 时刻 S_2 导通,S_2 和 L_1' 中电流 i_1 开始从 0 线性上升,实现了零电流软开通,同时 D_3 和 L_2' 中电流 i_2 开始线性下降。根据电路知识可得

$$\begin{cases} -U_1 = M\dfrac{\mathrm{d}(i_1 + i_2)}{\mathrm{d}t} + L'\dfrac{\mathrm{d}i_1}{\mathrm{d}t} = M\dfrac{\mathrm{d}i_1}{\mathrm{d}t} + (M + L')\dfrac{\mathrm{d}i_2}{\mathrm{d}t} = M\dfrac{\mathrm{d}i_1}{\mathrm{d}t} + L\dfrac{\mathrm{d}i_2}{\mathrm{d}t} \\[3mm] U_2 - U_1 = M\dfrac{\mathrm{d}(i_1 + i_2)}{\mathrm{d}t} + L'\dfrac{\mathrm{d}i_2}{\mathrm{d}t} = M\dfrac{\mathrm{d}i_2}{\mathrm{d}t} + (M + L')\dfrac{\mathrm{d}i_1}{\mathrm{d}t} = L\dfrac{\mathrm{d}i_1}{\mathrm{d}t} + M\dfrac{\mathrm{d}i_2}{\mathrm{d}t} \end{cases}$$

$$(5.10)$$

进一步可以推出 i_1、i_2 的斜率为

$$\begin{cases} \dfrac{\mathrm{d}i_1}{\mathrm{d}t} = \dfrac{MU_1 + L(U_2 - U_1)}{L^2 - M^2} \\[4mm] \dfrac{\mathrm{d}i_2}{\mathrm{d}t} = \dfrac{LU_1 + M(U_2 - U_1)}{M^2 - L^2} \end{cases}$$

$$(5.11)$$

当电流 i_2 下降到零后 D_3 自然关断,该模态结束,电流 i_2 处于断续模式,D_3 不存在反向恢复问题。

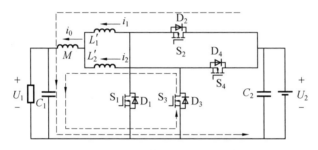

图 5.12 模态 Ⅰ 工作状态

模态 Ⅱ $[t_1, t_2]$:其工作状态如图 5.13 所示。t_1 时刻之后,S_2 处于稳定导通状态,$i_1 = i_0$,电流继续上升,其斜率为

$$\frac{\mathrm{d}i_1}{\mathrm{d}t} = \frac{\mathrm{d}i_0}{\mathrm{d}t} = \frac{U_2 - U_1}{M + L_1'} = \frac{U_2 - U_1}{L}$$

$$(5.12)$$

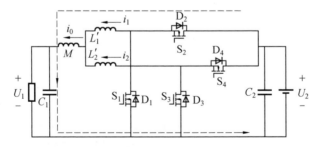

图 5.13 模态 Ⅱ 工作状态

模态 Ⅲ $[t_2, t_3]$:其工作状态如图 5.14 所示。t_2 时刻,S_2 关断,二极管 D_1 续流。电流 i_1 线性下降,斜率为

$$\frac{\mathrm{d}i_1}{\mathrm{d}t} = \frac{\mathrm{d}i_0}{\mathrm{d}t} = \frac{-U_1}{M+L_1'} = \frac{-U_1}{L} \tag{5.13}$$

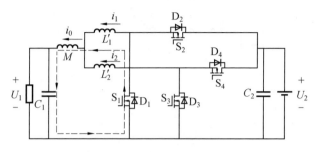

图 5.14　模态 Ⅲ 工作状态

模态 Ⅳ$[t_3,t_4]$:其工作状态如图 5.15 所示。该模态与模态 1 相反。t_3 时刻,S_4 开始导通,S_4 和 L_2' 中的电流 i_2 开始从 0 线性上升,实现了零电流软开通。同时 D_1 和 L_1' 中电流 i_1 开始线性下降,电流 i_1、i_2 的斜率为

$$\begin{cases} \dfrac{\mathrm{d}i_2}{\mathrm{d}t} = \dfrac{MU_1 + L(U_2 - U_1)}{L^2 - M^2} \\[3mm] \dfrac{\mathrm{d}i_1}{\mathrm{d}t} = \dfrac{LU_1 + M(U_2 - U_1)}{M^2 - L^2} \end{cases} \tag{5.14}$$

计算过程与模态 1 类似,不再过多叙述。当电流 i_1 下降到零后 D_1 自然关断,该模态结束,可见电流 i_1 处于断续模式,D_1 不存在反向恢复问题。

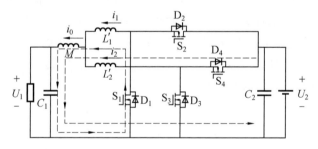

图 5.15　模态 Ⅳ 工作状态

模态 Ⅴ$[t_4,t_5]$:其工作状态如图 5.16 所示。与模态 Ⅱ 类似,t_4 时刻之后,S_4 处于稳定导通状态,$i_2 = i_0$,电流继续上升,其斜率为

$$\frac{\mathrm{d}i_2}{\mathrm{d}t} = \frac{\mathrm{d}i_0}{\mathrm{d}t} = \frac{U_2 - U_1}{M + L_2'} = \frac{U_2 - U_1}{L} \tag{5.15}$$

模态 Ⅵ$[t_5,t_6]$:其工作状态如图 5.17 所示。t_5 时刻,S_4 关断,二极管 D_3 续流。电流 i_2 线性下降,其斜率为

$$\frac{\mathrm{d}i_2}{\mathrm{d}t} = \frac{\mathrm{d}i_0}{\mathrm{d}t} = \frac{-U_1}{M + L_2'} = \frac{-U_1}{L} \qquad (5.16)$$

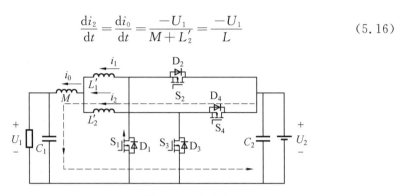

图 5.16　模态 Ⅴ 工作状态

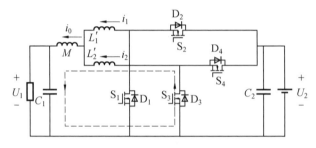

图 5.17　模态 Ⅵ 工作状态

由以上分析可以看出,在一个周期的工作过程中,两个并联支路的电流都是断续的,各支路工作在断续模式,交替工作,从而解决了二极管的反向恢复问题,实现了开关的零电流开通,降低了开关损耗。另外,耦合电感总电流即低压侧输出电流是连续的,并且纹波较小,电磁干扰小。升压模式与降压模式类似,同样具有 6 个模态,电路工作状态类似,这里不再赘述。

2. 稳态分析

仍以 Buck 模式为例进行稳态分析,为参数设计做准备。假设两条并联支路开关驱动信号占空比相同,且均为 D,相位相差 $180°$,开关周期为 T。电路进入稳态后,根据伏秒平衡原理,电感 M 两端的电压 U_M 在一个周期内的积分为零。根据模态分析,可以列出 U_M 的表达式,即

$$U_M = \begin{cases} 0.5U_2 - U_1 & (t_0 < t < t_1) \\ k(U_2 - U_1) & (t_1 < t < t_2) \\ -kU_1 & (t_2 < t < t_3) \\ 0.5U_2 - U_1 & (t_3 < t < t_4) \\ k(U_2 - U_1) & (t_4 < t < t_5) \\ -kU_1 & (t_5 < t < t_6) \end{cases} \tag{5.17}$$

当 k 接近 1 时,模态 Ⅰ 非常短,可以忽略不计,那么模态 Ⅱ 近似等于开关导通的时间 DT,模态 Ⅲ 近似等于开关导通的时间 $(0.5 - D)T$。根据伏秒平衡原理,有

$$\int_{t_0}^{t_6} U_M \mathrm{d}t = 2\left[\int_{t_0}^{t_1} (0.5U_2 - U_1)\mathrm{d}t + \int_{t_1}^{t_2} k(U_2 - U_1)\mathrm{d}t + \int_{t_2}^{t_3} -kU_1 \mathrm{d}t \right] = 0 \tag{5.18}$$

计算可得

$$\frac{U_1}{U_2} = 2D \tag{5.19}$$

可以看出该电路的稳态特性与普通 Buck 电路工作在连续模式的特性相似,但是等效开关频率要增大一倍,占空比增大一倍。同理可以分析得出 Boost 模式下,电压增益为

$$G = \frac{1}{1 - 2D} \tag{5.20}$$

5.3　非隔离型高增益双向 DC/DC 变换器

5.3.1　非隔离型高增益双向 DC/DC 变换器的构造

上一节从减少开关损耗和降低电流应力方面入手介绍了基于基本双向 DC/DC 电路构造的耦合型拓扑,从输出来看,其输出电流是连续的且纹波较小,同时也提高了电压增益。本节针对改善输出增益,从构造入手,介绍一种结合磁耦合、倍压与无源钳位电路的新型双向 DC/DC 变换器。同步整流技术即在变换器中用 MOSFET 来替代二极管,由于其具有较低的导通电阻,而二极管的导通电阻则比较大,因此可以较高地提高电路效率,目前该技术已经大量应用于开关电源的设计中。在基本的 Boost 变换器中,应用同步整流技术将输出整流二极管

替换为导通电阻较小的功率MOSFET,同时控制该开关使其与原二极管同步导通,则为基本的Boost变换器同步整流技术,Boost变换器同步整流过程示意图如图5.18所示。

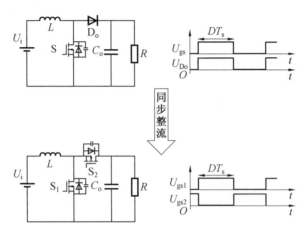

图 5.18   Boost 变换器同步整流过程示意图

此外,电路中所用开关器件全为MOSFET,理论上可以实现能量的双向流动。由Boost电路反推,即将原输出侧作为输入侧,原输入侧作为输出侧,在电路正常工作时,能量将会反向流动,且根据电压升压原理分析可知,此时该电路为降压状态,最终建立了一个最基本的双向升降压变换器。在图5.18所示双向变换器的基础上,为了提高其电压增益,首先可以应用耦合电感升压原理得到图5.19所示的基本型双向直流变换器。

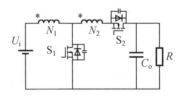

图 5.19   添加耦合电感的基本型双向直流变换器

该变换器与图5.18中变换器工作原理基本相似,但是由于耦合电感的升压作用,因此其在一定匝比下升降压能力优于基本型变换器,且控制方法基本不变。但在该变换器中,耦合电感的存在使得由于漏感产生的较大电压振荡会对关断的开关器件产生很大的电压冲击,严重恶化了电路工作状态,同时漏感能量产生的损耗也会降低变换器的效率。为了改善变换器这一特性,可以引入钳位电路,由于该变换器工作在双向状态,因此需要摒弃无源钳位而选择有源钳位电路,将钳位电容与控制充放电的开关相配合。耦合电感加钳位电路型高增益双向直流变换器如图 5.20 所示。

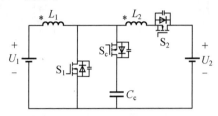

图 5.20　耦合电感加钳位电路型高增益双向直流变换器

在图 5.20 中,由于钳位电容的存在,开关 S_1 上由于振荡产生的电压尖刺被吸收,同时耦合电感上损失的能量被电容吸收,最终在之后的模态里释放出来,使整个电路的效率得到提高。之后,为了更进一步提高其电压增益,可以在前向通道中加入电感电容升压单元进行升压,升压能力提高型耦合电感高增益双向直流变换器如图 5.21 所示。

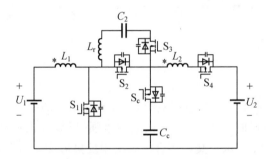

图 5.21　升压能力提高型耦合电感高增益双向直流变换器

在图 5.21 的拓扑中,开关 S_2 与 S_3 控制升压单元的充放电,在升压通道中,由耦合电感 L_1 和 L_2、电感 L_r、电容 C_2 共同进行升压。其升压能力相比图 5.20 所示拓扑大大提高。但是电路一共有 5 个开关,一个耦合电感与一个单电感,同时包括两个电容,结构较复杂且元器件较多,因此需要进行适当的简化。

图 5.22 所示高增益双向直流变换器为相对于图 5.21 简化后的结构。图 5.22(a) 将 L_1 与 L_r 耦合,去掉原耦合电感的二次侧 L_2,虽然减少了一个电感但升压能力仍然很高,同时电路结构也得到了简化。图 5.22(b) 中将 S_c、S_2 与 S_3 进行组合,简化为只使用两个开关,此时新的开关 S_c 既能用于有源钳位电路,又能代替之前的开关 S_2 作为充放电通道。最后电路结构得到了简化,一定程度上兼顾了升压能力与电路结构两方面。而对于耦合电感 L_1 与 L_2,由于在 a、b、c 三点一、二次绕组接法的不同,因此可以衍生出其他 5 种接法,其示意图如图 5.23 所示。

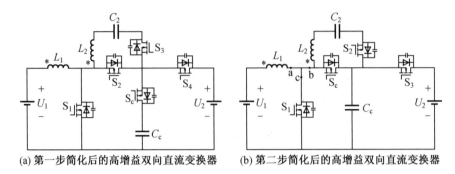

(a) 第一步简化后的高增益双向直流变换器　(b) 第二步简化后的高增益双向直流变换器

图 5.22　高增益双向直流变换器简化图

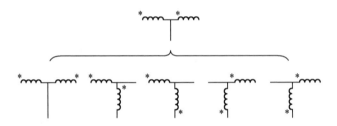

图 5.23　其他 5 种耦合电感接法示意图

　　对图 5.23 所示的不同接法进行分析,发现在衍生的接法中,第三种接法在结构类似、电压应力相似的情况下,升压能力最强,所设计出的新型高增益双向直流变换器如图 5.24 所示。其中耦合电感采用反接形式。为便于分析,在图 5.24 的拓扑图中对元器件进行重新编号与命名。

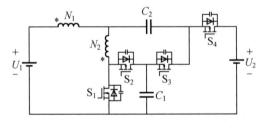

图 5.24　新型高增益双向直流变换器

5.3.2   新型高增益双向变换器原理分析与计算

在分析中,做出如下假设。

(1) 拓扑内的 4 个开关均视为理想元器件,只考虑寄生二极管的影响。

(2) 假设电容 C_1、C_2、C_L、C_H 值足够大,因此其上电压在一个开关周期内恒定。

(3) 耦合电感匝比 N 等于 N_1/N_2,耦合系数 k 等于 $L_m/(L_m+L_k)$。

1. 升压模式原理分析

首先,分析升压模式下的工作原理。在一个开关周期内,高增益双向直流变换器升压模式工作波形如图 5.25 所示,而图 5.26 所示为其各工作模态下电流路径。

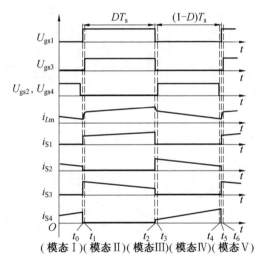

图 5.25   高增益双向直流变换器升压模式工作波形

模态 I $[t_0,t_1]$:在 t_0 时刻,开关 S_1 导通,S_3 寄生二极管续流导通,开关 S_2、S_4 关断,其电流路径如图 5.26(a) 所示。电源向励磁电感 L_m 充电,因此电流 i_{Lm} 线性上升。此时有电压 $U_1=U_{N1}+U_{N2}$(U_{N1} 为 N_1 绕组电压,U_{N2} 为 N_2 绕组电压),输出滤波电容 C_H 向负载供电。S_3 的寄生二极管续流直到该模态停止,此时 S_3 驱动信号到来,该开关导通。

模态 II $[t_1,t_2]$:在 t_1 时刻,开关 S_1 继续导通,S_3 实现零电压导通,其电流路径如图 5.26(b) 所示,电压源继续向励磁电感充电。电压 U_{N1}、U_{N2} 的关系与模态 I 一致。电容 C_1 对倍压电容 C_2 充电,因此 C_2 可以在 S_4 导通时提高电压增益。输出滤波电容 C_H 继续向负载供电,在 $t=t_2$ 时该模态结束。

模态Ⅲ$[t_2,t_3]$：在$t=t_2$时刻，开关S_1、S_3被关断，此时电路通过S_2与S_4的寄生二极管续流。该模态下，电源U_1、耦合电感、倍压电容C_2串联向C_H充电并对负载供电。此外，耦合电感一、二次侧向钳位电容C_1充电，该模态在$t=t_3$时结束。

模态Ⅳ$[t_3,t_4]$：在$t=t_3$时刻，开关S_2与S_4实现零电压导通，同时S_1与S_3继续关断，电流路径与模态Ⅲ相同。励磁电感电流i_{Lm}线性降低，漏感能量被钳位电容C_1吸收并循环利用。此时有$U_2=U_1+U_{N1}+U_{C2}$。在$t=t_4$时，S_2与S_4被关断，该模态结束。

模态Ⅴ$[t_4,t_5]$：在$t=t_4$时刻，开关$S_1 \sim S_4$同时关断，但电路通过S_2与S_4的寄生二极管续流，直到开关S_1导通，该开关周期最终结束。

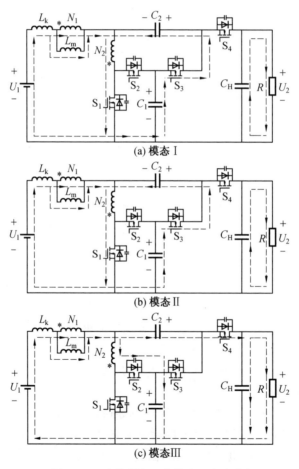

图5.26　变换器各工作模态下电流路径

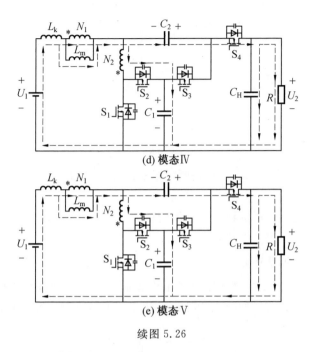

续图 5.26

2.升压模式电压增益计算

升压模式下,模态 Ⅰ、模态 Ⅲ、模态 Ⅴ 在一个开关周期内所占时间很短,因此在计算时可以忽略,只对模态 Ⅱ 与模态 Ⅳ 两个主要时间段进行分析。在模态 Ⅱ 时,由图 5.26(b) 可以得到关于电源电压 U_1、耦合电感一、二次电压 U_{N1} 和 U_{N2},以及电容 C_1 和 C_2 的关系为

$$U_{N1}^{\text{II}} - U_{N2}^{\text{II}} = U_1 \tag{5.21}$$

$$N U_{N2}^{\text{II}} = U_{N1}^{\text{II}} \tag{5.22}$$

$$U_{C2} = U_{C1} + U_{N2}^{\text{II}} \tag{5.23}$$

式中　U_{N1}^{X}、U_{N2}^{X}—— 模态 X 时耦合电感一、二次侧的电压。

在模态 Ⅳ 时,输入、输出侧电压 U_1、U_2 为

$$U_1 = U_{N2}^{\text{IV}} + U_{C1} - U_{N1}^{\text{IV}} \tag{5.24}$$

$$U_2 = U_L + U_{C2} + U_{N1}^{\text{IV}} \tag{5.25}$$

同时耦合电感电压有

$$N U_{N2}^{\text{IV}} = U_{N1}^{\text{IV}} \tag{5.26}$$

对耦合电感初级侧应用伏秒平衡原理可以得到

$$\int_0^{DT} U_{N1}^{\text{II}} \, \mathrm{d}t = \int_{DT}^{T} U_{N1}^{\text{IV}} \, \mathrm{d}t \tag{5.27}$$

联立式(5.21)～(5.27)可以得到

$$G = \frac{U_2}{U_1} = \frac{2N-1}{(N-1)(1-D)} \tag{5.28}$$

除此之外,电容 C_1、C_2 的电压为

$$U_{C2} = \frac{U_1}{N-1} + \frac{U_2(N-1)}{2N-1} \tag{5.29}$$

$$U_{C1} = \frac{U_2(N-1)}{2N-1} \tag{5.30}$$

在升压模式下,主开关 S_1 在关断时承受的电压应力为

$$U_{S1} = U_{C1} \tag{5.31}$$

因此主开关 S_1 电压被钳位到一个较低的值,可以通过选用低耐压值的开关器件从而降低导通损耗,提高电路效率。

3.降压模式原理分析

高增益双向直流变换器降压模式工作波形如图 5.27 所示,该模式下共有 7 个工作模态,其电流路径如图 5.28 所示,各模态工作原理分析如下。

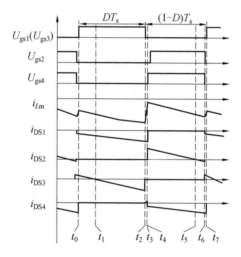

图 5.27　高增益双向直流变换器降压模式工作波形

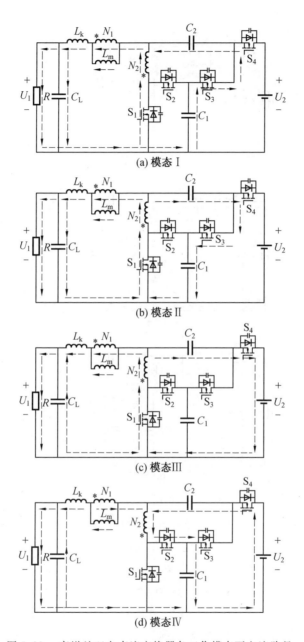

图 5.28   高增益双向直流变换器各工作模态下电流路径

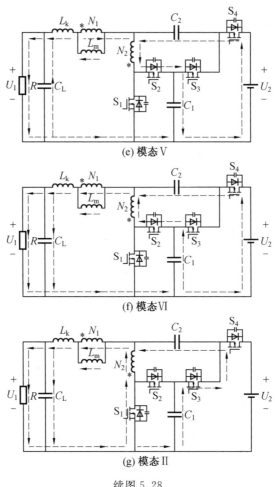

(e) 模态Ⅴ

(f) 模态Ⅵ

(g) 模态Ⅶ

续图 5.28

模态Ⅰ$[t_0,t_1]$：在 t_0 时刻，开关 S_1、S_3 实现零电压导通，S_2、S_4 被关断，其电流路径如图 5.28(a) 所示。钳位电容 C_1 向电容 C_2 充电，同时耦合电感向输出滤波电容 C_L 供电，该模态结束于 t_1 时刻。

模态Ⅱ$[t_1,t_2]$：在 t_1 时刻，开关 S_1、S_3 导通，S_2、S_4 关断，其电流路径如图 5.28(b) 所示。电容 C_2 开始向电容 C_1 充电，耦合电感上的电流路径与模态Ⅰ相同。$t=t_2$ 时该模态结束，S_1、S_3 被关断。

模态Ⅲ$[t_2,t_3]$：在 t_2 时刻，开关 S_1 ～ S_4 同时关断，其电流路径如图5.28(c) 所示。电流通过 S_1 与 S_4 的寄生二极管续流。此时，耦合电感的初级侧与输出电容 C_L 一起向负载供电。此外，电容 C_2 与耦合电感二次侧串联向电源放电。该模

态结束于 t_3 时刻。

模态 IV $[t_3,t_4]$：在 t_3 时刻，开关 S_4 实现零电压导通，$S_1 \sim S_3$ 继续关断，其电流路径如图 5.28(d) 所示。电容 C_2、励磁电感 L_m 与负载串联被高压侧电源充电，因此可以实现较强的降压能力。

模态 V $[t_4,t_5]$：在 t_4 时刻，开关 S_2 实现零电压导通，S_1、S_3 继续关断，其电流路径与模态 IV 基本相同，如图 5.28(e) 所示。在 $t=t_5$ 时，电容 C_1 上电流方向改变，该模态结束。

模态 VI $[t_5,t_6]$：在 t_5 时刻，开关 S_2、S_4 继续导通，S_1、S_3 继续关断，钳位电容 C_1 开始通过 S_2 向耦合电感充电。其电流路径如图 5.28(f) 所示。

模态 VII $[t_6,t_7]$：在 t_6 时刻，开关 S_2、S_4 被关断，电流经由 S_1 与 S_3 的寄生二极管续流，其电流路径如图 5.28(g) 所示。电容 C_1 通过 S_3 的寄生二极管向倍压电容 C_2 充电，耦合电感的初级通过 S_1 的寄生二极管侧向输出滤波电容 C_L 充电。在 $t=t_7$ 时，S_1、S_3 实现零电压导通，一个开关周期结束，进入下一个周期。

4. 降压模式电压增益计算

与升压模式类似，在降压模式下，模态 III、模态 IV、模态 VII 时间很短，因此忽略其对分析的影响，主要分析模态 I、模态 II、模态 V 和模态 VI。

如图 5.28(a)、图 5.28(b) 所示，模态 I 和模态 II 的电压关系相同，因此，在以上两个模态时有

$$U_{N1}^{I} = U_1 + U_{N2}^{I} \tag{5.32}$$

$$U_{C1} = U_{C2} - U_{N2}^{I} \tag{5.33}$$

$$NU_{N2}^{I} = U_{N1}^{I} \tag{5.34}$$

在模态 II 时有

$$U_{N1}^{II} = U_{N1}^{I} \tag{5.35}$$

而在模态 V 和模态 VI 时，又有

$$U_{N1}^{V} = U_{N1}^{VI} = U_2 - U_1 - U_{C2} \tag{5.36}$$

$$U_{N1}^{V} = U_{N1}^{VI} = nU_{N1}^{V} = nU_{N1}^{VI} \tag{5.37}$$

同时对耦合电感二次侧有

$$U_{N2}^{V} = U_2 - U_{C2} - U_{C1} \tag{5.38}$$

与升压模式分析方法类似，对耦合电感初级侧应用伏秒平衡原理，由式 (5.36) 与式 (5.38) 可以得到

$$\int_0^{(1-D)T} U_{N1}^{I} \, \mathrm{d}t = \int_{(1-D)T}^{T} U_{N1}^{V} \, \mathrm{d}t \tag{5.39}$$

将式 (5.32) ～ (5.38) 联立并代入式 (5.39)，可以得到电压增益为

$$G = \frac{U_1}{U_2} = \frac{(N-1)D}{2N-1} \tag{5.40}$$

此外,主开关 S_4 上电压应力为

$$U_{S4} = U_2 - U_{C1} \tag{5.41}$$

从式(5.41)可以看到,主开关上的电压被钳位到一个较低的值。而在一般的双向变换器中,输出侧开关电压应力一般与高压侧电压相等,而在该变换器中,可为高压侧电压减去钳位电容电压值,以提高效率。

本章参考文献

[1] LIU H C, WANG L, JI Y, et al. A novel reversal coupled inductor high-conversion-ratio bidirectional DC-DC converter[J]. IEEE Transactions on Power Electronics, 2018, 33(6):4968-4979.

[2] LIU H C, WANG L, LI F, et al. Bidirectional active clamp DC-DC converter with high conversion ratio[J]. Electronics Letters, 2017, 53(22):1483-1485.

[3] 苏冰,王玉斌,王璠,等.基于耦合电感的多相交错并联双向 DC-DC 变换器及其均流控制[J].电工技术学报,2020,35(20):4336-4349.

[4] 王懿杰,王卫,徐殿国,等.具有软开关特性的串联电容型高频高增益双向 DC-DC 变换器[J].电源学报,2020,18(5):11-18.

[5] DO H L. Nonisolated bidirectional zero-voltage-switching DC-DC converter[J]. IEEE Transactions on Power Electronics, 2011, 26(9):2563-2569.

[6] JIN K, LIU C. A novel PWM high voltage conversion ratio bidirectional three-phase DC/DC converter with Y-Delta connected transformer[J]. IEEE Transactions on Power Electronics, 2016, 31(1):81-88.

[7] 姜德来,吕征宇.应用同步整流技术实现双向 DC-DC 变换[J].电源技术应用,2005, 8(11): 9-12.

[8] WAI R J, DUAN R Y. High-efficiency bidirectional converter for power sources with great voltage diversity[J]. IEEE Transactions on Power Electronics, 2007, 22(5):1986-1996.

第 6 章

高增益双有源全桥双向 DC/DC 变换器

隔 离型双向 DC/DC 变换器拓扑具有电路结构简单、易于控制、双向
功率流能力、容易实现软开关等特点,已成为广泛研究的热点之
一。本章介绍了一种适用于宽电压范围、低电压输入应用场合的高增益
双有源全桥双向 DC/DC 变换器及其控制策略。详细介绍了该种变换器
在单移相、扩展移相及双重移相控制策略下的工作原理、功率特性与软开
关设计规则,并对三种控制策略下变换器的动态特性和静态特性进行对
比分析。

双有源全桥双向 DC/DC 变换器(图 6.1)是一种具有高功率密度、软开关技术易实现、开关频率较高等特点的隔离型双向 DC/DC 变换器,主要由两个全桥变换单元和一个高频变压器组成。原、副边一共有四个桥臂,移向控制中通过控制四个桥臂之间相移的方向及大小来得到不同的控制特性。因该变换器可控和可调量较多,故其控制方式较为灵活多变。本章将介绍三种比较典型的控制方式:单移向控制、扩展移向控制、双重移向控制,并对其工作原理、功率传输特性及软开关范围进行详细分析。最后根据理论分析,分别设计合适的参数,搭建仿真模型,验证理论分析是否合理。

　　变换器各开关均反并联了一个功率二极管,同时并联了一个寄生电容。图 6.1 中,U_i 和 U_o 是变换器两侧的直流电压源;U_{ab} 是 U_i 侧全桥的输出电压;U_p 是变压器一次侧的电压,也是二次侧电压折算到一次侧的值;变压器的变比为 $N:1$;电感 L 为变压器漏感和外串联电感之和,U_L 是电感两端电压,i_L 为流过电感的电流;D_1 为半个开关周期内两侧全桥之间的移向比,决定了变换器的功率传输方向。

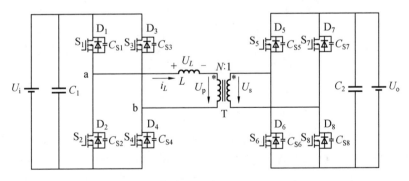

图 6.1　双有源全桥双向 DC/DC 变换器

6.1　单移相控制双向全桥 DC/DC 变换器

6.1.1　单移相控制变换器稳态工作分析

单移相控制方式下，变换器的正向工作波形如图 6.2 所示，一个开关周期可以分为 10 种工作模态。由于工作模态的对称性，主要分析前 5 种模态，其中 U_i 侧和 U_o 侧全桥之间的移相比为 D_1。

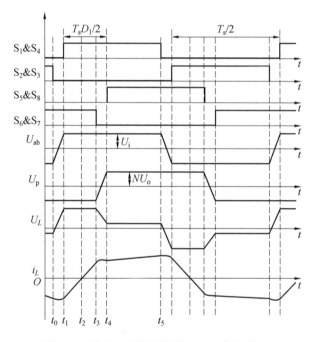

图 6.2　单移相控制变换器正向工作波形

模态 I$[t_0, t_1]$：在 t_0 时刻之前，开关 S_2 和 S_3 处于正向导通状态；在 t_0 时刻，开关 S_2 和 S_3 开始关断，其寄生电容 C_{S2} 和 C_{S3} 被充电，而寄生电容 C_{S1} 和 C_{S4} 开始放电。电感 L 和前级寄生电容谐振工作，变换器副边侧开关 S_6 和 S_7 处于开通状态。直至 C_{S2} 和 C_{S3} 的电压上升到 U_i，C_{S1} 和 C_{S4} 的电压下降到零，反并联二极管 D_1、D_4 开始导通。

模态 II$[t_1, t_2]$：反并联二极管 D_1、D_4 开始导通后，将开关 S_1 和 S_4 的端电压钳位在零，从而实现了 S_1 和 S_4 零电压导通。可以得到此阶段电感的端电压为

$$U_L = U_i + NU_o \qquad (6.1)$$

电感电流可表示为

$$i_L(t) = i_L(t_1) + \frac{U_i + NU_o}{L}(t - t_1) \quad (t_1 \leqslant t \leqslant t_2) \qquad (6.2)$$

电感处于放电状态,直至电感电流值为零时,该模态结束。

模态 Ⅲ$[t_2, t_3]$:该模态期间,电感电流大于零,开关 S_1、S_4、S_6 和 S_7 正向导通。电感处于充电状态,其电压和电流表达式和模态 Ⅱ 一致。

模态 Ⅳ$[t_3, t_4]$:在 t_3 时刻,开关 S_6 和 S_7 开始关断,其寄生电容 C_{S6} 和 C_{S7} 被充电,而寄生电容 C_{S5} 和 C_{S8} 开始放电。直至 C_{S6} 和 C_{S7} 的电压上升到 U_i,C_{S5} 和 C_{S8} 的电压下降到零,反并联二极管 D_1、D_4 开始导通。

模态 Ⅴ$[t_4, t_5]$:在 t_4 时刻,开关 S_5 和 S_8 实现零电压导通,功率在此阶段正向传输。电感两端的电压为

$$U_L = U_i - NU_o \qquad (6.3)$$

电感电流表示为

$$i_L(t) = i_L(t_4) + \frac{U_i - NU_o}{L}(t - t_4) \quad (t_4 \leqslant t \leqslant t_5) \qquad (6.4)$$

根据功率正向传输,假定两全桥电源电压满足 $U_i \geqslant NU_o$。开关周期的后 5 个模态和前 5 个模态对称,故其工作情况分析和前 5 个模态类似。

变换器反向工作时,功率从 U_i 端传输至 U_o 端,单移相控制变换器反向工作波形图如图 6.3 所示。同正向工作一样,一个开关周期可以分为 10 个模态,这里主要分析前 5 个模态。

模态 Ⅰ$[t_0, t_1]$:在 t_0 时刻,前级开关 S_2 和 S_3 开始关断,寄生电容 C_{S2} 和 C_{S3} 开始充电,而寄生电容 C_{S1} 和 C_{S4} 开始放电,使得开关 S_2 和 S_3 实现零电压关断。直至开关 S_1 和 S_4 两端的电压为零,反并联二极管 D_1、D_4 开始导通。

模态 Ⅱ$[t_1, t_2]$:二极管 D_1、D_4 导通后,开关 S_1 和 S_4 实现零电压导通。电感电压 U_L 和电流 i_L 分别为

$$U_L = U_i - NU_o \qquad (6.5)$$

$$i_L(t) = i_L(t_1) + \frac{U_i - NU_o}{L}(t - t_1) \quad (t_1 \leqslant t \leqslant t_2) \qquad (6.6)$$

模态 Ⅲ$[t_2, t_3]$:模态初期,关断信号作用于开关 S_5 和 S_8,寄生电容 C_{S5} 和 C_{S6} 开始充电,寄生电容 C_{S6} 和 C_{S7} 开始放电,从而实现了开关 S_5 和 S_8 的零电压关断。直至寄生电容 C_{S6} 和 C_{S7} 放电完毕,反并联二极管 D_6、D_7 开始导通,才能实现开关 S_6 和 S_7 零电压导通。由于寄生电容数值较小,故该过程时间很短,在定值分析时可以不做考虑。

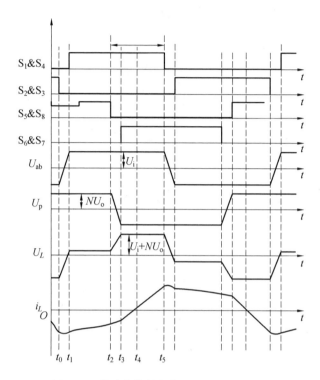

图 6.3 单移向控制变换器反向工作波形

模态 Ⅳ$[t_3,t_4]$：该模态期间，开关 S_1、S_4、S_6 和 S_7 处于反向导通状态。电感两端的电压为

$$U_L = U_i + NU_o \qquad (6.7)$$

电感流过的电流为

$$i_L(t) = i_L(t_3) + \frac{U_i + NU_o}{L}(t-t_3) \quad (t_3 \leqslant t \leqslant t_4) \qquad (6.8)$$

模态 Ⅴ$[t_4,t_5]$：从 t_4 时刻开始，电感电流 $i_L > 0$。电感充电储存能量，其两端电压和流过的电流与模态 Ⅳ 一致。

剩余模态与上述模态对称，分析类似。

6.1.2 单移相控制变换器功率特性

该部分将以功率正向传递工作方式来分析变换器的功率特性，在分析过程中，因开关导通、关断死区时间很短，故忽略。且工作模态具有对称性，故只需分析前半个周期的平均功率。

在 $[t_0, t_3]$ 时间段里,电感电流的表达式为

$$i_L(t) = i_L(t_0) + \frac{U_i + NU_o}{L}(t - t_0) \quad (t_0 \leqslant t \leqslant t_3) \tag{6.9}$$

在 $[t_3, t_5]$ 时间段里,电感电流的表达式为

$$i_L(t) = i_L(t_3) + \frac{U_i - NU_o}{L}(t - t_3) \quad (t_3 \leqslant t \leqslant t_5) \tag{6.10}$$

式中　$t_3 - t_0 \approx D_1 T, t_5 - t_3 \approx (1 - D_1)T, T = \frac{1}{2}T_s = \frac{1}{2f_s}$。

可以得到

$$i_L(t_3) = i_L(t_0) + \frac{U_i + NU_o}{L}D_1\frac{T_s}{2} \tag{6.11}$$

$$i_L(t_5) = i_L(t_3) + \frac{U_i - NU_o}{L}(1 - D_1)\frac{T_s}{2} \tag{6.12}$$

根据工作模态的对称性有

$$i_L(t_0) = -i_L(t_5) \tag{6.13}$$

所以有

$$i_L(t_0) = -i_L(t_5) = -\frac{U_i - NU_o + 2ND_1U_o}{4f_sL} \tag{6.14}$$

$$i_L(t_3) = \frac{NU_o - U_i + 2U_iD_1}{4f_sL} \tag{6.15}$$

综合上述表达式,得到 $[t_0, t_5]$ 时间段里电感电流的具体表达式为

$$i_L(t) = \begin{cases} -\dfrac{U_i - NU_o + 2ND_1U_o}{4f_sL} + \dfrac{U_i + NU_o}{L}(t - t_0) & (t_0 \leqslant t \leqslant t_3) \\[4mm] \dfrac{NU_o - U_i + 2U_iD_1}{4f_sL} + \dfrac{U_i - NU_o}{L}(t - t_3) & (t_3 \leqslant t \leqslant t_5) \end{cases} \tag{6.16}$$

当功率正向传输时,变换器的传输功率为

$$P_S = \frac{2}{T_s}\int_{t_0}^{t_5}U_{ab}i_L(t)\mathrm{d}t = \frac{NU_iU_o}{2f_sL}D_1(1 - D_1) \quad (0 \leqslant D_1 \leqslant 1) \tag{6.17}$$

同时可以得到等效电感上流过的最大电流,即 U_i 侧开关的电流应力为

$$i_{S(\max)} = i_{L(\max)} = \frac{U_i - nU_o + 2ND_1U_o}{4f_sL} \quad (0 \leqslant D_1 \leqslant 1) \tag{6.18}$$

从式(6.17)、式(6.18)可知,变换器的传输功率以及 U_i 侧的电流应力均与 U_i、U_o 侧的电压比以及全桥间的移相比相关。在计算相关参数时,应考虑电流应力关系,使得电流应力尽可能小,从而减少功率损耗,提高变换器的效率。变换

器在传输功率过程中,电感电流和 U_i 侧电压有方向相反的阶段,此时变换器的功率从 U_o 侧电源回流至 U_i 侧电源,该功率被定义为环流功率。变换器的环流功率可以表示为

$$P_{S-C} = \frac{2}{T_s}\int_{t_0}^{t_2} U_{ab}[-i_L(t)]\,\mathrm{d}t = \frac{U_i(U_i - NU_o + 2ND_1U_o)^2}{16f_sL(U_i + NU_o)} \quad (6.19)$$

环流功率会导致电子元器件的电流应力增大,且损耗也会更多,变换器效率低,所以通过调节移向比 D_1 来尽可能地减小环流功率。但当传输功率一定时,单一的控制量使得对变换器的环流功率和电流应力进行调节很不方便,所以需要寻求其他的控制策略来减小环流功率,提升变换器的效率。

同样地,可以得到变换器反向工作时的传输功率为

$$P_S = \frac{2}{T_s}\int_{t_0}^{t_5} U_{ab}i_L(t)\,\mathrm{d}t = \frac{NU_iU_o}{2f_sL}D_1(1 + D_1) \quad (-1 \leqslant D_1 \leqslant 0) \quad (6.20)$$

为了使功率分析更加简便,定义变换器电压比 $K = \dfrac{NU_o}{U_i}$,以及基准功率 $P_0 = \dfrac{NU_iU_o}{8Lf_s}$。可以得到单移相控制下变换器的传输功率标幺值为

$$P_S^* = \frac{P_S}{P_0} = 4D_1(1 - |D_1|) \quad (-1 \leqslant D_1 \leqslant 1) \quad (6.21)$$

单移向控制变换器传输功率特性曲线如图 6.4 所示。可以看出,在变换器电压变比 K 一定的情况下,变换器传输功率的方向和大小均由 U_i、U_o 两侧全桥间的移相比 D_1 决定,且同一传输功率下,移相比应选择较小的数值,以减小变换器

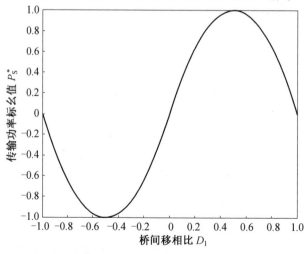

图 6.4　单移向控制变换器传输功率特性曲线

的环流功率及电流应力,提高变换器的效率。变换器的正向功率传输和反向功率传输的规律是一致的,在 $D_1 = 0.5$ 时达最大值。

6.1.3　单移相控制变换器软开关特性

软开关技术大大降低了器件的开关损耗,提升了变换器效率,但随着功率范围的变化,软开关的宽范围实现是非常重要的。在单移相控制策略下,电感电流的大小和方向对开关的软开关实现有很大影响。电感电流流过反并联二极管后,将开关电压钳位至零,从而实现开关的零电压导通。

以正向工作为例,从变换器的模态分析可知,要使 U_i 侧开关 S_1 和 S_4 零电压导通,电感电流 $i_L(t_0)$ 需小于零;同样地,要使开关 S_5 和 S_8 零电压导通,电感电流 $i_L(t_3)$ 需大于零,即

$$\begin{cases} i_L(t_0) < 0 \\ i_L(t_3) > 0 \end{cases} \tag{6.22}$$

将电流表达式(6.14)和式(6.15)代入式(6.22),可以得到

$$\begin{cases} \dfrac{U_i - NU_o + 2ND_1U_o}{4f_sL} > 0 \\ \dfrac{NU_o - U_i + 2U_iD_1}{4f_sL} > 0 \end{cases}, \quad 即 \begin{cases} D_1 > \dfrac{K-1}{2K} \\ D_1 > \dfrac{1-K}{2} \end{cases} (0 \leqslant D_1 \leqslant 1) \tag{6.23}$$

可以得到变换器反向工作时,开关实现软开关的约束条件为

$$\begin{cases} D_1 < \dfrac{1-K}{2K} \\ D_1 < \dfrac{K-1}{2} \end{cases} (-1 \leqslant D_1 \leqslant 0) \tag{6.24}$$

根据移相比 D_1 与电压比 K 的约束条件,得到单移相控制下变换器软开关实现范围曲线如图 6.5 所示。

通过分析可知,当 $K = 1$ 即 $U_i = NU_o$ 时,上式均能成立,对于不同的传输功率等级,变换器的开关均能实现零电压导通。当 $U_i \neq NU_o$ 时,通过调节变换器变比 N 和 U_i、U_o 两侧全桥之间的移相比 D_1,来满足上述条件,使得所有开关实现软开关。轻载时,开关不大容易实现零电压开关。

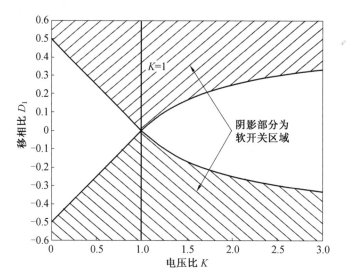

图 6.5　单移向控制下变换器软开关实现范围曲线

6.2　扩展移相控制双向全桥 DC/DC 变换器

上一节所介绍的单移相控制虽然控制较为简单,且变量也只有一个,反馈调节也比较容易实现,但功率环流现象比较严重,导致了较大的损耗,变换器的效率大大降低。本节介绍一种扩展移相控制方式,相对于单移相控制,增加了 U_i 侧桥臂间的移相角变量。该种控制方式一定程度上减小了环流功率,降低了系统损耗,提高了变换器的效率。

6.2.1　扩展移相控制变换器稳态工作分析

分析以变换器工作在稳定状态为前提,在 $0 \leqslant D_2 \leqslant D_1 \leqslant 1$ 情况下,扩展移相控制变换器工作波形如图 6.6 所示,U_i 侧和 U_o 侧全桥之间的移相比为 D_1,一次侧全桥的内移相比为 D_2。一个开关周期内,共有 14 个工作模态。

模态 $I[t_0, t_1]$:在 t_0 时刻之前,一次侧开关 S_2 和 S_3 处于导通状态;在 t_0 时刻,开关 S_2 开始关断,一次侧电流 i_L 从 S_2 中转移到寄生电容 C_{S2} 和 C_{S1} 支路中,C_{S2} 充电,C_{S1} 放电,实现了 S_2 零电压关断。直至 C_{S1} 的电压下降到零,开关 S_1 的反并联二极管 D_1 自然导通。

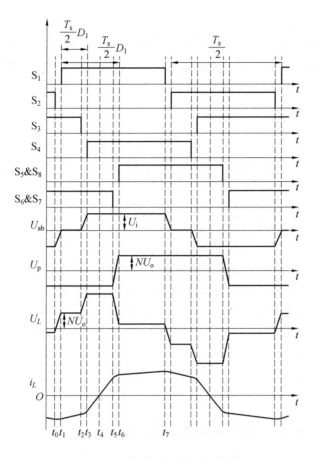

图 6.6　扩展移向控制变换器工作波形图

模态 Ⅱ $[t_1,t_2]$：D_1 导通后，开关 S_1 则是零电压导通，电感电流通过开关 S_1 和 S_3 续流，二次侧开关 S_6 和 S_7 反向导通，且给电源 U_2 充电。电感电压的表达式为

$$U_L = NU_o \qquad (6.25)$$

故电感电流为

$$i_L(t) = i_L(t_1) + \frac{NU_o}{L}(t - t_1) \quad (t_1 \leqslant t \leqslant t_2) \qquad (6.26)$$

模态 Ⅲ $[t_2,t_3]$：在 t_2 时刻，开关 S_3 开始关断，寄生电容 C_{S3} 开始充电，寄生电容 C_{S4} 开始放电。开关 S_3 的电压从零开始上升，故 S_3 是零电压关断。电感 L 和电容 C_{S3}、C_{S4} 谐振工作，当 C_{S4} 端电压下降到零时，开关 S_4 的反并联二极管 D_4 自

然导通。

模态 IV[t_3,t_4]：开关 S_4 的反并联二极管 D_4 导通后，将 S_4 的电压钳位在零，实现了开关 S_4 零电压导通。电感通过 S_1 和 S_4 向电源 U_i 充电，其两端电压为

$$U_L = U_i + NU_o \qquad (6.27)$$

电感电流表达式为

$$i_L(t) = i_L(t_3) + \frac{U_i + NU_o}{L}(t - t_3) \quad (t_3 \leqslant t \leqslant t_4) \qquad (6.28)$$

模态 V[t_4,t_5]：t_4 时刻开始，电感电流 $i_L > 0$。电感储存能量，其电压和电流表达式如模态 IV。

模态 VI[t_5,t_6]：在 t_5 时刻，开关 S_6 和 S_7 开始关断。寄生电容 C_{S6} 和 C_{S7} 开始充电，寄生电容 C_{S5} 和 C_{S8} 开始放电，从而实现了开关 S_6 和 S_7 的零电压关断。当 C_{S5} 和 C_{S8} 端电压下降到零时，开关 S_5、S_8 的反并联二极管 D_5、D_8 自然导通。

模态 VII[t_6,t_7]：反并联二极管 D_5、D_8 导通后，实现了开关 S_5 和 S_8 零电压导通。电感能量向电源 U_o 传递，电感电流 i_L 表达式为

$$i_L(t) = i_L(t_6) + \frac{U_i - NU_o}{L}(t - t_6) \quad (t_6 \leqslant t \leqslant t_7) \qquad (6.29)$$

由于变换器稳态工作时，其工作模态具有对称性，因此一个开关周期的剩余模态分析与前 7 个模态类似。

6.2.2　扩展移相控制变换器功率特性

为了简化分析，忽略开关的死区时间，且以功率从 U_i 侧传输至 U_o 侧，在 $0 \leqslant D_2 \leqslant D_1 \leqslant 1$ 情况下分析变换器的功率特性。

与单移相控制分析类似，可以得到

$$i_L(t) = i_L(t_0) + \frac{NU_o}{L}(t - t_0) \quad (t_0 \leqslant t \leqslant t_2) \qquad (6.30)$$

$$i_L(t) = i_L(t_2) + \frac{U_i + NU_o}{L}(t - t_2) \quad (t_2 \leqslant t \leqslant t_5) \qquad (6.31)$$

$$i_L(t) = i_L(t_5) + \frac{U_i - NU_o}{L}(t - t_5) \quad (t_5 \leqslant t \leqslant t_7) \qquad (6.32)$$

式中

$$t_2 - t_0 \approx D_2 T, \quad t_5 - t_2 \approx (D_1 - D_2) T$$

$$t_7 - t_5 \approx (1 - D_1) T, \quad T = \frac{1}{2} T_s = \frac{1}{2f_s}$$

综合上述式子以及 $i_L(t_0) = -i_L(t_7)$，可以得到

$$\begin{cases} i_L(t_0) = -\dfrac{U_i(1 - D_2) + NU_o(2D_1 - 1)}{4f_sL} \\[2mm] i_L(t_2) = \dfrac{U_i(D_2 - 1) + NU_o(2D_2 - 2D_1 + 1)}{4f_sL} \\[2mm] i_L(t_5) = \dfrac{U_i(2D_1 - D_2 - 1) + NU_o}{4f_sL} \end{cases} \tag{6.33}$$

进而可以计算出扩展移向控制方式下，变换器的传输功率为

$$P_E = \frac{2}{T_s} \int_{t_0}^{t_7} U_{ab} i_L(t) \mathrm{d}t = \frac{NU_iU_o}{4f_sL}(2D_1 - 2D_1^2 + 2D_1D_2 - D_2^2 - D_2) \tag{6.34}$$

变换器的环流功率为

$$P_{E-C} = \frac{2}{T_s} \int_{t_2}^{t_4} U_{ab}[-i_L(t)] \mathrm{d}t = \frac{U_i[U_i(1 - D_2) + NU_o(2D_1 - 2D_2 - 1)]^2}{16f_sL(U_i + nU_o)}$$

$$\tag{6.35}$$

流过变换器等效电感的最大电流，即开关的电流应力为

$$i_{E(max)} = i_{L(max)} = \frac{U_i(1 - D_2) + NU_o(2D_1 - 1)}{4f_sL} \tag{6.36}$$

同样地，定义变换器电压比为 $K = \dfrac{NU_o}{U_i}$，以及基准功率为 $P_0 = \dfrac{NU_iU_o}{8Lf_s}$，可以得到扩展移相控制下变换器的传输功率标幺值为

$$P_E^* = \frac{P_E}{P_0} = 2(2D_1 - 2D_1^2 + 2D_1D_2 - D_2^2 - D_2) \tag{6.37}$$

扩展移相控制变换器传输功率特性曲线如图 6.7 所示，可以看出，与单移相控制相比，变换器传输功率的调节范围大大增加，调节更加灵活。同一传输功率时，与单移相控制相比，可选择参数 D_1、D_2 更多，更加容易减小环流功率，进而减小变换器的功率损耗和电流应力，提高系统效率。

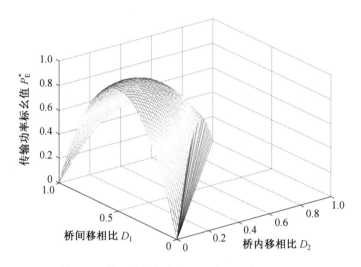

图 6.7　扩展移相控制变换器传输功率特性曲线

6.2.3　扩展移相控制变换器软开关特性

6.1.3 中,分析了单移相控制下变换器的软开关特性,可知在一定的取值条件下,变换器并不一定能全部实现软开关。在扩展移相控制策略下,多了一个调节变量,开关的零电压导通由更多因素决定。下面以 $0 \leqslant D_2 \leqslant D_1 \leqslant 1$ 为例,在不考虑死区时间的前提下,根据变换器工作原理分析得到,当 $i_L(t_0) < 0$ 时,能实现开关 S_1 零电压导通,同理得到其他开关的零电压导通条件为

$$\begin{cases} i_L(t_0) < 0 & (S_1 \backslash S_2 \text{ ZVS}) \\ i_L(t_2) < 0 & (S_3 \backslash S_4 \text{ ZVS}) \\ i_L(t_5) > 0 & (S_5 \sim S_8 \text{ ZVS}) \end{cases} \tag{6.38}$$

即

$$\begin{cases} U_i(1 - D_2) + NU_o(2D_1 - 1) > 0 \\ U_i(D_2 - 1) + NU_o(2D_2 - 2D_1 + 1) < 0 \\ U_i(2D_1 - D_2 - 1) + NU_o > 0 \end{cases} \tag{6.39}$$

得到开关零电压导通的约束条件为

$$\begin{cases} D_1 > \dfrac{D_2 + K - 1}{2K} \\ D_1 > \dfrac{(1 + 2K)D_2 + K - 1}{2K} \quad \left(K = \dfrac{NU_o}{U_i} \right) \\ D_1 > \dfrac{D_2 - K + 1}{2} \end{cases} \tag{6.40}$$

6.3　双重移相控制双向全桥 DC/DC 变换器

6.3.1　双重移相控制下变换器稳态工作分析

双重移相控制在扩展移相控制的基础上,增加了 U_o 侧桥臂之间的移相角,且和 U_i 侧桥臂之间的移相角相等。双重移相控制变换器工作波形图如图 6.8 所示,U_i 侧和 U_o 侧全桥之间的移相比为 D_1,U_i 侧全桥的内移相比为 D_2,U_o 侧全桥的内移相比也为 D_2。不考虑死区时间分析变换器的工作原理,在一个开关周期内,变换器共有 10 个工作模态。

模态 I $[t_0,t_1]$:该时间段,一次侧开关 S_1 和 S_3 导通,电感通过其续流。二次侧开关 S_6 和 S_7 处于导通状态,且向电源 U_o 充电。电感电压的表达式为

$$U_L = NU_\text{o} \tag{6.41}$$

电感电流的表达式为

$$i_L(t) = i_L(t_0) + \frac{NU_\text{o}}{L}(t-t_0) \quad (t_0 \leqslant t \leqslant t_1) \tag{6.42}$$

模态 II $[t_1,t_2]$:开关 S_1 仍在导通,S_3 关断,S_4 开始导通。此时电感电流仍小于零,故电感向一次侧和二次侧放电。电感电压和电感电流分别为

$$U_L = U_\text{i} + NU_\text{o} \tag{6.43}$$

$$i_L(t) = i_L(t_1) + \frac{U_\text{i} + NU_\text{o}}{L}(t-t_1) \quad (t_1 \leqslant t \leqslant t_2) \tag{6.44}$$

模态 III $[t_2,t_3]$:从 t_2 时刻起,电感电流大于零,开关 S_1、S_4、S_6、S_7 处于导通状态,一、二次侧电源均给电感充电。电感电压和电感电流表达式和模态 II 相同。

模态 IV $[t_3,t_4]$:模态初始,开关 S_6 关断,S_5 开始导通,二次侧通过 S_5、S_7 进行续流,一次侧仍向电感充电。电感电压的表达式为

$$U_L = NU_\text{o} \tag{6.45}$$

电感电流的表达式为

$$i_L(t) = i_L(t_3) + \frac{U_\text{i}}{L}(t-t_3) \quad (t_3 \leqslant t \leqslant t_4) \tag{6.46}$$

模态 V $[t_4,t_5]$:在 t_4 时刻,开关 S_1、S_4 和 S_5 仍处于导通状态,S_8 导通,S_7 关断。电感电压和电感电流分别为

$$U_L = U_\text{i} - NU_\text{o} \tag{6.47}$$

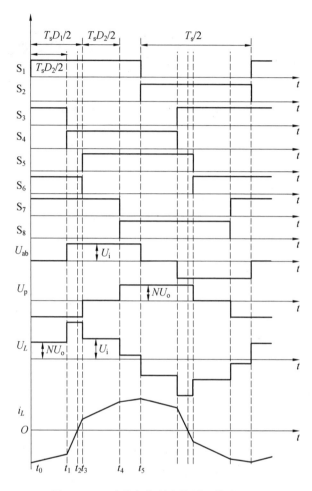

图 6.8　双重移向控制变换器工作波形图

$$i_L(t) = i_L(t_4) + \frac{U_i - NU_o}{L}(t - t_4) \quad (t_4 \leqslant t \leqslant t_5) \tag{6.48}$$

剩余模态分析与上述模态分析类似。

6.3.2　双重移相控制变换器功率特性

基于图 6.8,以 $0 \leqslant D_2 \leqslant D_1 \leqslant 1$ 为例,对双重移相控制下变换器的传输功率及环流功率进行分析,得到变换器的电流应力表达式。与之前的分析方法类似,半个开关周期内,得到每个模态过程的时间为

$$t_1 - t_0 \approx D_2 T$$
$$t_3 - t_1 \approx (D_1 - D_2)T$$
$$t_4 - t_3 \approx D_2 T$$
$$t_5 - t_4 \approx (1 - D_1 - D_2)T$$
$$T = \frac{1}{2}T_s = \frac{1}{2f_s}$$

可以计算出各个模态切换时刻流过等效电感的电流 $i_L(t)$ 为

$$\begin{cases} i_L(t_1) = i_L(t_0) + \dfrac{NU_oD_2}{2f_sL} \\[3mm] i_L(t_3) = i_L(t_1) + \dfrac{(U_i + NU_o)(D_1 - D_2)}{2f_sL} \\[3mm] i_L(t_4) = i_L(t_3) + \dfrac{U_iD_2}{2f_sL} \\[3mm] i_L(t_5) = i_L(t_4) + \dfrac{(U_i - NU_o)(1 - D_1 - D_2)}{2f_sL} \end{cases} \tag{6.49}$$

根据变换器工作模态的对称性有

$$i_L(t_0) = -i_L(t_5)$$

进而计算可得

$$\begin{cases} i_L(t_0) = -\dfrac{U_i(1 - D_2) + NU_o(2D_1 + D_2 - 1)}{4f_sL} \\[3mm] i_L(t_1) = -\dfrac{U_i(1 - D_2) + NU_o(2D_1 - D_2 - 1)}{4f_sL} \\[3mm] i_L(t_3) = \dfrac{U_i(2D_1 - D_2 - 1) + NU_o(1 - D_2)}{4f_sL} \\[3mm] i_L(t_4) = \dfrac{U_i(2D_1 + D_2 - 1) + NU_o(1 - D_2)}{4f_sL} \end{cases} \tag{6.50}$$

得到该控制方式下变换器的传输功率为

$$P_D = \frac{2}{T_s}\int_{t_0}^{t_5} U_{ab}i_L(t)\,\mathrm{d}t = \frac{NU_iU_o}{4f_sL}(2D_1 - 2D_1^2 - D_2^2) \tag{6.51}$$

同样地，得到变换器工作过程中的环流功率以及流过 U_i 侧开关的电流应力为

$$P_{D-C} = \frac{2}{T_s}\int_{t_1}^{t_2} U_{ab}[-i_L(t)]\,\mathrm{d}t = \frac{U_i[U_i(1 - D_2) + NU_o(2D_1 - D_2 - 1)]^2}{16f_sL(U_i + nU_o)}$$

$$\tag{6.52}$$

$$i_{D(\max)} = i_{L(\max)} = \frac{U_i(1 - D_2) + NU_o(2D_1 + D_2 - 1)}{4f_sL} \tag{6.53}$$

类似上述分析,可以计算出 $0 \leqslant D_1 < D_2 \leqslant 1$ 情况下变换器的传输功率为

$$P_D = \frac{2}{T_s} \int_{t_0}^{t_5} U_{ab} i_L(t) \mathrm{d}t = \frac{NU_i U_o}{4f_s L}(2D_1 - D_1^2 - 2D_1 D_2) \qquad (6.54)$$

为了分析更加直观,取变换器电压比为 $K = \dfrac{NU_o}{U_i}$,以及功率基准值为 $P_0 = \dfrac{NU_i U_o}{8Lf_s}$,得到变换器的传输功率标幺值为

$$P_D^* = \begin{cases} 4D_1 - 4D_1^2 - 2D_2^2 & (0 \leqslant D_2 \leqslant D_1 \leqslant 1) \\ 4D_1 - 2D_1^2 - 4D_1 D_2 & (0 \leqslant D_1 < D_2 \leqslant 1) \end{cases} \qquad (6.55)$$

双重移相控制变换器传输功率特性曲线如图 6.9 所示。可以看出,全桥桥臂间的内移相比 D_2 参数的增加扩大了变换器的传输功率范围,使得变换器的功率调节更加灵活方便。

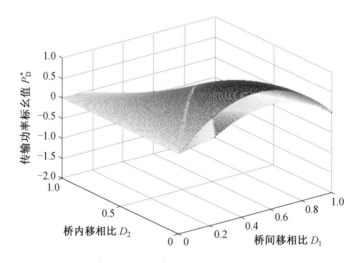

图 6.9　双重移相控制变换器传输功率特性曲线

6.3.3　双重移相控制变换器软开关特性

开关的软开关实现有利于提高变换器的效率,能够提高开关频率,使得变换器的体积更小,模块化程度更高。本部分分析了双重移相控制下双有源全桥双向 DC/DC 变换器的软开关实现条件,为满足零电压开通,需要充足的能量给开关的寄生电容进行充电和放电。为使分析更加简便,忽略开关的死区时间,在 $0 \leqslant D_2 \leqslant D_1 \leqslant 1$ 情形下,根据图 6.9 可知双重移相控制下变换器的软开关条件为

$$\begin{cases} i_L(t_0) < 0 & (S_1 \text{、} S_2 \text{ ZVS}) \\ i_L(t_1) < 0 & (S_3 \text{、} S_4 \text{ ZVS}) \\ i_L(t_3) > 0 & (S_5 \text{、} S_6 \text{ ZVS}) \\ i_L(t_4) > 0 & (S_7 \text{、} S_8 \text{ ZVS}) \end{cases} \tag{6.56}$$

即

$$\begin{cases} U_i(1 - D_2) + NU_o(2D_1 + D_2 - 1) > 0 \\ U_i(1 - D_2) + NU_o(2D_1 - D_2 - 1) > 0 \\ U_i(2D_1 - D_2 - 1) + NU_o(1 - D_2) > 0 \\ U_i(2D_1 + D_2 - 1) + NU_o(1 - D_2) > 0 \end{cases} \tag{6.57}$$

进一步整理得到

$$\begin{cases} D_1 > \dfrac{(1 - K)(D_2 - 1)}{2K} \\ D_1 > \dfrac{(1 + K)D_2 + K - 1}{2K} \\ D_1 > \dfrac{(1 + K)D_2 - K + 1}{2} \\ D_1 > \dfrac{(K - 1)(D_2 - 1)}{2} \end{cases} \quad \left(K = \dfrac{NU_o}{U_i} \right) \tag{6.58}$$

6.4　三种控制方式下变换器特性比较分析

6.1～6.3 节详细分析了双有源全桥双向 DC/DC 变换器在单移相控制、扩展移相控制及双重移相控制方式下的工作原理、功率特性与软开关约束条件。本节比较分析三种控制方式下的传输功率范围、环流功率及电流应力，并通过仿真验证理论分析的合理性与正确性。

单移相控制下变换器的传输功率和环流功率为

$$\begin{cases} P_s = \dfrac{NU_i U_o}{2f_s L} D_1(1 - D_1) \\ P_{s\text{-}c} = \dfrac{U_i(U_i - NU_o + 2ND_1 U_o)^2}{16f_s L(U_i + NU_o)} \end{cases} \quad (0 \leqslant D_1 \leqslant 1) \tag{6.59}$$

扩展移相控制下变换器的传输功率和环流功率为

$$\begin{cases} P_{\mathrm{E}}=\dfrac{NU_iU_o}{4f_sL}(2D_1-2D_1^2+2D_1D_2-D_2^2-D_2) \\ P_{\mathrm{E-C}}=\dfrac{U_i\left[U_i(1-D_2)+NU_o(2D_1-2D_2-1)\right]^2}{16f_sL(U_i+NU_o)} \end{cases} (0\leqslant D_2\leqslant D_1\leqslant 1)$$

(6.60)

双重移相控制下变换器的传输功率和环流功率为

$$\begin{cases} P_{\mathrm{D}}=\dfrac{NU_iU_o}{4f_sL}(2D_1-2D_1^2-D_2^2) \\ P_{\mathrm{D-C}}=\dfrac{U_i\left[U_i(1-D_2)+NU_o(2D_1-D_2-1)\right]^2}{16f_sL(U_i+NU_o)} \end{cases} (0\leqslant D_2\leqslant D_1\leqslant 1)$$

(6.61)

以 $P_0=\dfrac{NU_iU_o}{8Lf_s}$ 为基准功率,将 P_{S} 和 P_{E} 标幺值化并表示到二维图中有

$$\begin{cases} P_{\mathrm{S}}^*=4D_1(1-D_1) & (0\leqslant D_1\leqslant 1) \\ P_{\mathrm{E(max)}}^*=\begin{cases}4D_1(1-D_1) & (0\leqslant D_1\leqslant 0.5)\\ 2D_1(1-D_1)+0.5 & (0.5\leqslant D_1\leqslant 1)\end{cases} \\ P_{\mathrm{E(min)}}^*=2D_1(1-D_1) & (0\leqslant D_1\leqslant 1) \end{cases}$$

(6.62)

同理得到

$$\begin{cases} P_{\mathrm{S}}^*=4D_1(1-D_1) \\ P_{\mathrm{D(max)}}^*=4D_1(1-D_1) & (0\leqslant D_1\leqslant 1) \\ P_{\mathrm{D(min)}}^*=2D_1(2-3D_1) \end{cases}$$

(6.63)

图 6.10、图 6.11 所示分别为单移相控制与扩展移相控制和单移相控制与双重移相控制下变换器的传输功率范围,可以明显看出,扩展移相控制和双重移相控制都使得功率调节更加灵活方便,同一传输功率可以由多种调节方式满足。扩展移相控制和双重移相控制对于减少环流功率和降低电压应力起着显著作用。

取变换器电压比为 $K=\dfrac{NU_o}{U_i}$,以 $P_0=\dfrac{NU_iU_o}{8Lf_s}$ 为基准功率,将 $P_{\mathrm{S-C}}$、$P_{\mathrm{E-C}}$ 和 $P_{\mathrm{D-C}}$ 标幺值化为

$$\begin{cases} P_{\mathrm{S-C}}^*=\dfrac{(1-K+2KD_1)^2}{2K(1+K)} \\ P_{\mathrm{E-C}}^*=\dfrac{\left[(1-D_2)+K(2D_1-2D_2-1)\right]^2}{2K(1+k)} \\ P_{\mathrm{D-C}}^*=\dfrac{\left[(1-D_2)+K(2D_1-D_2-1)\right]^2}{2K(1+K)} \end{cases}$$

(6.64)

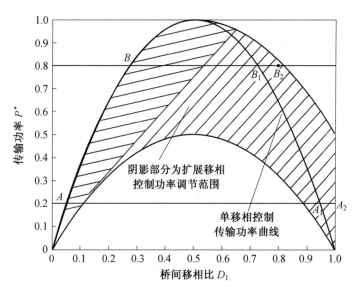

图 6.10　单移相控制与扩展移相控制下变换器的传输功率范围

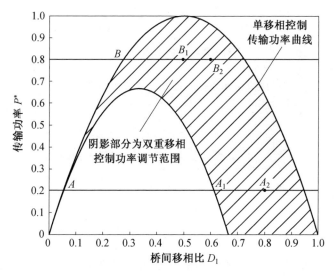

图 6.11　单移相控制与双重移相控制下变换器传输功率范围

　　选定 P^* =0.2、0.8 不同的传输功率点,对不同控制策略下的环流功率进行比较分析,如图 6.12 所示。在同等功率下,扩展移相控制和双重移相控制的环流功率均降低,变换器的损耗减小,效率得到了提高。

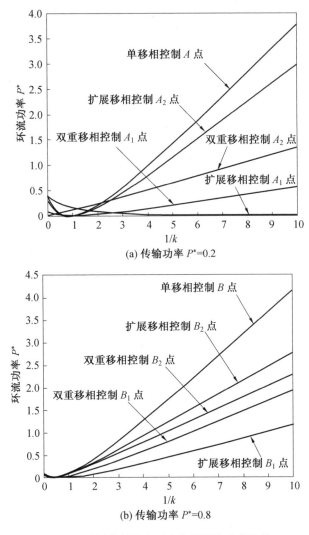

图 6.12　不同控制策略下变换器环流功率比较

电流应力的对比分析与环流功率类似,取变换器电压比为 $K = \dfrac{NU_o}{U_i}$,以 $P_0 = \dfrac{U_o}{8Lf_s}$ 为基准功率,不同控制策略下变换器电流应力比较如图 6.13 所示,可以看出双重移相控制和扩展移相控制的电流应力均比单移相控制小。

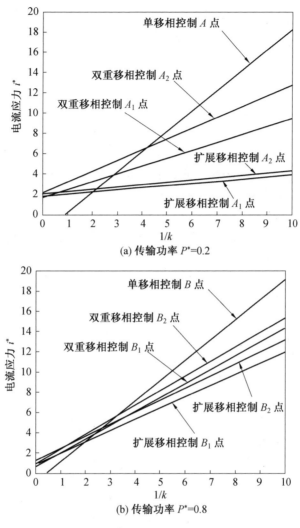

图 6.13　不同控制策略下变换器电流应力比较

本章参考文献

[1] JIANG C，LIU H. A novel interleaved parallel bidirectional dualactive-bridge DC-DC converter with coupled inductor for more-electric aircraft[J]. IEEE Transactions on Industrial Electronics，

2021，68(2)：1759-1768.

[2] MALEK A，VARJANI A Y. A novel coupled-inductor soft-switching bidirectional DC-DC converter with high voltage conversion ratio[C]. Tehran，Iran：2020 11th Power Electronics，Drive Systems，and Technologies Conference,2020：1-6.

[3] UCHIDA T, ISHIZUKA Y, YAMASHITA D，et al. A control method of dual active bridge DC/DC converters maintaining soft-switching at different voltage ratio[C]. New Orleans，LA：2020 IEEE Applied Power Electronics Conference and Exposition，2020：3364-3370.

[4] HOU N, LI Y W. Overview and comparison of modulation and control strategies for a nonresonant single-phase dual-active-bridge DC-DC converter[J]. IEEE Transactions on Power Electronics,2019，35(3)：3148-3172.

第 7 章

交错并联耦合电感双向 DC/DC 变换器

本章利用耦合电感的升压特性,介绍了交错并联耦合电感 DC/DC 变换器,在相同变压器匝比情况下,该变换器具有更大的输出功率范围。为了进一步提高变换器性能,本章介绍了一种交错并联正激反激 DC/DC 变换器,并分别对其各个工作模态和器件压力进行了分析。两种新型的变换器可以很好地解决低压侧稳压电容过大的问题,同时在一定程度上可减小变换器的功率损耗,提高变换器的响应速度。

7.1　采用耦合电感的双向 DC/DC 变换器

　　交错并联耦合电感双向 DC/DC 变换器(图 7.1)是近几年研究得比较多的一种新型 DC/DC 变换器,现有文献中主要用该变换器实现 Boost 功能,而实际上,用它来实现电压的双向变换也是可行的。本章全面分析交错并联耦合电感双向 DC/DC 变换器在单移相控制加交错并联控制方式下的稳态工作原理和工作模态,并分析变换器的功率特性,分析不同电压比下的软开关范围;改变其控制策略,在新的控制策略下分析推导变换器的工作原理,并分析其功率特性、电感电流值以及软开关实现条件。在满足软开关的条件下,当传输功率相等时,以电感电流有效值最小为目标得到移相角和占空比之间的关系。

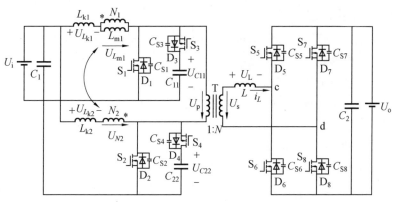

图 7.1　交错并联耦合电感双向 DC/DC 变换器

　　交错并联耦合电感正激反激双向 DC/DC 变换器如图 7.2 所示,其主要由一个快速反应的逆变模块和一个全桥整流模块组成,两个主开关 S_1 和 S_2 交错工作来分流输入侧的大电流,两个有源钳位电路由两个辅助的开关 S_{11} 和 S_{22}、两个钳位电容 C_{11} 和 C_{22} 组成,主要用来循环漏感能量,同时保证主开关的关断电压恒定。该变换器中还包括两个耦合电感,以实现变压功能,L_k 是两个耦合电感等效到二次侧的电感总和,N 是耦合电感的变压比。通过在主开关和辅助开关的驱动之间设置死区,这样逆变模块的开关都可以实现零电压关断。

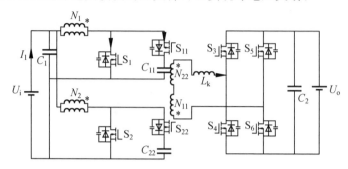

图 7.2　交错并联耦合电感正激反激双向 DC/DC 变换器

7.2　交错并联耦合电感双向 DC/DC 变换器的分析

7.2.1　交错并联耦合电感双向 DC/DC 变换器单移相控制分析

1.反向工作模态

在单移相控制下,功率反向传输,即由 U_o 侧传至 U_i 侧,交错并联耦合电感双向 DC/DC 变换器的反向工作模态如图 7.3 所示。假定此时变换器已处于稳定运行状态,变换器的工作模态如下。

模态 $\mathrm{I}[t_0,t_1]$:从 t_0 时刻起,交错并联结构中开关 S_1、S_4 开始导通,U_o 侧全桥开关 S_6、S_7 仍处于导通状态。能量从 U_o 侧流向 U_i 侧,耦合电感 N_1 侧给电容 C_1 充电,U_o 侧电容 C_2 和电感 L 通过变压器 U_p 侧向耦合电感 N_2 侧、稳压电容 C_{22} 及电容 C_1 充电。流过电感 L 的电流为

$$i_L(t) = i_L(t_0) - \frac{NU_{C22} - U_o}{L}(t - t_0) \tag{7.1}$$

且有如下电压等式成立:

$$U_{L_{k1}} + (-U_{N_2}) = U_i \tag{7.2}$$

$$U_{L_{k2}} + U_{N_2} + U_{C22} = U_i \tag{7.3}$$

$$U_p = -U_{C22} \tag{7.4}$$

模态 $\mathrm{II}[t_1,t_2]$:模态初始,给变换器后级开关 S_6、S_7 关断信号,其寄生电容开

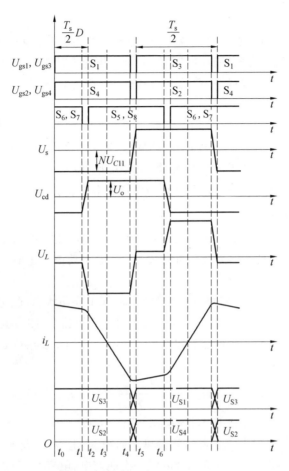

图 7.3   单移相控制下交错并联耦合电感双向 DC/DC 变换器的反向工作模态

始被充电,同时开关 S_5、S_8 的寄生电容 C_{S5}、C_{S8} 开始放电直至电压为零。寄生电容 C_{S5}、C_{S8} 放电结束,电流开始流经二极管 D_5、D_8。该模态过程中,交错并联部分运行原理与模态 I 一致。

模态 III $[t_2, t_3]$:电流流经二极管 D_5、D_8 后,开关 S_5、S_8 的电压被钳位至零,此时给开关 S_5、S_8 导通信号,使其实现零电压导通。电感 L 向变压器 U_s 侧、电容 C_2 充电。该模态过程中,电感 L 两端的电压为

$$U_L = -NU_{C22} - U_o \tag{7.5}$$

流过电感 L 的电流为

$$i_L(t) = i_L(t_2) - \frac{NU_{C22} + U_o}{L}(t - t_2) \tag{7.6}$$

电压关系如式(7.2)~(7.4)所示。

模态 IV$[t_3,t_4]$：t_3 时刻，电感电流 $i_L(t)$ 为零。此后 $i_L(t)$ 反向增大，变压器 U_s 侧、电容 C_2 给电感 L 充电，稳压电容 C_{22} 给耦合电感 N_2 侧、U_i 侧电容 C_1 充电；耦合电感 N_1 侧与稳压电容 C_{22} 一起给变压器 U_p 侧、电容 C_1 充电。电感电流及电压关系式同模态 III。

模态 V$[t_4,t_5]$：给开关 S_1、S_4 关断信号，其寄生电容 C_{S1}、C_{S4} 电荷增加，同时开关 S_2、S_3 的寄生电容 C_{S2}、C_{S3} 的电荷被抽走。当 C_{S2} 电压为零时，寄生二极管 D_2、D_3 正向偏置，从而能够实现开关 S_2、S_3 的零电压开通。

剩余 5 个模态与前半周期对称，分析与上述模态类似。

2. 正向工作模态

当变换器正向工作，即能量由 U_i 侧传输至 U_o 侧时，变换器的正向工作模态如图 7.4 所示，此时变换器的后级全桥开关 S_5、S_8 的驱动信号超前开关 S_1、S_4，变换器的详细工作模态如下。

模态 I$[t_0,t_1]$：在此模态过程中，开关 S_1、S_4 处于导通状态，此时后级全桥开关 S_5、S_8 也导通。电感 L 向电容 C_2 放电，同时通过变压器 U_p 侧给电容 C_{22} 充电，此时电容 C_1 与耦合电感二次侧也给电容 C_{22} 充电，电容 C_1 还给耦合电感一次侧充电。此模态下，电感电流为

$$i_L(t)=i_L(t_0)-\frac{NU_{C22}+U_o}{L}(t-t_0) \tag{7.7}$$

电压关系如式(7.2)~(7.4)所示，该模态结束于 $i_L(t)=0$。

模态 II$[t_1,t_2]$：电感电流在此时间段里反向增加，电容 C_2 及变压器 U_p 侧的能量传递至电感 L。电容 C_1 仍给耦合电感一次侧充电，电容 C_1 和耦合电感二次侧向变压器 U_p 侧放电。该模态过程中电感电流及电压关系式同模态 I。

模态 III$[t_2,t_3]$：开关 S_5、S_8 在模态初始被关断，其并联的寄生电容 C_{S5}、C_{S8} 开始被充电，此时开关 S_6、S_7 的寄生电容 C_{S6}、C_{S7} 开始放电。直至电容 C_{S6}、C_{S7} 的电压为零，C_{S5}、C_{S8} 的电压被充电至 U_o，电流开始流经二极管 D_6、D_7，从而实现开关 S_6、S_7 零电压导通。

模态 IV$[t_3,t_4]$：在此模态过程中，开关 S_6、S_7 导通，能量由 U_i 侧传输至 U_o 侧，此时电感 L 和电容 C_2 被充电，电容 C_1 仍给耦合电感一次侧充电，电容 C_1、耦合电感二次侧以及稳压电容 C_{22} 向变压器 U_p 侧放电。流经电感 L 的电流表达式为

$$i_L(t)=i_L(t_3)-\frac{NU_{C22}-U_o}{L}(t-t_3) \tag{7.8}$$

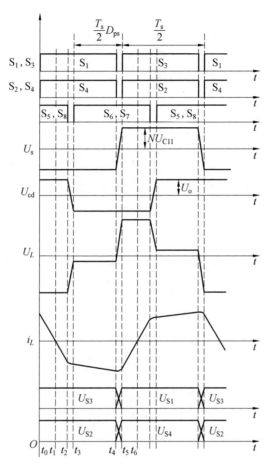

图 7.4　单移相控制下交错并联耦合电感双向 DC/DC 变换器的正向工作模态

模态 V$[t_4, t_5]$：从 t_4 时刻起，给开关 S_1、S_4 关断控制信号，其寄生电容被充电，同时开关 S_2、S_3 的寄生电容 C_{S2}、C_{S3} 的电荷被移走。当 C_{S2} 电压等于零时，二极管 D_2、D_3 正向偏置。

由于变换器工作模态具有对称性，因此剩余模态与上述模态分析类似。

在功率反向传输情况下，如图 7.3 所示，对交错并联耦合电感双向 DC/DC 变换器的传输功率特性进行分析。在分析过程中，不考虑控制信号的死区时间。

由模态分析可知

$$t_2 - t_0 \approx \frac{T_s}{2} D_{ps}$$

$$t_5 - t_2 \approx (1 - D_{ps}) \frac{T_s}{2}$$

$$T_s = \frac{1}{f_s}$$

且有

$$i_L(t) = i_L(t_0) - \frac{NU_{C22} - U_o}{L}(t - t_0) \quad (t_0 \leqslant t \leqslant t_2) \qquad (7.9)$$

$$i_L(t) = i_L(t_2) - \frac{NU_{C22} + U_o}{L}(t - t_2) \quad (t_2 \leqslant t \leqslant t_5) \qquad (7.10)$$

$$i_L(t_5) = -i_L(t_0) \qquad (7.11)$$

可得

$$\begin{cases} i_L(t_0) = \dfrac{NU_{C22} + (1 - 2D_{ps})U_o}{4f_sL} \\[2mm] i_L(t_2) = \dfrac{(1 - 2D_{ps})NU_{C22} + U_o}{4f_sL} \\[2mm] i_L(t_5) = -\dfrac{NU_{C22} + (1 - 2D_{ps})U_o}{4f_sL} \end{cases} \qquad (7.12)$$

$$U_{C11} = U_{C22} = \frac{U_i}{1 - 0.5} = 2U_i \qquad (7.13)$$

得到功率反向传输时变换器的传输功率为

$$P_{J-S} = \frac{2}{T_s} \int_{t_0}^{t_5} U_{cd} i_L(t) \, dt = \frac{NU_i U_o D_{ps}(D_{ps} - 1)}{f_s L} \quad (0 \leqslant D_{ps} \leqslant 1) \quad (7.14)$$

定义一个周期内，与变换器传输功率方向相反的功率部分为回流功率。由于变换器一个周期工作具有对称性，因此得到变换器在一个工作周期的回流功率为

$$\begin{aligned}
P_{JS-C} &= \frac{2}{T_s} \int_{t_2}^{t_3} U_{cd} i_L(t) \, dt \\[2mm]
&= \frac{U_o [(1 - 2D_{ps})NU_{C22} + U_o]^2}{16f_sL(NU_{C22} + U_o)} \\[2mm]
&= \frac{U_o [2NU_i(1 - 2D_{ps}) + U_o]^2}{16f_sL(2NU_i + U_o)} \qquad (7.15)
\end{aligned}$$

同样地，考虑 $2NU_i \geqslant U_o$，可以分析得到电感电流最值，即变换器 U_o 侧开关的电流应力为

$$i_{J-S2,max} = i_{L,max} = |i_L(t_5)| = \frac{NU_{C22} + (1 - 2D_{ps})U_o}{4f_sL} = \frac{2NU_i + (1 - 2D_{ps})U_o}{4f_sL}$$

$$(7.16)$$

移相比 D_{ps} 越大，变换器的电流应力会越小，所以在实际控制中，为了使电流应力更小，在满足条件的前提下应选择较大的移相比 D_{ps}。进而降低损耗，使效

率提升。

与第 6 章分析类似，定义变换器电压比为 $K = \dfrac{NU_i}{U_o}$，以及基准功率为 $P_0 = \dfrac{NU_iU_o}{8Lf_s}$，得到标幺值化的变换器传输功率以及回流功率为

$$P_{J-S}^* = 8D_{ps}(D_{ps}-1) \quad (0 \leqslant D_{ps} \leqslant 1) \tag{7.17}$$

$$P_{JS-C}^* = \frac{[2K(1-2D_{ps})+1]^2}{2K(2K+1)} \tag{7.18}$$

图 7.5 所示为单移相控制下变换器反向功率范围。在同一基准功率值的前提下，与隔离型全桥双向 DC/DC 变换器相比较可知，在单移相控制下，交错并联耦合电感双向 DC/DC 变换器有更大的功率调节范围。图 7.6 所示为单移相控制下变换器回流功率随移相比 D_{ps} 的变化趋势。由图可知，在一定范围内，回流功率 P^* 和变换器电压比 K 呈相反变化趋势；存在使回流功率最小的移相比 D_{ps}。但在传输功率一定的情况下，变换器移相比 D_{ps} 的可选值是固定的，不一定使得回流功率最小。为了使变换器功率调节更为灵活，增加了可调参数，即交错并联结构主开关 S_1、S_2 的驱动占空比。

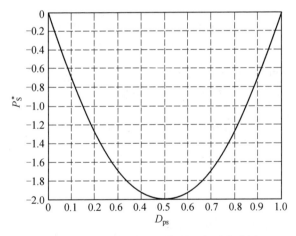

图 7.5　单移相控制下变换器反向功率范围

与功率反向传输分析类似，可得变换器正向工作时的传输功率为

$$P'_{J-S} = \frac{2}{T_s}\int_{t_0}^{t_5} U_{cd}i_L(t)\,dt = \frac{NU_iU_oD_{ps}(1-D_{ps})}{f_sL} \tag{7.19}$$

同样地，此时的回流功率和 U_o 侧开关的电流应力表达式为

$$P'_{JS-C} = \frac{2}{T_s}\int_{t_1}^{t_2} |U_{cd}i_L(t)|\,dt = \frac{U_o[2NU_i(1-2D_{ps})+U_o]^2}{16f_sL(2NU_i+U_o)} \tag{7.20}$$

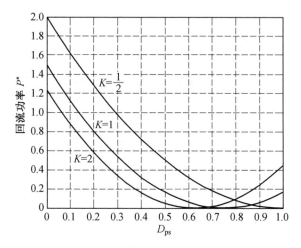

图 7.6 单移相控制下变换器回流功率随移相比 D_{ps} 的变化趋势

$$i'_{J-S2,max} = i_{L,max} = \frac{2NU_i + (1-2D_{ps})U_o}{4f_sL} \tag{7.21}$$

根据上述原理、模态、功率分析,可得功率反向传输时,各个开关零电压开关的条件为

$$\begin{cases} i_L(t_0) > 0 & (S_1 \sim S_4 \quad ZVS) \\ i_L(t_2) > 0 & (S_5 \sim S_8 \quad ZVS) \end{cases} \tag{7.22}$$

代入相关表达式,可得

$$\begin{cases} \dfrac{2NU_i + (1-2D_{ps})U_o}{4f_sL} > 0 \\ \dfrac{2(1-2D_{ps})NU_i + U_o}{4f_sL} > 0 \end{cases}$$

即

$$\begin{cases} D_{ps} < \dfrac{1+2K}{2} & (S_1 \sim S_4 \quad ZVS) \\ D_{ps} < \dfrac{1+2K}{4K} & (S_5 \sim S_8 \quad ZVS) \end{cases} \quad \left(K = \frac{DU_i}{U_o}\right) \tag{7.23}$$

当变换器功率正向传输时,约束条件为

$$\begin{cases} i_L(t_0) > 0 & (S_1 \sim S_4 \quad ZVS) \\ i_L(t_2) < 0 & (S_5 \sim S_8 \quad ZVS) \end{cases} \tag{7.24}$$

即

$$\begin{cases} D_{\mathrm{ps}} < \dfrac{1+2K}{2} & (\mathrm{S_1 \sim S_4 \quad ZVS}) \\[3mm] D_{\mathrm{ps}} < \dfrac{1+2K}{4K} & (\mathrm{S_5 \sim S_8 \quad ZVS}) \end{cases} \left(K = \dfrac{NU_i}{U_o} \right) \qquad (7.25)$$

可以看到在单移相控制下,交错并联耦合电感双向 DC/DC 变换器零电压开关的范围主要与 K 的取值有关,可选择合适的取值,以尽可能地扩大软开关实现范围。

7.2.2　交错并联耦合电感双向 DC/DC 变换器单移相加交错并联控制分析

1. 反向工作模态

单移相加交错并联控制是在单移相控制的基础上加入了交错并联结构中开关的占空比参数 D。在该种控制方式下,主开关 $\mathrm{S_1}$、$\mathrm{S_2}$ 的驱动占空比不再固定为 50%,$\mathrm{S_3}$、$\mathrm{S_4}$ 驱动信号仍分别与 $\mathrm{S_1}$、$\mathrm{S_2}$ 互补,L 仍表示变压器漏感和外串电感的等效值。

图 7.7 所示为交错并联耦合电感隔离型双向 DC/DC 变换器在单移相加交错并联控制下的反向工作模态。全桥开关 $\mathrm{S_5}$ 的驱动信号滞后,开关 $\mathrm{S_1}$ 的角度相对于半个周期 π 的比值为 D_{ps},开关 $\mathrm{S_1}$ 和 $\mathrm{S_2}$ 的占空比为 D,以 $0.5 \leqslant D < 1$ 为例进行详细模态分析。

模态 $\mathrm{I}[t_0, t_1]$:在此期间,$\mathrm{S_1}$、$\mathrm{S_2}$、$\mathrm{S_6}$、$\mathrm{S_7}$ 导通,U_o 侧电容 C_2 给电感 L 充电。变压器 U_p 侧电压为零,耦合电感一次侧和二次侧均给电容 C_1 充电。此模态过程中有以下电压等式成立:

$$U_{L_{\mathrm{k1}}} + (-U_{\mathrm{N2}}) = U_i \qquad (7.26)$$

$$U_{L_{\mathrm{k2}}} + U_{\mathrm{N2}} = U_i \qquad (7.27)$$

$$U_{\mathrm{p}} = 0 \qquad (7.28)$$

$$U_{\mathrm{cd}} = -U_o \qquad (7.29)$$

电感电流为

$$i_L(t) = i_L(t_0) + \frac{U_o}{L}(t - t_0) \qquad (7.30)$$

模态 $\mathrm{II}[t_1, t_2]$:过程初始,给开关 $\mathrm{S_2}$ 关断控制信号,其寄生电容电荷开始增加,同时开关 $\mathrm{S_4}$ 的寄生电容 C_{S4} 能量减少,直至电容 C_{S2} 电压升为 U_{C22}。开关 $\mathrm{S_4}$ 的反并联二极管导通。

模态 $\mathrm{III}[t_2, t_3]$:模态初始,开关 $\mathrm{S_4}$ 开始导通,U_o 侧电容 C_2 和电感 L 给变压器

U_s 侧充电,电感电流减小;变压器 U_p 侧给电容 C_{22} 充电。同时也向电容 C_1、耦合电感二次侧充电,耦合电感一次侧电流增大。模态过程中有

$$U_{L_{k1}} + (-U_{N_2}) = U_i \tag{7.31}$$

$$U_{L_{k2}} + U_{N_2} + U_{C22} = U_i \tag{7.32}$$

$$U_p = -U_{C22} \tag{7.33}$$

$$U_{cd} = -U_o \tag{7.34}$$

电感电流为

$$i_L(t) = i_L(t_2) - \frac{NU_{C22} - U_o}{L}(t - t_2) \tag{7.35}$$

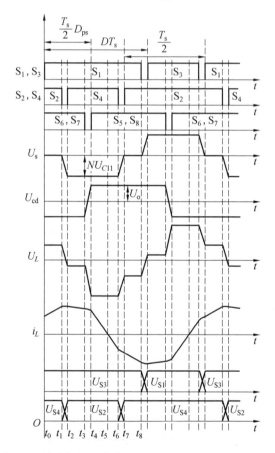

图 7.7　单移相加交错并联控制下变换器的反向工作模态

模态 Ⅳ$[t_3, t_4]$:在 t_3 时刻,给后级全桥开关 S_6、S_7 关断信号,其寄生电容电荷增加,同时开关 S_5、S_8 的寄生电容电压降低。当寄生电容充放电过程完成后,电

流开始流经反向二极管 D_5、D_8，从而使对应开关的两端电压保持为零，进而实现其零电压导通。

模态 $\mathrm{V}[t_4,t_5]$：此模态过程中，开关 S_5、S_8 处于导通状态。电感 L 给 U_o 侧电容 C_2 和变压器二次侧充电，电感电流减小。变压器 U_p 侧给电容 C_{22} 充电，同时也向电容 C_1、耦合电感二次侧充电，耦合电感一次侧电流增大。该过程结束于电感电流 $i_L(t)=0$ 点。电感电流表达式为

$$i_L(t)=i_L(t_4)-\frac{NU_{C22}+U_o}{L}(t-t_4) \tag{7.36}$$

模态 $\mathrm{VI}[t_5,t_6]$：t_5 时刻起，电感电流反向增加，U_o 侧电容 C_2 和变压器 U_s 侧向电感 L 充电。稳压电容 C_{22} 向耦合电感 N_2 侧和电容 C_1 传输能量，同时电容 C_{22} 向变压器 U_p 侧放电，耦合电感一次侧电流增大。该模态过程中，电压关系和电感电流表达式同模态 V。

模态 $\mathrm{VII}[t_6,t_7]$：模态初始，开关 S_4 开始关断，其寄生电容 C_{S4} 的电压从零开始上升，同时开关 S_2 的寄生电容 C_{S2} 电荷被抽走。寄生电容充放电动作完成后，电流从其他路径转移至二极管 D_2。

剩余模态的具体分析与上述模态类似。

2. 正向工作模态

单移相加交错并联控制下变换器的正向工作模态如图 7.8 所示。后级变换器开关 S_5、S_8 的驱动信号超前开关 S_1，用 D_{ps} 表示超前角度与半个周期 π 的比值。开关 S_1、S_2 的驱动占空比仍用 D 表示，以 $0.5\leqslant D<1$ 为例进行详细模态分析。

模态 $\mathrm{I}[t_0,t_1]$：在此模态时间中，S_1、S_2、S_5、S_8 处于导通状态。电感 L 给电容 C_2 充电，电容 C_1 给耦合电感 N_1 侧和 N_2 侧充电。在此过程中，有下列电压等式成立：

$$U_{L_{k1}}+(-U_{N2})=U_i \tag{7.37}$$

$$U_{L_{k2}}+U_{N2}=U_i \tag{7.38}$$

$$U_p=0 \tag{7.39}$$

$$U_{cd}=U_o \tag{7.40}$$

电感电流为

$$i_L(t)=i_L(t_0)-\frac{U_o}{L}(t-t_0) \tag{7.41}$$

模态 $\mathrm{II}[t_1,t_2]$：开关 S_2 关断，电流从 S_2 向 S_4 流通，同时其寄生电容开始充放电，该过程结束于给开关 S_4 导通驱动信号。

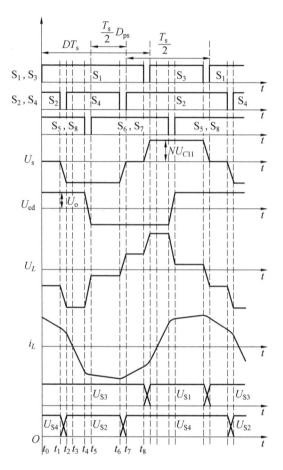

图 7.8　单移相加交错并联控制下变换器的正向工作模态

模态 Ⅲ $[t_2, t_3]$：开关 S_4 在此模态过程中开通，电感 L 给电容 C_2、变压器 U_s 侧充电。电容 C_1 和耦合电感二次侧共同向稳压电容 C_{22} 充电，同时耦合电感一次侧电流减小，变压器 U_p 侧也向电容 C_{22} 充电。该过程结束于电感电流 $i_L(t) = 0$，此过程有

$$U_{L_{k1}} + (-U_{N2}) = U_i \qquad (7.42)$$

$$U_{L_{k2}} + U_{N2} + U_{C22} = U_i \qquad (7.43)$$

$$U_p = -U_{C22} \qquad (7.44)$$

$$U_{cd} = U_o \qquad (7.45)$$

电感电流为

$$i_L(t) = i_L(t_2) - \frac{NU_{C22} + U_o}{L}(t - t_2) \tag{7.46}$$

模态 Ⅳ $[t_3, t_4]$：该模态期间，电感电流反向增加，电容 C_2、变压器 U_s 侧向电感 L 放电。稳压电容 C_{22} 给变压器 U_p 侧充电，同时电容 C_1 和耦合电感二次侧共同给变压器 U_p 侧充电。该阶段电压关系式和电感电流同模态 Ⅲ。

模态 Ⅴ $[t_4, t_5]$：后级开关 S_5、S_8 关断，其寄生电容电荷量增加、储存能量，同时开关 S_6、S_7 的寄生电容 C_{S6}、C_{S7} 电压逐步减小到零。充放电结束后，电流流过 S_6、S_7 的二极管。

模态 Ⅵ $[t_5, t_6]$：开关 S_1、S_4 和 S_6、S_7 在此模态期间导通，变压器 U_s 侧给电感 L、电容 C_2 充电。稳压电容 C_{22} 给变压器 U_p 侧充电，同时电容 C_1 和耦合电感 N_2 侧共同给变压器 U_p 侧传递能量。电感电流为

$$i_L(t) = i_L(t_5) - \frac{NU_{C22} - U_o}{L}(t - t_5) \tag{7.47}$$

模态 Ⅶ $[t_5, t_6]$：开关 S_4 在 t_5 时刻关断，其寄生电容和开关 S_2 寄生电容进行能量交换，充放电结束后，电流流经二极管 D_2。

上述详细分析了变换器在单移相加交错并联控制下，功率正向传输时的半个周期模态，剩余半周期与前半周期类似。

以变换器功率反向传输为例进行详细分析，忽略死区时间，由图 7.7 可知，各模态的时间为

$$t_2 - t_0 \approx \left(D - \frac{1}{2}\right)T_s$$

$$t_4 - t_2 \approx \left(\frac{D_{ps}}{2} - D + \frac{1}{2}\right)T_s$$

$$t_7 - t_4 \approx (1 - D_{ps})\frac{T_s}{2}$$

$$T_s = \frac{1}{f_s}$$

$$i_L(t_7) = -i_L(t_0)$$

电感电流为

$$i_L(t) = i_L(t_0) + \frac{U_o}{L}(t - t_0) \quad (t_0 \leqslant t \leqslant t_2) \tag{7.48}$$

$$i_L(t) = i_L(t_2) - \frac{NU_{C22} - U_o}{L}(t - t_2) \quad (t_2 \leqslant t \leqslant t_4) \tag{7.49}$$

$$i_L(t) = i_L(t_4) - \frac{NU_{C22} + U_o}{L}(t - t_4) \quad (t_4 \leqslant t \leqslant t_7) \tag{7.50}$$

进而得到

$$\begin{cases} i_L(t_0) = \dfrac{(1-D)2NU_{C22} + (1-2D_{ps})U_o}{4f_sL} \\[3mm] i_L(t_2) = \dfrac{(1-D)2NU_{C22} + (4D-2D_{ps}-1)U_o}{4f_sL} \\[3mm] i_L(t_4) = \dfrac{(D-D_{ps})2NU_{C22} + U_2}{4f_sL} \\[3mm] i_L(t_7) = -\dfrac{(1-D)2NU_{C22} + (1-2D_{ps})U_o}{4f_sL} \end{cases} \qquad (7.51)$$

式中　$U_{C11} = U_{C22} = \dfrac{U_i}{1-D}(D > 0.5)$。

此时变换器的反向平均传输功率为

$$P_{J-S} = \frac{2}{T_s}\int_{t_0}^{t_7} U_{cd}i_L(t)\,\mathrm{d}t = -\frac{NU_iU_o(D - 2D^2 + 2DD_{ps} - D_{ps}^2)}{2f_sL(1-D)} \qquad (7.52)$$

计算得到此工作方式下变换器的回流功率为

$$P_{JS-C} = \frac{2}{T_s}\int_{t_4}^{t_5} U_{cd}i_L(t)\,\mathrm{d}t = \frac{U_2\left[(1-2D_{ps})NU_{C22}+U_2\right]^2}{16f_sL(NU_{C22}+U_2)}$$

$$= \frac{U_o\left[(D-D_{ps})2N\dfrac{U_i}{1-D}+U_o\right]^2}{16f_sL\left(N\dfrac{U_i}{1-D}+U_o\right)} \qquad (7.53)$$

同样地，考虑 $2NU_i \geqslant U_o$，此时电感 L 的电流最大值即等效于变换器 U_o 侧开关的电流应力，为

$$i_{J-S2,\max} = i_{L,\max} = |\,i_L(t_2)\,| = \frac{2NU_i + (4D-2D_{ps}-1)U_o}{4f_sL} \qquad (7.54)$$

为了分析方便，将传输功率和回流功率标幺值化，设定功率基准值为 $P_0 = \dfrac{NU_iU_o}{8Lf_s}$，电压变比为 $K = \dfrac{NU_i}{U_o}$，进而得到

$$P_{J-S}^* = -\frac{4(D - 2D^2 + 2DD_{ps} - D_{ps}^2)}{1-D} \qquad (7.55)$$

$$P_{JS-C}^* = \frac{\left(2K\dfrac{D-D_{ps}}{1-D}+1\right)^2}{2K\left(\dfrac{k}{1-D}+1\right)} \qquad (7.56)$$

可以看到，在增加了占空比参数 D 后，变换器的传输功率由移相比参数 D_{ps} 和占空比参数 D 共同决定，同一传输功率有多组对应取值参数对(D_{ps}, D)，传输功率调节更加灵活。同样地，在满足传输功率值的前提下，可以选择使回流功率

较小的取值对 (D_{ps}, D)，以降低功率损耗。

与上述分析计算类似，得到变换器功率正向传输时的功率传输计算式，回流功率计算式为

$$P'_{J-S} = \frac{2}{T_s} \int_{t_0}^{t_7} U_{cd} i_L(t) \, \mathrm{d}t = \frac{NU_i U_o (-D_{ps}^2 - 2D^2 - 2DD_{ps} + 3D + 2D_{ps} - 1)}{2f_s L(1-D)}$$

$$(7.57)$$

$$
\begin{aligned}
P'_{JS-C} &= \frac{2}{T_s} \int_{t_3}^{t_4} |U_{cd} i_L(t)| \, \mathrm{d}t \\
&= \frac{U_o \left[(2D + 2D_{ps} - 2) NU_{C22} - U_o \right]^2}{16 f_s L (NU_{C22} + U_o)} \\
&= \frac{U_o \left[(D + D_{ps} - 1) 2N \dfrac{U_1}{1-D} - U_o \right]^2}{16 f_s L \left(N \dfrac{U_1}{1-D} + U_o \right)}
\end{aligned}
$$

$$(7.58)$$

考虑 $2NU_i > U_o$，得到 U_o 侧开关的电流应力

$$i'_{J-S2, max} = i_{L, max} = |i_L(t_0)| = \frac{2NU_i + (1 - 2D_{ps}) U_o}{4 f_s L} \quad (7.59)$$

开关的零电压开关能够提高变换器的功率密度，对变换器效率的提高有较大作用。本节以 $0.5 \leqslant D < 1$ 为例，就单移相加交错并联控制下的变换器软开关实现条件进行分析，通过变换器的模态分析及功率计算，得到其功率反向传输时各开关实现零电压导通的条件范围为

$$
\begin{cases}
i_L(t_0) > 0 & (S_1 \text{、} S_2 \quad ZVS) \\
i_L(t_2) > 0 & (S_3 \text{、} S_4 \quad ZVS) \\
i_L(t_4) > 0 & (S_5 \sim S_8 \quad ZVS)
\end{cases}
$$

$$(7.60)$$

代入各时刻的电感电流表达式，可得

$$
\begin{cases}
(1-D) 2NU_{C22} + (1 - 2D_{ps}) U_o > 0 & (S_1 \text{、} S_2 \quad ZVS) \\
(1-D) 2NU_{C22} + (4D_0 - 2D_{ps} - 1) U_o > 0 & (S_3 \text{、} S_4 \quad ZVS) \\
(D - D_{ps}) 2NU_{C22} + U_o > 0 & (S_5 \sim S_8 \quad ZVS)
\end{cases}
$$

$$(7.61)$$

即

$$
\begin{cases}
D_{ps} < K + \dfrac{1}{2} \\
D_{ps} < K + 2D - \dfrac{1}{2} \qquad \left(K = \dfrac{NU_i}{U_o} \right) \\
D_{ps} < \dfrac{(2K-1)D + 1}{2K}
\end{cases}
$$

$$(7.62)$$

通过分析结果可知,在加入占空比参数 D 后,变换器的零电压开关实现范围不再只由电压变比 K 决定,同时也受占空比 D 的影响,可调节性比单移相控制更加灵活。

7.3 交错并联正激反激双向 DC/DC 变换器的分析

7.3.1 交错并联正激反激双向 DC/DC 变换器的升压模态分析

交错并联正激反激双向 DC/DC 变换器升压模式在一个开关周期内一共有 14 个模态,考虑到周期对称性,下面主要对其中 7 个模态进行具体分析。取高压侧为一次侧,低压侧为二次侧,交错并联正激反激双向 DC/DC 变换器升压模态波形图如图 7.9 所示。

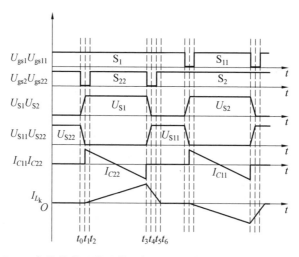

图 7.9 交错并联正激反激双向 DC/DC 变换器升压模态波形图

模态 Ⅰ $[0,t_0]$:在该模态下,主开关 S_1 和 S_2 处于导通状态,两个钳位开关 S_{11} 和 S_{22} 工作于关断状态,两个耦合电感在这段时间储能,负载由二次侧的稳压电容 C_2 提供能量。

模态 Ⅱ $[t_0,t_1]$:在 t_0 时刻,关断信号作用于开关 S_2,由于寄生电容的存在,因此开关漏源极之间的电压近似线性增加。这个过程很短,因为一次侧的电流很大而开关上的寄生电容很小。

模态 Ⅲ $[t_1,t_2]$:在 t_1 时刻,开关 S_2 寄生电容上的电压值增大到其对应的钳

位电容 C_{22} 上的电压值,之后辅助开关 S_{22} 上的反并联二极管就自然导通了。

模态 Ⅳ$[t_2,t_3]$:在 t_2 时刻,导通驱动信号作用于辅助开关 S_{22},由于其反并联二极管此时处于导通状态,而二极管的导通电阻又很小,因此可以基本上实现零电压导通。当 S_{22} 导通以后,电流可以迅速从二极管转移到开关上,这是因为 MOS 管的导通电阻要比二极管小很多,这段时间内存在下面的电压关系式:

$$U_i = U_{N1} \tag{7.63}$$
$$U_i = U_{N2} + U_{C22} \tag{7.64}$$
$$U_N = N(U_{N1} - U_{N2}) - U_o = NU_{C22} - U_o \tag{7.65}$$

漏感电流在此正向电压的作用下,从 0 逐渐增大,其变化率为

$$\frac{dI_{L_k}}{dt} = \frac{NU_{C22} - U_o}{L_k} \tag{7.66}$$

模态 Ⅴ$[t_3,t_4]$:在 t_3 时刻,关断信号作用于辅助开关 S_{22},由于寄生电容的存在,因此主开关上的 DS 电压值近似线性减小,与此同时,辅助开关上的 DS 电压值线性增加。

模态 Ⅵ$[t_4,t_5]$:在 t_4 时刻,主开关 S_2 上的 DS 电压值减小到 0 后其反并联二极管开始自然导通,此时,漏感上的电压完全由输出端电容提供,漏感上的电流值逐渐减小,电流变化率为

$$\frac{dI_{L_k}}{dt} = \frac{-U_o}{L_k} \tag{7.67}$$

模态 Ⅶ$[t_5,t_6]$:在 t_5 时刻,导通信号作用于主开关 S_2 上,由于在前一模态其反并联的二极管是导通的,因此 S_2 基本可以实现零电压开通。在 t_6 时刻,漏感电流值减小到 0,两个耦合电感在输入电压的作用下,再一次开始储能。t_6 时刻以后,变换器工作于另半个周期,工作状态与前半个周期基本类似,这里不再详细分析。

7.3.2　交错并联正激反激双向 DC/DC 变换器的降压模态分析

交错并联正激反激双向 DC/DC 变换器降压模式在一个开关周期内也一共有 14 个模态,考虑到周期对称性,下面主要对其中 7 个模态进行具体分析。取高压侧为一次侧,低压侧为二次侧,交错并联正激反激双向 DC/DC 变换器降压模态波形图如图 7.10 所示。

模态 Ⅰ$[0,t_0]$:在该模态下,整流侧开关 S_3 和 S_6 以及逆变侧主开关 S_1 和 S_2 处于导通状态,两个钳位开关 S_{11} 和 S_{22} 工作于关断状态,负载由一次侧的稳压电容 C_1 提供能量,两个耦合电感在这段时间储能,此时漏感电压值为 $U_{L_k} = -U_o$,

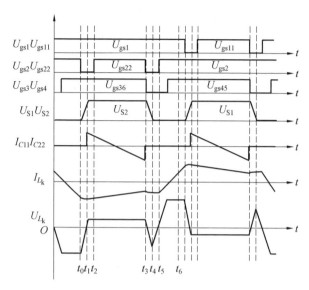

图 7.10　交错并联正激反激双向 DC/DC 变换器降压模态波形图

其对应的电流变化率为

$$\frac{\mathrm{d}I_{L_k}}{\mathrm{d}t} = \frac{-U_o}{L_k} \tag{7.68}$$

模态 Ⅱ[t_0, t_1]：在 t_0 时刻，关断信号作用于开关 S_2，由于寄生电容的存在，因此开关 DS 之间的电压近似线性增加。这个过程很短，因为一次侧的电流很大而开关上的寄生电容又很小。

模态 Ⅲ[t_1, t_2]：在 t_1 时刻，开关 S_2 寄生电容上的电压值增大到其对应的钳位电容 C_{22} 上的电压值，之后辅助开关 S_{22} 上的反并联二极管自然导通。

模态 Ⅳ[t_2, t_3]：在 t_2 时刻，导通驱动信号作用于辅助开关 S_{22}，由于其反并联二极管此时处于导通状态，而二极管的导通电阻又很小，因此可以基本上实现零电压导通。当 S_{22} 导通以后，电流可以迅速从二极管转移到开关上，这是因为 MOS 管的导通电阻要比二极管小很多，这段时间内存在下面的电压关系式：

$$U_i = U_{N1} \tag{7.69}$$

$$U_i = U_{N2} + U_{C22} \tag{7.70}$$

$$U_N = N(U_{N1} - U_{N2}) - U_o = NU_{C22} - U_o \tag{7.71}$$

漏感电流在此正向电压的作用下，负向电流逐渐减小，其变化率为

$$\frac{\mathrm{d}I_{L_k}}{\mathrm{d}t} = \frac{NU_{C22} - U_o}{L_k} \tag{7.72}$$

模态 V$[t_3, t_4]$：在 t_3 时刻，关断信号作用于辅助开关 S_{22}，由于寄生电容的存在，因此主开关上的 DS 电压值近似线性减小，与此同时，辅助开关上的 DS 电压值线性增加。

模态 VI$[t_4, t_5]$：在 t_4 时刻，主开关 S_2 上的 DS 电压值减小到 0 后，它的反并联二极管开始自然导通。此后，漏感上的电压完全由输出端电容提供，漏感上的电流值逐渐减小，电流变化率为

$$\frac{\mathrm{d}I_{L_k}}{\mathrm{d}t} = \frac{-U_o}{L_k} \tag{7.73}$$

模态 VII$[t_5, t_6]$：在 t_5 时刻，导通信号作用于主开关 S_2 上，由于在前一模态其反并联的二极管是导通的，因此 S_2 基本可以实现零电压导通。两个耦合电感在输入电压的作用下，再一次开始储能。t_6 时刻以后，变换器工作于另半个周期，工作状态与前半个周期基本类似，这里不再详细分析。

7.3.3　交错并联正激反激双向 DC/DC 变换器的参数分析

交错并联正激反激双向 DC/DC 变换器与交错并联耦合电感双向 DC/DC 变换器的控制方式一致，利用 $R = 145.8\ \Omega, N = 4, U_i = 28\ \text{V}, 1 - D = 0.3, U_o = 270\ \text{V}, f = 50\ \text{kHz}$ 这些参数，可得仿真变压器漏感为

$$L_k = \frac{145.8 \times 4 \times 28 \times [4 \times 28 - 0.3 \times 270]}{270^2 \times 50\ 000} = 138.9(\mu\text{H}) \tag{7.74}$$

实际仿真中取 $134.4\ \mu\text{H}$ 时满足设计要求。

在选取钳位电容时需要确保功率器件上的最大电压值小于其规定的最大承压值。假设在正常工作情况下，如果驱动电路停止工作，也就是主开关和辅助开关均停止工作，这时耦合电感上的电能会流动到钳位电容中，能量关系如下：

$$\frac{1}{2}L_M I_{L_M}^2 = \frac{1}{2}C_{22}(U_{C_{22\max}}^2 - U_{C_{22\min}}^2) \tag{7.75}$$

$$C_{11} = \frac{L_M I_{L_M}^2}{U_{C_{11\max}}^2 - U_o^2 C_{11\min}} \tag{7.76}$$

如果不需要考虑前边的突发情况，只考虑在正常工作时满足设计要求，假设钳位电容允许的电压波动值 $\Delta U_{C11} = 1\ \text{V}$，由仿真可得钳位电容上的最大电流值约为 9 A，钳位电容计算为

$$C_{11}\frac{\mathrm{d}U_{C11}}{\mathrm{d}t} = I_{C11} \tag{7.77}$$

$$C_{11} = \frac{\int_0^{\Delta t} I_{C11}\mathrm{d}t}{\Delta U_{C11}} = \frac{\dfrac{(1 - 0.7)T \times 9}{2}}{1} = 27(\mu\text{F}) \tag{7.78}$$

实际中可选用 47 μH 电解电容。

本章参考文献

[1] LIU T F, WANG Z S, PANG J Y, et al. Improved high step-up DC-DC converter based on active clamp coupled inductor with voltage double cells[C]. Vienna：Industrial Electronics Society, IECON 2013-39th Annual Conference of the IEEE,2013：864-866.

[2] BERKOVICH Y,AXELROD B. High step-up DC-DC converter based on the switched-coupled-inductor boost converter and diode-capacitor multiplier[C].Berkovich：IET Power Electronics, Machines and Drives, 6th IET International Conference,2012：1-3.

[3] 胡雪峰. 高增益非隔离 Boost 变换器拓扑及其衍生方法研究[D]. 南京：南京航空航天大学,2014：37-38.

第 8 章

基于倍压型耦合电感的高增益阻抗源逆变器

本章对基于倍压型耦合电感的高增益阻抗源逆变器进行介绍。针对基于独立电感的阻抗源逆变器在提供较高的电压增益时，所需电感、电容过多，导致系统阶数过大、控制困难，以及系统损耗显著增加等缺点。介绍倍压型耦合电感阻抗源逆变器拓扑结构，主要包括倍压 Tap 型耦合电感 L 源逆变器、倍压二次型耦合电感阻抗源逆变器和倍压型准 Z 源耦合电感阻抗源逆变器。研究上述拓扑结构工作原理，同时根据所分析阻抗源逆变器的各工作状态，对输出电压增益、升压因子、电容电压、直通占空比，以及耦合电感匝比之间的理论关系进行分析。

基于独立电感的阻抗源逆变器实现了单级升压功能,但是其升压能力与电感、电容数量成正比关系。当需要的电压增益较高时,过多的电感、电容不仅会导致系统阶数过大、控制困难,也会大大增加系统损耗。为了改善上述问题,本章针对基于倍压型耦合电感单元的阻抗源逆变器进行研究,介绍了一系列倍压型耦合电感阻抗源逆变器拓扑结构。

　　本章讲述的倍压型耦合电感阻抗源逆变器拓扑结构,主要包括倍压 Tap 型耦合电感 L 源逆变器、倍压二次型耦合电感阻抗源逆变器和倍压型准 Z 源耦合电感阻抗源逆变器。针对上述拓扑结构,研究其工作原理,并通过实验验证理论分析的正确性。在研究工作原理时,要根据所分析阻抗源逆变器的各工作状态,掌握各电路元器件(电感、二极管、耦合电感各绕组)的理论电流波形,并在此基础上,得到输出电压增益、升压因子、电容电压、直通占空比以及耦合电感匝比之间的理论关系。

8.1　倍压 Tap 型耦合电感 L 源逆变器

　　单电感 L 源逆变器拓扑结构如图 8.1 所示。该拓扑中阻抗网络由一个电感形成,减少了元件数量,大大降低了系统成本。但是由于阻抗源逆变器的电压增益为升压因子和调制度的乘积,而最大调制度与直通比的和为 1,因此,单电感 L 源逆变器最大输出增益为 1,无法实现对逆变器输出电压的抬升。

　　为了提高单电感 L 源逆变器的输出增益,利用倍压 Tap 型耦合电感阻抗网络代替图 8.1 中的单电感阻抗网络,得到倍压 Tap 型耦合电感 L 源逆变器,其拓扑结构如图 8.2 所示。相比于 X 型结构的阻抗源逆变器,倍压 Tap 型耦合电感 L 源逆变器提高了升压能力,实现了连续的输入电流,输入输出共地,抑制了启动冲击电流,减少了元器件数量,同时大大地拓宽了直通占空比的取值范围。

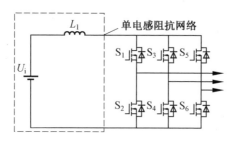

图 8.1　单电感 L 源逆变器拓扑结构

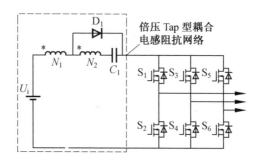

图 8.2　倍压 Tap 型耦合电感 L 源逆变器拓扑结构

8.1.1　倍压 Tap 型耦合电感 L 源逆变器稳态工作分析

倍压 Tap 型耦合电感 L 源逆变器包括直通状态和非直通状态两个工作模态,相应的等效电路如图 8.3 所示。图 8.4 所示为倍压 Tap 型耦合电感 L 源逆变器执行状态下的理想稳态波形,具体工作原理如下。

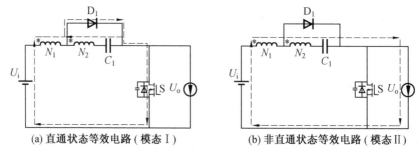

(a) 直通状态等效电路 (模态 I)　　　　(b) 非直通状态等效电路 (模态 II)

图 8.3　倍压 Tap 型耦合电感 L 源逆变器工作模态等效电路

模态 I:在 $[t_0, t_1]$ 阶段,开关 S 导通,等效为逆变器的上下桥臂直通状态,其等效电路如图 8.3(a) 所示。在直通状态,倍压 Tap 型耦合电感阻抗网络与负载断开,输入电源通过二极管 D_1 给耦合电感初级绕组 N_1 充电。根据磁感应原理,

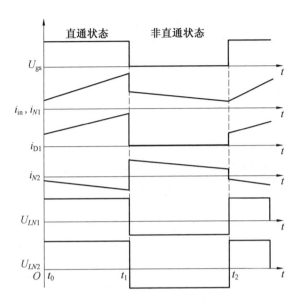

图 8.4　倍压 Tap 型耦合电感 L 源逆变器执行状态下的理想稳态波形

耦合电感次级绕组 N_2 电压为初级绕组 N_1 电压的 N 倍,同时绕组 N_2 通过二极管 D_1 给电容 C_1 充电,实现倍压功能。

　　模态 Ⅱ：在$[t_1,t_2]$阶段,开关 S 关断,等效为逆变器的非直通状态,其等效电路如图 8.3(b) 所示。在非直通状态,二极管 D_1 截止,输入电源、耦合电感绕组 N_1 和 N_2,以及倍压电容 C_1 给逆变器负载供电。相比于 Tap 型耦合电感 L 源逆变器,电容 C_1 的引入使得倍压 Tap 型耦合电感 L 源逆变器具有更高的升压能力。同样地,由于直通状态和非直通状态充放电绕组数量不同,因此非直通状态下的 t_1 时刻输入电源和绕组 N_1 的电流会出现突降。

8.1.2　倍压 Tap 型耦合电感 L 源逆变器理论分析

　　在直通状态下,根据图 8.3(a) 所示的等效电路能够得到耦合电感绕组 N_1 和 N_2 的电压表达式为

$$U_{\mathrm{BN1-S}}=U_{\mathrm{i}} \tag{8.1}$$

$$U_{\mathrm{BN2-S}}=NU_{\mathrm{i}} \tag{8.2}$$

电容 C_1 的电压表达式为

$$U_{\mathrm{C1}}=NU_{\mathrm{i}} \tag{8.3}$$

　　在非直通状态,根据图 8.3(b) 所示的等效电路能够得到耦合电感绕组 N_1 和 N_2 的电压表达式为

$$U_{BN1-N} = \frac{U_i + U_{C1} - U_{Bo}}{1 + N} \tag{8.4}$$

$$U_{BN2-N} = \frac{N(U_i - U_{Bo})}{1 + N} \tag{8.5}$$

式中　U_{Bo}——倍压 Tap 型耦合电感 L 源阻抗网络输出电压峰值。

根据伏秒平衡原理,得到耦合电感绕组 N_1 的电压关系式为

$$\int_0^{DT} U_{BN1-S}\,dt + \int_{DT}^{T} U_{BN1-N}\,dt = 0 \tag{8.6}$$

将式(8.3)～(8.5)代入式(8.6)得到阻抗网络输出电压峰值为

$$U_{Bo} = \frac{1 + N}{1 - D} U_i \tag{8.7}$$

倍压 Tap 型耦合电感 L 源逆变器的升压因子为

$$B_{BL} = \frac{1 + N}{1 - D} \tag{8.8}$$

其电压增益为

$$G_{BL} = B_{BL} M = \frac{1 + N}{1 - D} M \tag{8.9}$$

根据式(8.8)和式(8.9),当调制度取最大值时,不同匝比下升压因子和电压增益随直通占空比的变化关系如图 8.5 所示。从图 8.5 可以看出,随着直通占空比和匝比的增加,升压因子和电压增益相应变大。因此,倍压 Tap 型耦合电感 L 源逆变器为正比型耦合电感阻抗源逆变器。

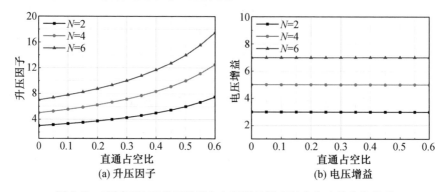

图 8.5　不同匝比下升压因子和电压增益随直通占空比的变化关系

8.2　倍压二次型耦合电感阻抗源逆变器

　　当前存在的耦合电感单元主要有三绕组 Y 源耦合电感、两绕组 T 源耦合电感、Γ 源耦合电感和反 Γ 源耦合电感,4 种耦合电感单元的互换关系如图 8.6 所示。通过移除 Y 源耦合电感的绕组 N_2,得到了 T 源耦合电感;类似地,通过移除 Y 源耦合电感的绕组 N_3,得到了 Γ 源耦合电感;通过移除 Y 源耦合电感的绕组 N_1,并反接绕组同名端,得到了反 Γ 源耦合电感。上述耦合电感单元已经被广泛地应用到当前存在的一些阻抗源逆变器中,大大改善了阻抗源逆变器的升压能力。

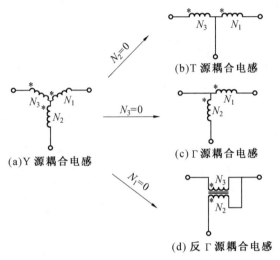

图 8.6　耦合电感单元的互换关系

　　上述 4 种耦合电感单元形成的阻抗源逆变器的电压增益与匝比关系各有不同,具体如下。

　　(1)基于 Y 源耦合电感的阻抗源逆变器在绕组匹配上有更高的自由度,相同的电压增益可以通过不同的绕组匹配实现,即通过不同的匝比关系得到相同的电压增益。

　　(2)基于 T 源耦合电感的阻抗源逆变器随着匝比的增加,电压增益增加,即电压增益与匝比成正比关系。

　　(3)基于 Γ 源耦合电感的阻抗源逆变器的匝比范围为 $1 \sim 2$,且随着匝比的变小,电压增益变得更高,即电压增益与匝比成反比关系。

（4）基于反 Γ 源耦合电感的阻抗源逆变器随着匝比的增加，电压增益增加，电压增益与匝比成正比关系。但是电压增益随匝比的变化关系不同于基于 T 型耦合电感的阻抗源逆变器。

以上结合二次型结构与倍压 Tap 型耦合电感阻抗源逆变器，并引入 4 种耦合电感单元，讲解 4 种倍压二次型耦合电感阻抗源逆变器，其拓扑结构如图 8.7 所示。上述拓扑结构保留了二次型结构的单输入电感，并通过添加辅助二极管和电容为非直通状态下的输入电感提供放电路径，保证了输入电流波形不产生突变，降低了耦合电感阻抗源逆变器的输入电流脉动，此外还通过在二次型结构的后级引入耦合电感倍压单元，大大提高了升压能力。接下来，以倍压二次型 Y 源逆变器为例进行具体分析。

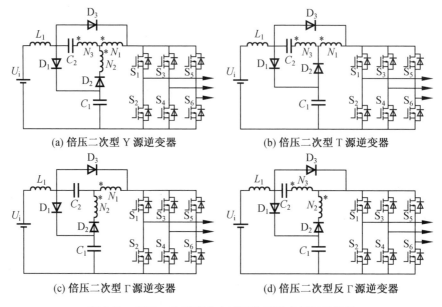

(a) 倍压二次型 Y 源逆变器   (b) 倍压二次型 T 源逆变器

(c) 倍压二次型 Γ 源逆变器   (d) 倍压二次型反 Γ 源逆变器

图 8.7 倍压二次型耦合电感阻抗源逆变器拓扑结构

8.2.1 倍压二次型 Y 源逆变器稳态工作分析

倍压二次型 Y 源逆变器的工作模态主要包括直通状态和非直通状态，相应的等效电路如图 8.8 所示。图 8.9 所示为倍压二次型 Y 源逆变器工作模态的理想稳态波形，具体工作原理如下。

模态 I：在 $[t_0, t_1]$ 阶段，开关 S 导通，等效为逆变器的上下桥臂直通状态，其等效电路如图 8.8(a) 所示。在直通状态，二极管 D_1 截止，输入电源通过二极管

D_3 单独给输入电感 L_1 充电,电感电流 i_{L1} 线性上升。同时,电容 C_1 通过二极管 D_2 给 Y 型耦合电感的绕组 N_1 和 N_2 充电,根据磁感应原理,Y 型耦合电感的绕组 N_1 和 N_3 通过二极管 D_3 给电容 C_2 充电进而实现倍压功能。

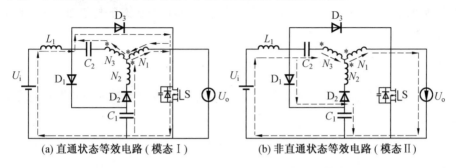

(a) 直通状态等效电路 (模态 I)　　　　(b) 非直通状态等效电路 (模态 II)

图 8.8　倍压二次型 Y 源逆变器工作模态下的等效电路

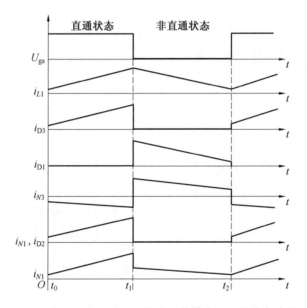

图 8.9　倍压二次型 Y 源逆变器工作模态的理想稳态波形

模态 II：在 $[t_1, t_2]$ 阶段,开关 S 关断,等效为逆变器的非直通状态,其等效电路如图 8.8(b) 所示。在非直通状态,二极管 D_2 和 D_3 反向截止,输入电源和输入电感 L_1 通过二极管 D_1 给电容 C_1 充电,输入电感 L_1 电流下降。同时,输入电源、输入电感 L_1、Y 型耦合电感绕组 N_1 和 N_3 及电容 C_1 给负载供电。由于耦合电感绕组 N_2 没有导通路径,绕组电流突降为零。根据磁耦合平衡原理,在 t_1 时刻 Y 型耦合电感绕组 N_3 的电流出现反向,绕组 N_1 的电流出现突降。

从上述分析中可以看出,无论在直通状态还是非直通状态,输入电源的输入电流与电感 L_1 电流一致,由电感 L_1 独立控制。由于电感 L_1 存在单独的放电路径,因此输入电流不受耦合电感充放电过程的影响,不发生突变。电容 C_2 在直通状态通过绕组 N_1 和 N_3 充电,实现倍压功能,在非直通状态下与前面二次型串联放电,大大地提高了升压能力。

8.2.2　倍压二次型 Y 源逆变器理论分析

在直通状态,根据图 8.8(a) 所示的等效电路能够得到输入电压与电感电流的关系为

$$U_i = U_{L1-S} = L_1 \frac{di_{L1}}{dt} \tag{8.10}$$

式中　L_1——电感 L_1 的电感值;

　　　i_{L1}——电感 L_1 的瞬时电流;

　　　U_{L1-S}——直通状态电感 L_1 的电压。

电容和耦合电感的电压关系式为

$$U_{C1} + \frac{U_{N3-S}}{N_{32}} - \frac{U_{N3-S}}{N_{31}} = 0 \tag{8.11}$$

$$U_{N3-S} + \frac{U_{N3-S}}{N_{31}} = U_{C2} \tag{8.12}$$

式中　U_{C1}——电容 C_1 的电压;

　　　U_{C2}——电容 C_2 的电压;

　　　U_{N3-S}——直通状态绕组 N_3 的电压。

Y 源耦合电感各绕组匝数分别为 N_1、N_2 和 N_3,定义匝比为

$$N_{21} = \frac{N_2}{N_1}, \quad N_{31} = \frac{N_3}{N_1}, \quad N_{23} = \frac{N_2}{N_3} \tag{8.13}$$

在非直通状态,根据图 8.8(b) 所示的等效电路能够得到电容、输入电感以及耦合电感的电压关系式为

$$U_{C1} + U_{L1-N} = U_i \tag{8.14}$$

$$U_{C2} + U_{N3-N} + \frac{U_{N3-N}}{N_{31}} + U_i = U_o \tag{8.15}$$

式中　U_{L1-N}——非直通状态电感 L_1 的电压;

　　　U_{N3-N}——非直通状态绕组 N_3 的电压。

对输入电感 L_1 和 Y 源耦合电感绕组 N_3 应用伏秒平衡原理,可得

$$\int_0^{DT} U_{L1-S} dt + \int_{DT}^{T} U_{L1-N} dt = 0 \tag{8.16}$$

$$\int_0^{DT} U_{N3-S}\mathrm{d}t + \int_{DT}^T U_{N3-N}\mathrm{d}t = 0 \qquad (8.17)$$

根据式(8.11)～(8.15),得到电容、输入电压以及阻抗网络输出电压关系式为

$$U_{C1} = \frac{U_i}{1-D} \qquad (8.18)$$

$$U_{C2} = \frac{(1+\lambda)U_i}{1-D} \qquad (8.19)$$

$$U_{Qo} = \frac{2+\lambda-D}{(1-D)^2}U_i \qquad (8.20)$$

倍压二次型 Y 源逆变器的升压因子为

$$B_{QY} = \frac{2+\lambda-D}{(1-D)^2} \qquad (8.21)$$

其电压增益为

$$G_{QY} = \frac{2+\lambda-D}{(1-D)^2}M \qquad (8.22)$$

倍压二次型 Y 源逆变器在不同绕组因数下的升压因子、电压增益及匝比组合见表 8.1。可以看出,相同的电压增益可以通过不同的绕组匹配实现,即通过不同的匝比关系可得到相同的电压增益。

表 8.1　不同绕组因数下的升压因子、电压增益及匝比组合

绕组因数 λ	升压因子 B_{QY}	电压增益 G_{QY}	匝比组合（$N_1 : N_2 : N_3$）
1	$3/(1-D)^2$	$3M/(1-D)^2$	$(3:1:1)(4:1:2)(5:2:1)(5:1:3)$
2	$4/(1-D)^2$	$4M/(1-D)^2$	$(2:1:1)(3:1:3)(5:3:1)(5:2:4)$
3	$5/(1-D)^2$	$5M/(1-D)^2$	$(3:2:1)(2:1:2)(4:2:4)(3:1:5)$
4	$6/(1-D)^2$	$6M/(1-D)^2$	$(4:3:1)(2:1:3)(3:2:2)(5:3:5)$
5	$7/(1-D)^2$	$7M/(1-D)^2$	$(5:4:1)(2:1:4)(4:3:2)(3:2:8)$
6	$8/(1-D)^2$	$8M/(1-D)^2$	$(2:1:5)(5:4:2)(3:2:4)(4:3:8)$

根据表 8.1,在不同的绕组因数下,升压因子和电压增益随直通占空比的变化关系如图 8.10 所示。可以看出,随着绕组因数和直通占空比的增加,升压因子和电压增益也随之增加。

图 8.11 所示为改进准 Y 源逆变器、准 Y 源逆变器和倍压二次型 Y 源逆变器在绕组因数为 2 时,直通占空比随电压增益的变化关系。从图 8.11 可以看出,相同直通占空比下,倍压二次型 Y 源逆变器有更高的电压增益,即升压能力更强。也可看出,在电压增益相同时,相比于改进准 Y 源逆变器和准 Y 源逆变器,倍压二次型 Y 源逆变器使用了较小的直通占空比。当输入电压、电感 L_1 和载波周期

相同时,所提 Y 源逆变器将具有较低的输入电流脉动。

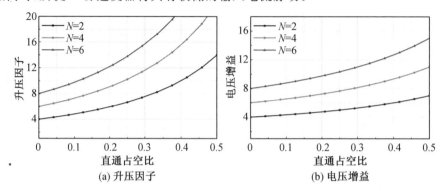

(a) 升压因子 (b) 电压增益

图 8.10 不同绕组因数下升压因子和电压增益随直通占空比的变化关系

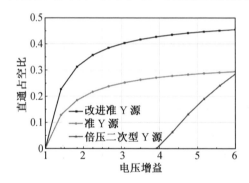

图 8.11 绕组因数为 2 时直通占空比随电压增益的变化关系

8.3 倍压型准 Z 源耦合电感阻抗源逆变器

8.3.1 倍压型准 Z 源耦合电感阻抗源逆变器拓扑结构

8.2 节介绍了倍压二次型耦合电感阻抗源逆变器及相应理论,该拓扑结构通过单电感独立控制输入电流,大大降低了输入电流脉动,并且通过引入耦合电感倍压单元,大大提高了升压能力。

本节通过将 8.2 节提到的耦合电感倍压单元引入准 Z 源结构,进而介绍了 4 种倍压型准 Z 源耦合电感阻抗源逆变器,其拓扑结构如图 8.12 所示。相比于传统的准 Z 源逆变器,倍压型准 Z 源耦合电感阻抗源逆变器具有更高的升压能力,并且在相同的电压增益下使用较小的直通占空比,当输入电压、电感值和载波周期相等时,具有较低的输入电流脉动。接下来,以倍压型准 T 源逆变器为例来进行详细的分析。

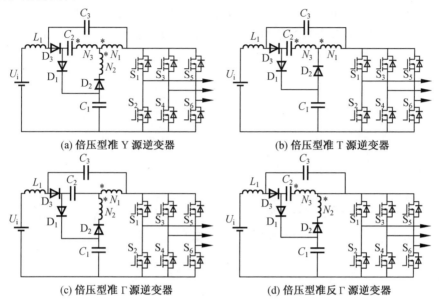

(a) 倍压型准 Y 源逆变器　　　　　　　(b) 倍压型准 T 源逆变器

(c) 倍压型准 Γ 源逆变器　　　　　　　(d) 倍压型准反 Γ 源逆变器

图 8.12　倍压型准 Z 源耦合电感阻抗源逆变器拓扑结构

8.3.2　倍压型准 T 源逆变器工作原理

倍压型准 T 源逆变器的工作模态主要包括直通状态和非直通状态,相应的等效电路如图 8.13 所示。图 8.14 所示为倍压型准 T 源逆变器工作模态的理想稳态波形,具体工作原理如下。

模态 Ⅰ:在 $[t_0, t_1]$ 阶段,开关 S 导通,等效为逆变器的直通状态,其等效电路如图 8.13(a) 所示。在直通状态,二极管 D_3 截止,输入电源和电容 C_3 给电感 L_1 充电,电感电流 i_{L1} 线性上升。同时,电容 C_1 通过二极管 D_2 给 T 型耦合电感的绕组 N_1 充电,根据磁感应原理,T 型耦合电感的绕组 N_3 通过二极管 D_2 和 D_1 给电容 C_2 充电进而实现倍压功能。

模态 Ⅱ:在 $[t_1, t_2]$ 阶段,开关 S 关断,等效为逆变器的非直通状态,其等效电路如图 8.13(b) 所示。在非直通状态,二极管 D_2 截止,输入电源、电感 L_1、倍压电容 C_2、T 型耦合电感绕组 N_1 和 N_3 通过二极管 D_3 给负载供电。同时输入电源和电感 L_1 通过二极管 D_1 给电容 C_1 充电,电感 L_1 电流下降;电容 C_2、T 型耦合电感绕组 N_1 和 N_3 给电容 C_3 充电。由于耦合电感绕组在非直通状态下电压反向,因此二极管 D_2 反偏,电流瞬间下降为零。

从上述分析中可以看出,与二次型结构相同,无论在直通状态还是非直通状态,输入电流与电感 L_1 电流一致,由电感 L_1 独立控制。由于电容 C_1 为电感 L_1 提供单独的放电路径,因此输入电流不受耦合电感充放电过程的影响,不发生突变。电容 C_2 在直通状态通过绕组 N_1 和 N_3 充电,实现倍压功能,在非直通状态下与前面准 Z 源结构串联放电,大大地提高了升压能力。

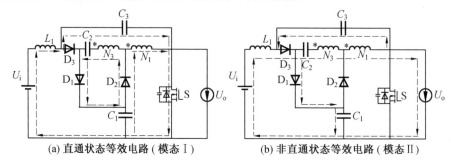

(a) 直通状态等效电路 (模态 I)　　　　(b) 非直通状态等效电路 (模态 II)

图 8.13　倍压型准 T 源逆变器工作模态的等效电路

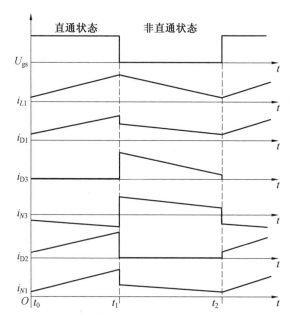

图 8.14　倍压型准 T 源逆变器工作模态的理想稳态波形

8.3.3　倍压型准 T 源逆变器理论分析

在直通状态下,根据图 8.13(a) 所示的等效电路能够得到输入电压、电容电压和电感电流的关系式为

$$U_i + U_{C3} = U_{L1-S} = L_1 \frac{\mathrm{d}i_{L1}}{\mathrm{d}t} \tag{8.23}$$

式中　　U_{C3}—— 电容 C_3 的电压;

U_{L1-S}—— 直通状态电感 L_1 的电压。

从图 8.14 可以看出,在直通状态,电感 L_1 的电流上升,根据式(8.23)可以得到电感 L_1 的最大电流脉动为

$$i_{L1-maxz} = \frac{(U_i + U_{C3})DT}{L_1} \tag{8.24}$$

从式(8.24)可以看出,当输入电压、电感 L_1 和载波周期相同时,直通占空比和电容电压越小,输入电流脉动越小。因此,相比于其他准 Z 源耦合电感阻抗源逆变器,倍压型准 T 源逆变器在相同电压增益下,直通占空比越小,电容电压应力越低,输入电流脉动的抑制能力越强。

接下来,对倍压型准 T 源逆变器的电压增益和直通占空比的关系进行理论分析,具体如下。

在直通状态下,根据图 8.13(a) 能够得到电容电压和绕组 N_3 电压的关系式为

$$U_{C1} - \frac{U_{N3-S}}{N_{31}} = 0 \tag{8.25}$$

$$U_{N3-S} = U_{C2} \tag{8.26}$$

T 源耦合电感匝数分别为 N_1 和 N_3,定义匝比为

$$N_{31} = \frac{N_3}{N_1} \tag{8.27}$$

在非直通状态下,根据图 8.13(b) 能够得到电容、输入电源、耦合电感及输入电感的电压关系式为

$$U_{C3} + U_{L1-N} = U_i \tag{8.28}$$

$$U_{C2} + U_{N3-N} + \frac{U_{N3-N}}{N_{31}} + U_i + U_{L1-N} = U_o \tag{8.29}$$

$$U_{C3} = U_{C2} + U_{N3-N} + \frac{U_{N3-N}}{N_{31}} \tag{8.30}$$

式中　　U_{L1-N}—— 非直通状态电感 L_1 的电压;

U_{N3-N}——非直通状态绕组 N_3 的电压。

对输入电感 L_1 和 T 源耦合电感绕组 N_3 应用伏秒平衡原理,可得

$$\int_0^{DT} U_{L1-S}\,\mathrm{d}t + \int_{DT}^{T} U_{L1-N}\,\mathrm{d}t = 0 \tag{8.31}$$

$$\int_0^{DT} U_{N3-S}\,\mathrm{d}t + \int_{DT}^{T} U_{N3-N}\,\mathrm{d}t = 0 \tag{8.32}$$

根据式(8.23)~(8.32),能得到电容电压和阻抗网络输出电压表达式为

$$U_{C1} = \frac{(1-D)U_i}{1-(N_{31}+2)D} \tag{8.33}$$

$$U_{C2} = \frac{N_{31}(1-D)U_i}{1-(N_{31}+2)D} \tag{8.34}$$

$$U_{C3} = \frac{(N_{31}+D)U_i}{1-(N_{31}+2)D} \tag{8.35}$$

$$U_{Zo} = \frac{(N_{31}+1)U_i}{1-(N_{31}+2)D} \tag{8.36}$$

倍压型准 T 源逆变器的升压因子为

$$B_{QT} = \frac{N_{31}+1}{1-(N_{31}+2)D} \tag{8.37}$$

其电压增益为

$$G_{QT} = \frac{(N_{31}+1)M}{1-(N_{31}+2)D} \tag{8.38}$$

倍压型准 T 源逆变器在不同匝比下的升压因子、电压增益及匝比组合见表 8.2。根据表 8.2,在不同匝比下升压因子和电压增益随直通占空比的变化关系如图 8.15 所示。可以看出,随着匝比和直通占空比的增加,升压因子和电压增益也随之增加。

表 8.2　不同匝比下升压因子、电压增益及匝比组合

升压因子 B_{QT}	电压增益 G_{QT}	匝比组合 N_{31}
$2/(1-3D)$	$2M/(1-3D)$	$(1:1)$
$3/(1-4D)$	$3M/(1-4D)$	$(2:1)$
$4/(1-5D)$	$4M/(1-5D)$	$(3:1)$
$6/(1-7D)$	$5M/(1-6D)$	$(4:1)$
$6/(1-7D)$	$6M/(1-7D)$	$(5:1)$
$7/(1-8D)$	$7M/(1-8D)$	$(6:1)$

图 8.16 所示为准 T 源逆变器、改进准 T 源逆变器和倍压型准 T 源逆变器在匝比为 2 时,直通占空比和电容电压比随电压增益的变化关系。从图 8.16 可以

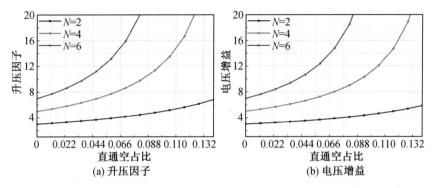

图 8.15　不同匝比下升压因子和电压增益随直通占空比的变化关系

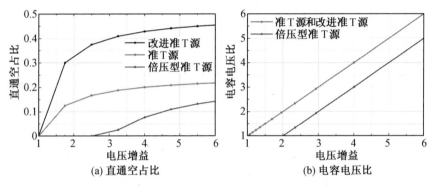

图 8.16　匝比为 2 时直通占空比和电容电压比随电压增益的变化关系

看出,当电压增益相同时,相比于准 T 源逆变器和改进准 T 源逆变器,倍压型准 T 源逆变器有较小的直通占空比和较低的电容电压。根据之前对输入电流脉动影响因素的分析可知,相比于准 T 源逆变器和改进准 T 源逆变器,当输入电压、电感 L_1 和载波周期相同时,倍压型准 T 源逆变器具有较低的输入电流脉动。同时也可看出,相同直通占空比下,倍压型准 T 源逆变器具有较高的电压增益。

本章参考文献

[1] SIWAKOTI Y P, BLAABJERG F, CHUB A, et al. Quadratic boost A-source impedance network [C]. Milwaukee, WI: IEEE Energy Conversion Congress and Exposition, 2016: 1-6.

[2] JI Y L, LIU H C, ZHANG C M, et al. Voltage-double magnetically

coupled impedance source networks [J]. IEEE Transactions on Power Electronics, 2018, 33(7): 4968-4979.

[3] LIU H C, JI Y L, WANG L C, et al. A family of improved magnetically coupled impedance network boost DC-DC converters [J]. IEEE Transactions on Power Electronics, 2018, 33(5): 3697-3702.

[4] SIWAKOTI Y, BLAABJERG F, LOH P C. New magnetically coupled impedance (Z-) source networks [J]. IEEE Transactions on Power Electronics, 2016, 31(11): 7419-7435.

第 9 章

阻抗源逆变器电感电流断续的广义性补偿法

本　章对阻抗源逆变器的电感电流断续模式进行分析,讨论最常用的几种基本电感电流断续补偿方法,通过分析其补偿原理,讨论各方法的补偿性能。通过分析 DC/DC 变换器的运行机理,引出准 DC/DC输出单元的拓扑结构以及相应的匹配调制策略,分析准 DC/DC 输出单元的广义性补偿机理。以基于准 DC/DC 输出单元的 Tap 型耦合电感 L 源逆变器为例,对电感电流连续模式和断续模式下的母线电压、电压增益、器件电压应力进行分析。

对于阻抗源逆变器,当电感取值较小、负载较轻、开关频率较低时,电感电流出现断续,导致母线电压跌落,输出电压畸变,大大限制了阻抗源逆变器的应用。通常情况下,选用较大的电感可以阻止上述情况下电感电流出现断续,但该方法增加了系统成本,并且较大的电感既会影响系统的动态性能又会增加阻抗源逆变器的体积和质量。

本章讲述了几种阻抗源逆变器电感电流断续的广义性补偿法,包括电感补偿法、阻抗网络输出电流补偿法和基于准 DC/DC 输出单元的广义性双电流补偿法。首先,对阻抗源逆变器的电感电流断续模式进行分析,讨论最基本、最常用的几种电感电流断续补偿方法,通过分析其补偿原理,讨论各方法的补偿性能。其次,通过分析 DC/DC 变换器的运行机理,引出准 DC/DC 输出单元的拓扑结构,匹配相应的调制策略,分析基于准 DC/DC 输出单元的广义性补偿机理。最后,以基于准 DC/DC 输出单元的 Tap 型耦合电感 L 源逆变器为例对电感电流连续模式和断续模式下的母线电压、电压增益、元器件电压应力以及电感取值进行理论分析和实验验证,证明本章所述方法的有效性。

9.1　电感电流断续运行状态分析

以传统 Z 源逆变器为例来说明电感电流发生断续时阻抗源逆变器的运行状态。在电感电流断续模式下,Z 源逆变器有 4 种工作模式,其等效电路如图 9.1 所示。图 9.2 所示为电感电流断续模式下 Z 源逆变器的理论波形,具体运行原理如下。

模态 I:在$[t_1, t_2]$阶段,对应逆变器的直通状态,其等效电路如图 9.1(a)所示。电容 C_1、C_2 分别给电感 L_1、L_2 充电,二极管 D_1 截止,即二极管电流$i_D=0$。Z 源逆变器电感和电容分别具有相同的电感量和电容量,电容电压和电感电流具有如下关系:

$$U_{C1}=U_{C2} \tag{9.1}$$

$$i_{L1[t_1,t_2]} = i_{L2[t_1,t_2]} \quad\quad\quad (9.2)$$

式中　$i_{L1[t_1,t_2]}$——$[t_1,t_2]$ 阶段电感 L_1 的电流；

　　　$i_{L2[t_1,t_2]}$——$[t_1,t_2]$ 阶段电感 L_2 的电流。

模态 Ⅱ：在 $[t_2,t_3]$ 阶段，对应逆变器的非直通状态，其等效电路如图 9.1(b) 所示。输入电源和电感给电容和负载供电，电感电流逐渐下降。根据图 9.1(b) 可以得到母线电压和二极管电流的表达式为

$$U_d = U_{C1} + U_{L1[t_2,t_3]} \quad\quad\quad (9.3)$$

$$i_D = 2i_{L1[t_2,t_3]} - i_d \quad\quad\quad (9.4)$$

式中　$U_{L1[t_2,t_3]}$——$[t_2,t_3]$ 阶段电感 L_1 的电压；

　　　i_d——Z 源网络的输出电流；

　　　$i_{L1[t_2,t_3]}$——$[t_2,t_3]$ 阶段电感 L_1 的电流。

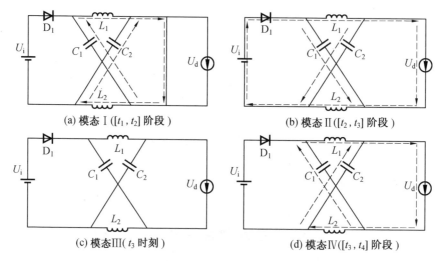

(a) 模态 Ⅰ($[t_1,t_2]$ 阶段)　　　　(b) 模态 Ⅱ($[t_2,t_3]$ 阶段)

(c) 模态Ⅲ(t_3 时刻)　　　　(d) 模态Ⅳ($[t_3,t_4]$ 阶段)

图 9.1　电感电流断续模式下 Z 源逆变器的等效电路

模态 Ⅲ：在 t_3 时刻，对应逆变器的非直通状态，其等效电路如图 9.1(c) 所示。此刻电感电流断续，Z 源网络输出电流为零，二极管 D_1 截止。根据图 9.1(c) 可以得到母线电压和电容电压的关系式为

$$U_d = U_{C1} \quad\quad\quad (9.5)$$

此刻，母线电压等于电容电压，发生跌落。

模态 Ⅳ：在 $[t_3,t_4]$ 阶段，对应逆变器的非直通状态，其等效电路如图 9.1(d) 所示。在该阶段，二极管 D_1 截止，电容给负载和电感同时提供能量。此时母线电压和 Z 源网络输出电流的表达式为

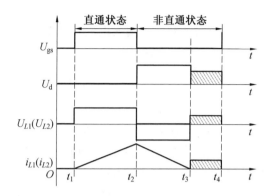

图 9.2　电感电流断续模式下 Z 源逆变器的理论波形

$$U_\mathrm{d} = U_{C1} - U_{L1[t_3,t_4]} \tag{9.6}$$

$$i_\mathrm{d} = 2i_{L1[t_3-t_4]} \tag{9.7}$$

式中　　$U_{L1[t_3,t_4]}$——$[t_3,t_4]$ 阶段电感 L_1 的电压；

$\quad\quad\quad i_{L1[t_3,t_4]}$——$[t_3,t_4]$ 阶段电感 L_1 的电流。

从式(9.6) 可以看出, 母线电压为电容电压与电感电压的差值。由于 $[t_3,t_4]$ 阶段电感 L_1 的电流不稳定, 母线电压随着电感电压的增加而减小, 同样处于不稳定状态。

根据上述分析可知, 当阻抗源逆变器电感电流发生断续时, 母线电压跌落, 逆变器输出波形畸变, 无法正常工作。

9.2　电感电流断续的补偿方法

针对上述阻抗源逆变器的断续故障状态, 当前存在的解决方法主要分为两种:一种为从电感值入手, 使用较大的电感值阻止电感电流出现零电流状态;另一种是通过添加辅助电路, 实现输入二极管电流始终大于零, 从而保证阻抗网络的输出电流始终大于零。具体的实现原理下面将详细介绍。

9.2.1　电感补偿法

电感补偿法主要是通过使用较大的电感值来阻止阻抗源逆变器出现电感电流断续模式。因此, 首先要计算电感电流连续与断续模式下的临界电感值, 即求出电感电流连续模式下的最小电感值。以 Z 源逆变器为例对其临界电感值计算公式进行理论推导,具体如下。

根据图 9.1(a) 可以得出直通状态下输入电流和电感电流的表达式为

$$i_{i-s} = 0 \tag{9.8}$$

$$\Delta i_{L1-s} = \frac{1-D}{L_1(1-2D)} U_i \Delta t \tag{9.9}$$

式中 i_{i-s}——直通状态下的输入电流;

Δi_{L1-s}——直通状态下电感 L_1 的电流变化量。

电感电流的上升仅发生在直通状态,因此,临界状态下的最大电感电流为

$$\Delta i_{L1,max} = \frac{1-D}{L_1(1-2D)} U_i DT \tag{9.10}$$

在一个周期内,电容充放电过程的电流平均值为零,根据图 9.1 可知,输入电流平均值与电感电流平均值存在如下关系:

$$\overline{i_i} = \overline{i_{L1}} = \frac{1-D}{L_1(1-2D)} U_i DT \tag{9.11}$$

理论上,输出功率等于输入功率,因此能够得到

$$\frac{1-D}{2L_1(1-2D)} U_i^2 DT = \frac{(1-D)^2 U_i^2}{(1-2D)^2 R} \tag{9.12}$$

式中 R——逆变侧等效负载电阻。

根据式(9.12)可以得到,电感电流连续模式下的最小电感值表达式为

$$L_{1,min} = \frac{2(1-2D)RDT}{(1-D)} \tag{9.13}$$

通过式(9.13),根据给定的直通占空比、负载和开关周期可以计算出电感电流连续模式下的最小电感值,当所选的电感值超过计算出的最小电感值时,Z 源逆变器就不会出现电感电流断续模式。

9.2.2   阻抗网络输出电流补偿法

根据式(9.13)可知,当开关频率过小、负载过轻时,为保证阻抗源逆变器不出现电感电流断续模式,所需电感值会很大。这会增大系统的体积和质量,同时较大的电感值将严重影响系统的动态性能。

为此,提出阻抗网络输出电流补偿法来消除 Z 源逆变器的电感电流断续模式,在不改变 Z 源结构的前提下,通过将 Z 源逆变器的输入二极管用带有反并联二极管的功率开关进行替换,实现能量的双向流动,使 Z 源网络输出电流始终大于零。改进的 Z 源逆变器拓扑结构如图 9.3 所示。

由于改进的 Z 源逆变器拓扑结构引入了开关 S_{w1},需要将其控制时序与传统

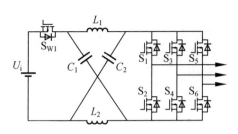

图 9.3　改进的 Z 源逆变器拓扑结构

控制策略进行匹配,以便实现能量的双向流动。引入开关 S_{W1} 控制时序的空间矢量调制策略,在第一扇区的开关时序如图 9.4 所示,其中包括改进的五段式调制策略和改进的七段式调制策略。

从图 9.4 可以看出,无论是五段式调制策略还是七段式调制策略,开关 S_{W1} 的开关信号均与三相逆变器的直通状态成互补关系。当电路工作在直通状态时,开关 S_{W1} 关断;当电路工作在非直通状态时,开关 S_{W1} 导通。这样能够使开关 S_{W1} 中始终流有电流,保证阻抗网络的输出电流始终大于零,避免电感电流出现断续模式,同时阻止了母线电压跌落。

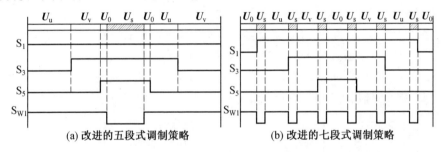

(a) 改进的五段式调制策略　　　　(b) 改进的七段式调制策略

图 9.4　改进的 SVPWM 策略在第一扇区的开关时序

尽管上述结构能够消除 Z 源逆变器的电感电流断续模式,但是当输入电源为燃料电池、光伏等单向供电电源时,输入电流不能倒流,系统无法正常运行。因此,在电源侧增加了二极管 D_1 和电容 C_3 为电流提供反向回流路径,双向 Z 源逆变器拓扑结构如图 9.5 所示。尽管上述附加电路结构消除了 Z 源逆变器的电感电流断续模式,但是该方案不适用于当前存在的其他阻抗源逆变器,不具有普遍性。

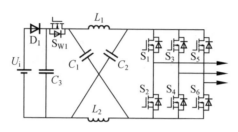

图 9.5　双向 Z 源逆变器拓扑结构

9.3　基于准 DC/DC 输出单元的广义双电流补偿法

9.3.1　准 DC/DC 输出单元拓扑结构

DC/DC 变换器可以灵活地工作在电感电流连续和断续两种模式,并且在电感电流断续模式下输出电压不发生跌落。接下来对 DC/DC 变换器的运行机理进行分析,DC/DC 变换器及其工作模态如图 9.6 所示。

图 9.6(a) 所示为 DC/DC 变换器在电感电流连续模式下的工作模态,输入电源和 DC/DC 网络通过输出二极管 D_o 给输出电容 C_o 和负载供电。在电感电流断续模式下,工作模态如图 9.6(b) 所示。可以看出,DC/DC 网络停止工作,输出二极管 D_o 截止,输出电容 C_o 给负载独立供电,保证了输出电压不发生跌落。

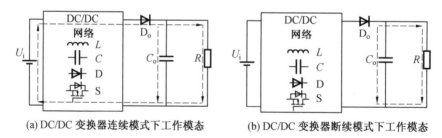

(a) DC/DC 变换器连续模式下工作模态　　(b) DC/DC 变换器断续模式下工作模态

图 9.6　DC/DC 变换器及其工作模态

根据上述分析可知,由二极管 D_o 和电容 C_o 构成的输出单元保证了 DC/DC 变换器在电感电流断续模式下输出电压不发生跌落。受 DC/DC 输出单元的启发,基于准 DC/DC 输出单元的阻抗源逆变器拓扑结构如图 9.7 所示。

准 DC/DC 输出单元由一个带有反并联二极管 D_o 的开关 S、电容 C_o 和二极管 D_1 串联而成。将其置于逆变桥臂和阻抗网络之间,通过将附加开关的控制逻辑

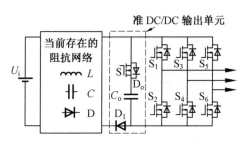

图 9.7　基于准 DC/DC 输出单元的阻抗源逆变器拓扑结构

与原有的调制策略进行结合,在不改变单级升降压的基础上,保证了阻抗源逆变器电感电流断续模式下母线电压不发生跌落,使阻抗源逆变器可以灵活地工作在电感电流连续和断续两种模式。该方法能够应用于当前存在的所有阻抗源逆变器中,具有普遍性。

9.3.2　基于准 DC/DC 输出单元的双电流补偿机理分析

接下来,对基于准 DC/DC 输出单元的双电流补偿机理进行分析。如图 9.7 所示,准 DC/DC 输出单元位于阻抗网络与逆变器之间,通过引入似 DC/DC 输出单元开关 S 的控制逻辑与 SVPWM 策略进行匹配来实现阻抗源逆变器的双电流补偿。其五段式调制策略和七段式调制策略在第一扇区的开关时序如图 9.8 所示。

从图 9.8 可以看出,相比于七段式调制策略,五段式调制策略下的准 DC/DC 输出单元开关 S 的开关频率较低,损耗较小且易于控制。针对基于准 DC/DC 输出单元的阻抗源逆变器在五段式调制策略下的工作模态(图 9.9)进行分析,具体内容如下。

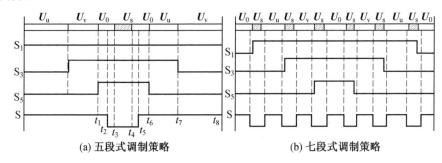

(a) 五段式调制策略　　　　　　　　(b) 七段式调制策略

图 9.8　基于准 DC/DC 输出单元的阻抗源逆变器调制策略在第一扇区的开关时序

模态 I $[t_1, t_2]$ 和 $[t_5, t_6]$ 阶段:在这个模态下,为零矢量输出,即三相逆变器的所有上桥臂同时导通,下桥臂同时关断。阻抗网络与逆变侧断开。开关 S 导通,二极管 D_o 为阻抗网络和电容 C_o 提供续流回路。此模态的等效电路如图 9.9(a) 所示。

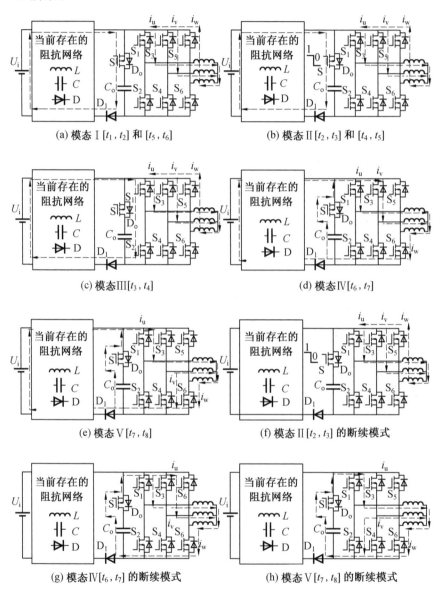

(a) 模态 I $[t_1, t_2]$ 和 $[t_5, t_6]$

(b) 模态 II $[t_2, t_3]$ 和 $[t_4, t_5]$

(c) 模态 III $[t_3, t_4]$

(d) 模态 IV $[t_6, t_7]$

(e) 模态 V $[t_7, t_8]$

(f) 模态 II $[t_2, t_3]$ 的断续模式

(g) 模态 IV $[t_6, t_7]$ 的断续模式

(h) 模态 V $[t_7, t_8]$ 的断续模式

图 9.9　基于准 DC/DC 输出单元的阻抗源逆变器在五段式调制策略下的工作模态

模态 Ⅱ[t_2, t_3] 和 [t_4, t_5]：在 t_2 时刻，开关 S 被关断，此时为开关 S 的死区时间，防止直通状态下因开关 S 导通而导致电容 C_o 在 t_3 时刻被短路。如果此时电路工作在电感电流连续模式，其等效电路如图 9.9(b) 所示，二极管 D_o 导通，开关 S 处于零电压关断；如果此时电路工作在电感电流断续模式，其等效电路如图 9.9(f) 所示，二极管 D_o 和 D_1 关断，开关 S 处于零电流关断状态，电容 C_o 保证了母线电压不发生跌落，保持逆变器能够在断续模式下正常工作。

模态 Ⅲ[t_3, t_4]：在这个状态下，输出矢量从零矢量变为直通矢量。其等效电路如图 9.9(c) 所示。在 t_3 时刻，上下桥臂同时导通，实现桥臂直通，所以母线电压突降为零。输入电源通过直通开关和二极管 D_1 给阻抗网络充电，开关 S、电容 C_o 和二极管 D_o 都停止工作。

模态 Ⅳ[t_6, t_7]：输出矢量从零矢量变为起始矢量(U_{110})，如果电路工作在电感电流连续模式，其等效电路如图 9.9(d) 所示。输入电源、电容 C_o 和阻抗网络同时为负载提供能量，形成电流回路。如果电路工作在电感电流断续模式，其等效电路如图 9.9(g) 所示。阻抗网络电流为零，二极管 D_1 关断，电容 C_o 独自提供负载所需能量，同时保证了母线电压不出现跌落。

模态 Ⅴ[t_7, t_8]：在这个模态下，输出矢量从起始矢量(U_{110}) 变为终止矢量(U_{100})。如果电路工作在电感电流连续模式，其等效电路如图 9.9(e) 所示。如果电路工作在电感电流断续模式，其等效电路如图 9.9(h) 所示。

从图 9.9(a) ~ (h) 能够看出，阻抗源逆变器的工作模态随着输出矢量的变化而变化，并且相同的输出矢量在不同的电感电流模式下工作模态不同。其他扇区的电路工作模态依此类推即可。

通过上述分析可知，基于准 DC/DC 输出单元的广义双电流补偿法，可使当前存在的阻抗源逆变器都能够灵活地工作在电感电流连续和电感电流断续两种模式下，并且解决了电感电流断续模式下的母线电压跌落问题。

9.4　Tap 型耦合电感 L 源逆变器双电流补偿法分析

9.4.1　双电流运行模式下稳态工作分析

图 9.10 所示为基于准 DC/DC 输出单元的 Tap 型耦合电感 L 源逆变器拓扑结构，相应第一扇区的开关时序如图 9.8(a) 所示，各模态等效电路如图 9.11 所示。

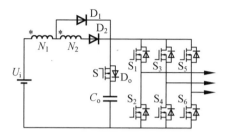

图 9.10　基于准 DC/DC 输出单元的 Tap 型耦合电感 L 源逆变器拓扑结构

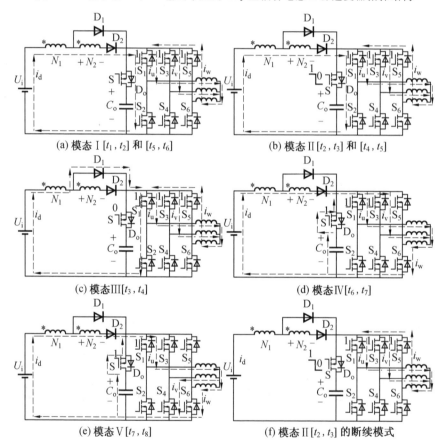

图 9.11　基于准 DC/DC 输出单元的 Tap 型耦合电感 L 源逆变器的工作模态

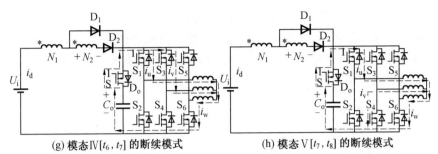

(g) 模态 IV $[t_6, t_7]$ 的断续模式　　　　　　(h) 模态 V $[t_7, t_8]$ 的断续模式

续图 9.11

模态 I $[t_1, t_2]$ 和 $[t_5, t_6]$：在这个模态下，输出矢量为零矢量（U_{111}），开关 S_1、S_3、S_5 同时导通，S_2、S_4、S_6 同时关断，相应的等效电路如图 9.11(a) 所示。从图 9.11(a) 可以看出，开关 S 导通，反并联二极管 D_o 为耦合电感和电容 C_o 提供续流回路。在零矢量状态下，Tap 型耦合电感 L 源阻抗网络与逆变侧断开，电容电流与耦合电感电流相等。

模态 II $[t_2, t_3]$ 和 $[t_4, t_5]$：在 t_2 时刻，开关 S 被关断以防止直通状态下电容 C_o 被短路。如果此时电路工作在电感电流连续模式，其等效电路如图 9.11(b) 所示。二极管 D_o 导通，开关 S 处于零电压关断状态。如果此时电路工作在电感电流断续模式，其等效电路如图 9.11(f) 所示。二极管 D_o 和 D_1 关断，开关 S 处于零电流关断状态，电容 C_o 为负载供电，保证了母线电压不发生跌落，使 Tap 型耦合电感 L 源逆变器能够在电感电流断续模式下正常工作。

模态 III $[t_3, t_4]$：在这个模态下，输出矢量从零矢量变为直通矢量，其等效电路如图 9.11(c) 所示。在 t_3 时刻，上下桥臂同时导通，逆变器桥臂直通，母线电压突变为零，输入电源通过二极管 D_1 给耦合电感绕组 N_1 充电。根据磁感应原理，耦合电感次级绕组 N_2 将二极管 D_2 阻断。

模态 IV $[t_6, t_7]$：在这个模态下，输出矢量从直通矢量变为起始矢量（U_{110}）。如果电路工作在电感电流连续模式，其等效电路如图 9.11(d) 所示。输入电源、电容 C_o、耦合电感同时为负载提供电能，形成电流回路。如果电路工作在电感电流断续模式，其等效电路如图 9.11(g) 所示。耦合电感电流减小到零，二极管 D_2 关断，电容 C_o 独自为负载供电，同时保证了在电感电流断续模式下母线电压不发生跌落。

模态 V $[t_7, t_8]$：在这个模态下，输出矢量从起始矢量（U_{110}）变为终止矢量（U_{100}）。如果电路工作在电感电流连续模式，其等效电路如图 9.11(e) 所示。如果电路工作在电感电流断续模式，其等效电路如图 9.11(h) 所示。

从图 9.11(a)～(h) 能够看出，基于准 DC/DC 输出单元的 Tap 型耦合电感 L 源逆变器的工作模态随着输出矢量的变化而变化，并且相同的输出矢量在不同的电感电流模式下工作模态不同。其他扇区的电路执行模态依此类推即可。

通过上述分析可知,所介绍的双电流补偿方法能够使 Tap 型耦合电感 L 源逆变器灵活地工作在电感电流连续和电感电流断续两种模式,并且解决了电感电流断续模式下的母线电压跌落问题。

9.4.2　双电流运行模式下的性能分析

接下来,对双电流运行模式下 Tap 型耦合电感 L 源逆变器的性能优势进行详细分析和比较。

1.升压性能分析

在直通状态下,等效电路如图 9.11(c) 所示,能够获得如下关系式:

$$U_i = U_{N1-S} \tag{9.14}$$

$$U_{N2-S} = \frac{N_2 U_{N1-OP}}{N_1} = NU_i \tag{9.15}$$

$$U_d = 0 \tag{9.16}$$

式中　　U_{N1-S}——直通状态下绕组 N_1 两端电压;

U_{N2-S}——直通状态下绕组 N_2 两端电压;

U_d——逆变器母线电压。

在非直通状态,等效电路如图 9.11(a)、(b)、(d)～(h)所示,能够获得如下关系式:

$$U_i - U_{N1-N} - U_{N2-N} = U_d \tag{9.17}$$

$$U_{N2-N} = NU_{N1-N} \tag{9.18}$$

$$U_d = U_{Co} \tag{9.19}$$

式中　　U_{N1-N}——非直通状态下绕组 N_1 两端电压;

U_{N2-N}——非直通状态下绕组 N_2 两端电压;

U_{Co}——电容 C_o 电压。

对耦合电感初级绕组应用伏秒平衡原理能够获得下式:

$$\int_0^{DT} U_{N1-S} dt + \int_{DT}^{T} U_{N1-N} dt = 0 \tag{9.20}$$

将式(9.9)～(9.14)代入式(9.16)计算得到母线电压表达式为

$$U_d = \frac{U_i(1 + ND - D_d)}{(1 - D - D_d)} \tag{9.21}$$

式中　　D_d——断续占空比。

双电流模式下的 Tap 型耦合电感 L 源逆变器的升压因子为

$$B_{SL} = \frac{1 + ND - D_d}{1 - D - D_d} \tag{9.22}$$

其电压增益为

$$G_{SL} = \frac{1 + ND - D_d}{1 - D - D_d} M \tag{9.23}$$

图 9.12 所示为匝比为 2 时,基于准 DC/DC 输出单元的 Tap 型耦合电感 L 源逆变器在双电流运行模式下的升压因子和电压增益随直通占空比的变化关系。可以看出,电感电流断续模式下的升压因子和电压增益均高于电感电流连续模式下的升压因子和电压增益,并且升压因子和电压增益随着断续占空比的增加而增加。

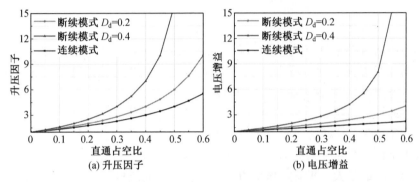

图 9.12　双电流运行模式下升压因子和电压增益随直通占空比的变化关系

图 9.13 所示为匝比为 2 时,基于准 DC/DC 输出单元的 Tap 型耦合电感 L 源逆变器、传统 Z 源逆变器和 T 源逆变器的电压增益随直通占空比的变化关系。从图 9.13 可以看出,基于准 DC/DC 输出单元的 Tap 型耦合电感 L 源逆变器的电压增益随着断续占空比增加而增加,并且当断续占空比大于 0.4 时,升压能力高于传统 Z 源逆变器和 T 源逆变器。

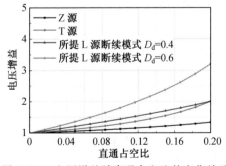

图 9.13　电压增益随直通占空比的变化关系

根据上述分析可以看出,所提双电流补偿法不仅实现了双电感电流运行模式,同时在电感电流断续模式下提高了阻抗源逆变器的升压能力。

2. 器件电压应力分析

根据 9.3 节的分析可以得到二极管 D_o、D_1、D_2 和电容 C_o 的电压表达式为

$$U_{D1} = \frac{U_i ND}{(1-D-D_d)} \tag{9.24}$$

$$U_{Do} = \frac{U_i(1+ND-D_d)}{(1-D-D_d)} \tag{9.25}$$

$$U_{D2} = \frac{U_i D}{(1-D-D_d)} \tag{9.26}$$

$$U_{Co} = \frac{U_i(1+ND-D_d)}{(1-D-D_d)} \tag{9.27}$$

当匝比为 2 时,电感电流连续和断续模式下电容电压比随电压增益的变化关系如图 9.14 所示。可以看出,当电压增益相同时,电感电流连续模式下的电容电压应力高于电感电流断续模式下的电容电压应力,同时电容电压应力随着断续占空比的增加而减小。

在匝比为 2 时,电感电流连续和断续模式下最大二极管电压比随电压增益和断续占空比的变化关系如图 9.15 所示。可以看出,当电压增益相同时,电感电流连续模态下的最大二极管电压应力高于电感电流断续模式下的最大二极管电压应力,并且二极管电压应力随着断续占空比的增加而减小。

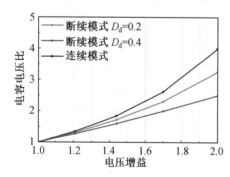

图 9.14　双电流运行模式下电容电压比随电压增益的变化关系

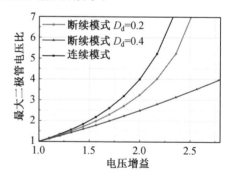

图 9.15　双电流运行模式下最大二极管电压比随电压增益和断续占空比的变化关系

通过上述分析可知,所提双电流补偿法在电感电流断续模式下可以减小阻抗源逆变器电容和二极管的电压应力。

3. 电感取值分析

为了对双电流运行模式下的电感取值进行分析,需要推导两种电流状态下直通占空比、断续占空比与耦合电感值存在的理论关系。

在直通状态下,输入电源给耦合电感的初级绕组充电,根据图 9.11(c),得到初级绕组瞬时电压和初级绕组瞬时电流的表达式为

$$U_{L11-s} = U_i = \frac{L_{11}\, \mathrm{d}i_{L1}(t)}{\mathrm{d}t} \tag{9.28}$$

$$i_{L1}(t) = \frac{U_i \Delta t}{L_{11}} \tag{9.29}$$

式中　　L_{11} —— 初级绕组电感值。

通过式(9.29),能够得到在电感电流连续和电感电流断续临界状态下耦合电感初级绕组的最大电流为

$$i_{L1,\max} = \frac{D U_i T}{L_{11}} \tag{9.30}$$

在非直通状态下,根据式(9.17)可以得到如下关系式:

$$U_{L11-N} = \frac{U_d - U_i}{1 + N} \tag{9.31}$$

非直通状态下初级绕组瞬时电流的表达式为

$$i_{L1}(t) = i_{L1,\max} - \frac{T_1(U_d - U_i)}{L_{11}(1 + N)} \tag{9.32}$$

式中　　T_1 —— 非直通状态下初级绕组电流连续的运行时间。

通过式(9.30)和式(9.32)可知,非直通状态下电感电流连续时间为

$$T_1 = \frac{T_s(1 + N)}{(B_{SL} - 1)} \tag{9.33}$$

根据图 9.11 可知,在直通状态和非直通状态下,耦合电感单元充放电绕组数量不同,根据磁耦合平衡原理,初级绕组最大电流和次级绕组最大电流存在如下关系:

$$N_1 i_{L1,\max} = (N_1 + N_2) i_{L2,\max} \tag{9.34}$$

式中　　$i_{L2,\max}$ —— 次级绕组最大电流。

根据式(9.33)和式(9.34)可知,在一个周期下输入电流平均值为

$$\bar{I}_L = \frac{U_i D^2 T B_{SL}}{2 L_{11}(B_{SL} - 1)} \tag{9.35}$$

直流电源输入功率为

$$P = \frac{U_i^2 D^2 T B_{SL}}{2 L_{11}(B_{SL} - 1)} \tag{9.36}$$

根据功率守恒原则,耦合电感初级绕组电感值为

$$L_{11} = \frac{D^2 TR}{B_{SL}(B_{SL}-1)(1-D^2)}\tag{9.37}$$

式中　R—— 负载电阻。

次级绕组电感值为

$$L_{12} = \frac{N^2 D^2 TR}{B_{SL}(B_{SL}-1)(1-D^2)}\tag{9.38}$$

图9.16所示为电感电流连续和电感电流断续双电流运行模式下初级绕组感值比随电压增益的变化关系。可以看出,当电压增益相同时,电感电流断续模式的初级绕组电感值小于电感电流连续模式下的初级绕组电感值,并且电感值随着断续占空比的增加而减小。因此,所提双电流补偿法在电感电流断续模式下减小了阻抗源逆变器的电感取值。

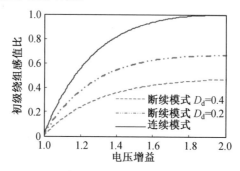

图 9.16　双电流运行模式下初级绕组感值比随电压增益的变化关系

本章参考文献

[1] SIWAKOTI Y P，CHUB A，BLAABJERG F，et al. Quadratic boost A-source impedance network[C]. Milwaukee，WI：Energy Conversion Congress & Exposition，2016:1-6.

[2] JI Y L,LIU H C,ZHANG C M，et al. Voltage-double magnetically coupled impedance source networks [J]. IEEE Transactions on Power Electronics，2018，33(7)：4968-4979.

[3] ZHOU Y, HUANG W, ZHAO J, et al. Tapped-inductor quasi-Z-source inverter[C]. Orlando USA:Twenty-Seventh Annual IEEE Applied Power

Electronics Conference and Exposition,2012：1625-1630.

［4］ZHOU Y，HUANG W，ZHAO J，et al. Tapped inductor quasi-Z-source inverter［C］. Orlando，FL：2012 Twenty-Seventh Annual IEEE Applied Power Electronics Conference and Exposition，2012:1625-1630.

［5］LIU H C,JI Y L,WANG L C，et al. A family of improved magnetically coupled impedance network boost DC-DC converters ［J］. IEEE Transactions on Power Electronics，2018，33(5)：3697-3702.

［6］SIWAKOTI Y P，BLAABJERG F，LOH P C. New magnetically coupled impedance （Z-) source networks ［J］. IEEE Transactions on Power Electronics，2016，31(11)：7419-7435.

第 10 章

基于高增益 DC/DC 变换器的最大功率跟踪系统

本 章建立了基于高增益 DC/DC 变换器的最大功率跟踪系统。介绍了光伏发电系统的构成,包括主电路、控制电路和驱动保护电路。建立了光伏电池的数学模型、仿真模型与特性。介绍了常用的恒定电压法、扰动观察法、电导增量法三种 MPPT 方法。根据选择的扰动观察法,结合所使用的高增益变换器进行控制算法设计与建模,验证了所设计的最大功率跟踪系统的良好性能。

前面各章论述了各类 DC/DC 变换器的电路拓扑结构、工作原理、控制策略以及元器件电压电流应力,为 DC/DC 变换器的应用和设计奠定了足够的技术基础。本章将介绍高增益 DC/DC 变换器在太阳能光伏发电中的应用。法国物理学家贝克勒尔(Alexandre-Edmond Becquerel,1820—1891)最早发现了某些半导体材料的光生伏特效应,太阳能光伏发电系统就是利用了光敏材料的光电效应使太阳能转化为电能。目前商用光伏电池的效率为 $6\% \sim 18\%$,为了尽可能得到光伏板所能输出的最大功率,一般采用 MPPT 法实现对输出功率最大点的追踪控制。常用的方法有恒压法、扰动观察法、电导增量法和模糊控制法等。尽管将多个光伏发电板串并联进行功率的输出,所获得的输出电压仍远远无法满足后级对电压的需求,因此必须利用 DC/DC 变换器将光伏阵列的输出电压进行提升。本章利用扰动观察法并结合第 5 章所提到的 DC/DC 变换器进行论述研究。

10.1　光伏发电系统构成

　　光伏发电系统主要由主电路、控制电路和驱动保护电路组成。其中主电路又包括光伏电池板、电能变换部分(DC/DC 变换器、DC/AC 变换器)、负载。本章采用图 5.24 所示的新型高增益 DC/DC 变换器进行电能的变换。负载侧可以为无储能负载的直流负载,也可以为带有储能环节的独立负载,还可以为双向 DC/AC 变换器与交流负载或电网的连接。控制电路主要是通过 MPPT 算法改变光伏电池的工作点来实现光伏电池能量的最大输出,提高系统太阳能到电能的转化效率。

10.2　光伏电池模型

10.2.1　光伏电池数学模型

光伏电池板可以直接将光能转换成电能,核心原理为其内部 P－N 结的光电效应。图 10.1 所示为光伏电池等效电路图,光伏电池的等效电路主要由光生电流源和一个正向偏置的二极管并联构成。其中光生电流源主要受温度和太阳光辐射强度的影响而变化。

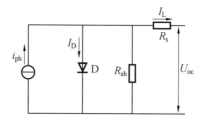

图 10.1　光伏电池等效电路图

根据图 10.1 中各个物理量的关系可以得到光伏组件的特性输出方程为

$$I_{L} = I_{ph} - I_{D} - \frac{U_{D}}{R_{sh}} = I_{ph} - I_{o}\left[\exp\left(\frac{q(U_{oc} + I_{L}R_{s})}{AKT}\right) - 1\right] - \frac{U_{oc} + I_{L}R_{s}}{R_{sh}}$$

$$(10.1)$$

式中　　I_{ph}——光伏电池的光生电流;

　　　　I_{D}——光伏电池产生的暗电流及流过反并联二极管的电流;

　　　　I_{o}——二极管的反向饱和电流;

　　　　R_{sh}、R_{s}——电池等效并联电阻和等效串联电阻;

　　　　A——二极管因子,一般在 1 ～ 5 之间;

　　　　K——波尔兹曼常数;

　　　　q——电荷量;

　　　　T——绝对温度(0 K)。

鉴于该计算公式的复杂性,其输出状态的确定极其复杂,这增大了实际应用的难度。为了得到在一定范围内的简化版方程,做出以下假设。

(1)一般情况下,若内部输出等效并联电阻 R_{sh} 很大,则可以忽略 U_{D}/R_{sh} 项。

（2）一般情况下，由于电阻 R_s 极小，因此可以得到 $I_{ph} = I_{sc}$。

根据假设，可以得到最终的实用表达式为

$$I_L = I_{ph} - I_o \left[\exp \left(\frac{q(U_{oc} + I_L R_s)}{AKT} \right) - 1 \right] \tag{10.2}$$

在生产商处可以得到常用的参数，将其代入式（10.2）就可以算出电池的输出参数。同样经过分析，在外部环境条件改变且已知时，可得

$$\Delta T = T - T_b \tag{10.3}$$

$$\Delta S = \frac{S}{S_b} - 1 \tag{10.4}$$

$$I_{sc-new} = I_{sc} \frac{S}{S_b}(1 + a\Delta T) \tag{10.5}$$

$$I_{m-new} = I_m \frac{S}{S_b}(1 + a\Delta T) \tag{10.6}$$

$$U_{oc-new} = U_{oc} [(1 - c\Delta T)\ln(1 + b\Delta S)] \tag{10.7}$$

$$U_{m-new} = U_m [(1 - c\Delta T)\ln(1 + b\Delta S)] \tag{10.8}$$

式中　U_m、I_m——标准条件下最大功率点处输出电压与电流；

　　　U_{m-new}、I_{m-new}——条件改变后最大功率点处输出电压与电流；

　　　a——电流补偿系数；

　　　b、c——电压补偿系数；

　　　T——实际环境温度；

　　　T_b——标准环境温度，25 ℃；

　　　ΔT——变化环境温度。

通过式（10.3）～（10.8）可以得出新环境条件下的各输出状态数值。

10.2.2　光伏电池仿真模型与特性分析

在完成了所述的光伏电池数学模型建模之后，依据式（10.2）～（10.8）就可以在 Simulink 中完成光伏组件的建模，光伏电池仿真模型如图 10.2 所示。其中仿真模型参考产品 CN－200S，标况下参数为：$P_m = 200$ W，$I_{sc} = 7.44$ A，$I_m = 6.94$ A，$U_{oc} = 35.4$ V，$U_m = 28.8$ V，a、b、c 取典型值 $a = 0.002\,5$ ℃$^{-1}$，$b = 0.5$，$c = 0.002\,88$ ℃$^{-1}$。利用光伏电池阵列的工程实用表达式，通过构造数学模型再由电流源模型输出，即可以得到符合要求的仿真模型。之后需要在不同工作情况下，由该模型分析其特性，一般分别改变光照强度与工作温度进行验证。

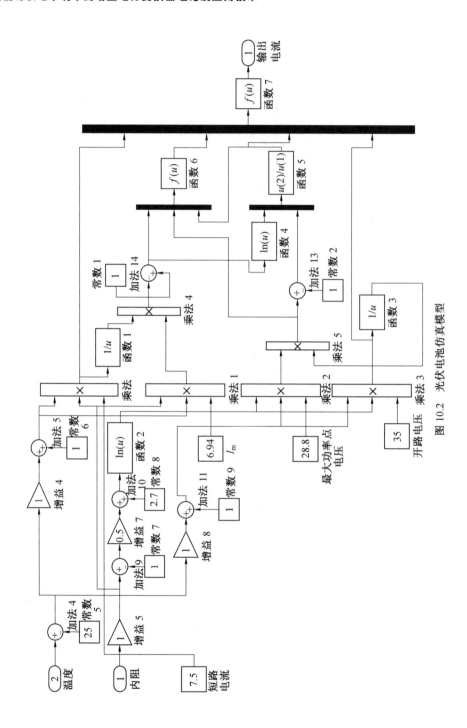

图 10.2 光伏电池仿真模型

分别进行光照强度为 1 000 W/m²、800 W/m²、600 W/m²、400 W/m² 时的电池阵列输出功率仿真实验。由图 10.3 所示的伏安特性($I-U$)曲线和功率($P-U$)曲线可以看出,光伏电池的最大功率点位于曲线的拐点附近,当输出电压较低时电流近乎保持不变,功率随着电压的增大而提高,当输出电压超过一定值后电流快速降低,功率也随之降低。在图 10.4 中,保持光照强度不变,改变工作温度,同样可以通过 $I-U$ 曲线与 $P-U$ 曲线看到光伏电池阵列输出最大功率以及最大功率点的变化。对比图 10.3 和图 10.4 可知,当温度不变时,不同光照强度所对应的最大功率点的电压几乎保持不变,而温度的改变将会造成最大功率点对应的电压不同。

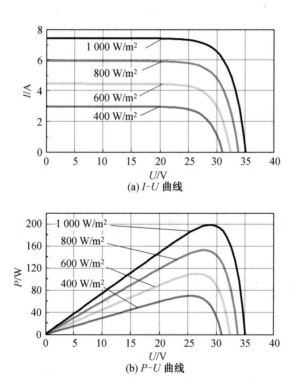

图 10.3　光伏电池输出特性曲线(不同光照强度下)

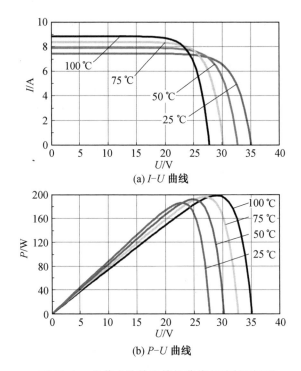

(a) $I\text{-}U$ 曲线

(b) $P\text{-}U$ 曲线

图 10.4　光伏电池输出特性曲线(不同温度下)

10.3　MPPT 控制算法设计与建模

10.3.1　MPPT 控制算法

由图 10.3 和图 10.4 可知光伏电池输出的特性曲线中存在一个输出功率最大的工作点,即点(U_m,P_m),该点被称为光伏电池的最大功率点。在实际应用中光伏系统的功率特性曲线会随着周围环境的光照强度、温度、大气质量的变化而发生改变。为了提高系统的整体效率、实现能量的最大输出,光伏电池板的工作点应不断改变以使其一直工作于输出功率最大的工作点。光伏电池的最大功率点追踪技术的本质就是不断地改变光伏板的输出电压使其工作于最大功率点上。目前在该领域应用较多的方法主要有以下三种。

(1)恒压控制法。根据之前的分析,在恒定的工作条件下,光伏电池最大功率点基本固定在某一位置左右,则电池阵列的最大功率输出点基本会稳定于某个恒定电压,由此,相当于在最大功率点参数已知的情况下寻找最大功率点,或者说将其输出值钳位到最大功率点,即只要有该产品出厂时的功率与电压电流参数,就可以完成该过程。该过程实质上是一种稳压控制,因此被称为恒压控制(Constant Voltage Tracking,CVT)法。采用该种控制方式,虽然控制过程大大简化,但却没有考虑温度对电池开路输出电压的影响,因此在环境温度变化时,该方法会使电池的输出偏离最大功率点,这样能量损失会越来越大。而在某些情况下,当改变后的电池伏安特性曲线与初始设定的工作电压没有交点时,系统将会失去控制。所以随着电力电子及自动化控制技术的发展,产生了新的效果更好、效率更高的最大功率点控制方法。

(2)扰动观察法。该方法因其突出的优势已成为应用最广泛的两种方法之一。在设定好采样步长之后,其主要通过控制光伏电池的端口电压不断改变,并根据采样的参数得到该时刻输出功率,再将该时刻的计算结果与上一时刻的结果相减。若得到的数值为正,就在下一次继续向同一方向调整电压,如果所得结果为负,则下一时刻向另一方向调整端口电压。

(3)电导增量法。该方法与扰动观察法虽然原理不同,但其应用也非常广泛。通过以上分析结果,在最大功率处有

$$\frac{dP}{dU} = 0 = I + U\frac{dI}{dU} \tag{10.9}$$

则可以得到最大功率点处电压电流需要满足

$$\frac{dI}{dU} = -\frac{I}{U} \tag{10.10}$$

因此,为了追踪光伏电池的最大功率点,可以通过功率与电压的采样值计算判断当前工作点所处位置,然后控制参考电压向着相应的方向扰动。直至 $\frac{dP}{dU} = 0$,然后保持参考电压恒定,将太阳能电池输出稳定在最大功率点上。理论上电导增量法较扰动观察法效果好,因为它当前时刻的变化方向与之前状态量无关,因此该方法能够精确快速地控制输出随当前工作环境改变,但对电压电流采样传感器以及输出功率计算的精度要求高。

10.3.2 扰动观察法控制算法设计与建模

从控制算法实现难度与控制精度两方面考虑,使用扰动观察法进行 MPPT 控制系统建模。

首先,要进行该高增益变换器负载匹配模型的计算,该高增益变换器的增益公式中,可控制量只有占空比 D,则改变该变量即可以实现增益大小的变换,继而改变输出的等效阻抗以调整和控制光伏电池工作在最大功率点。该系统使用新型高增益 DC/DC 变换器实现光伏电池的 MPPT。

假设电路工作于理想情况下,则根据变换器增益公式可以得到

$$I_{\mathrm{o}} = I_{\mathrm{i}} \frac{(N-1)(1-D)}{2N-1} \tag{10.11}$$

$$R_{\mathrm{i}} = \frac{U_{\mathrm{i}}}{I_{\mathrm{i}}} = \frac{U_{\mathrm{o}}}{I_{\mathrm{o}}} \left[\frac{(N-1)(1-D)}{2N-1} \right]^{2} \tag{10.12}$$

由式(10.12)可知,等效输入阻抗 R_{i} 在变换器设计参数确定的情况下只取决于占空比的高低,且与 $(1-D)^2$ 成正比。再由电路理论中的最大功率原理,在该电阻光伏电池阵列的内阻相等时,就可以控制光伏电池输出最大功率。通过对控制策略的研究,在 Simulink 中得到最大功率点追踪算法仿真模型如图 10.5 所示。同时,MPPT 控制算法流程图如图 10.6 所示。

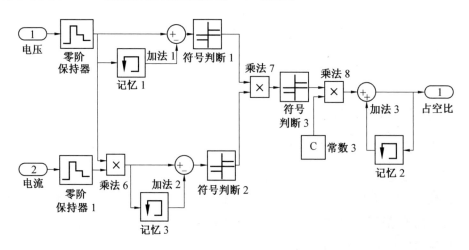

图 10.5 最大功率点追踪算法仿真模型

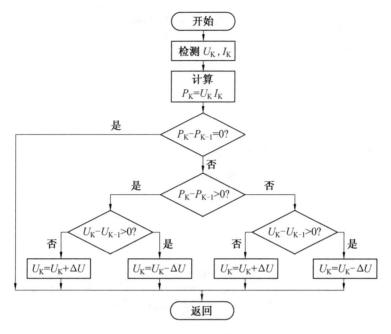

图 10.6　MPPT 控制算法流程图

10.4　系统总体仿真及分析

图 10.7 所示为系统总体仿真模型,主要分为三部分,依次为光伏电池模型、MPPT 算法模块与 PWM 调制模块、新型高增益 DC/DC 变换器拓扑模型。在该系统中,第一部分光伏电池模型输入参数为温度、光照强度、电压,输出为电流。第二部分 MPPT 算法模块采集输出功率信息,经过扰动观察法计算之后输出变换器占空比信息,经过 PWM 调制模块对变换器主开关进行控制。第三部分为新型高增益 DC/DC 变换器拓扑模型,除用于实现光伏电池最大功率跟踪外,还可以通过该变换器将光伏电池电压升到较高的电压值,以适应直流母线电压需要。系统总体仿真实验结果如图 10.8 所示。

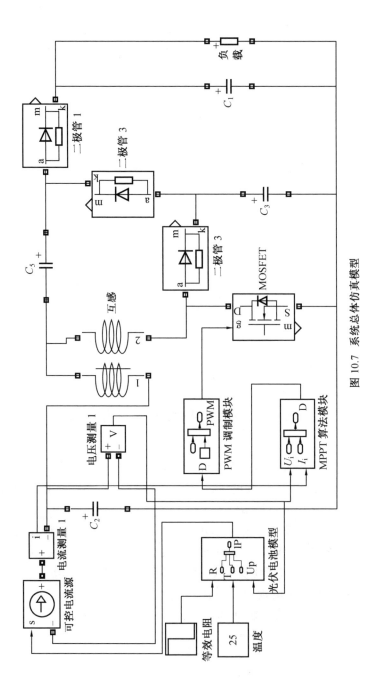

图 10.7　系统总体仿真模型

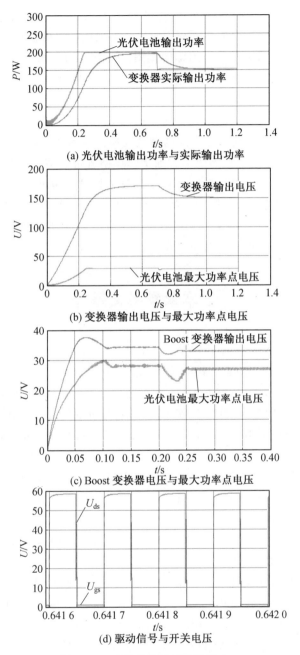

(a) 光伏电池输出功率与实际输出功率

(b) 变换器输出电压与最大功率点电压

(c) Boost 变换器电压与最大功率点电压

(d) 驱动信号与开关电压

图 10.8　系统总体仿真实验结果

图 10.8(a) 所示为该系统实现最大功率追踪的工作波形,初始光照为 1 000 W/m², 最大功率点为 200 W。由输入与输出功率的仿真波形可以看出,该系统较好地实现了最大功率点追踪的作用。同时,在 $t = 0.7$ s 时,将光照设置突变为 800 W/m², 则此时对应的最大功率变为 150 W,可以看出,该系统在 0.7 s 以后可以继续较好地实现最大功率点追踪。图 10.8(b) 所示波形分别为光伏电池最大功率点电压与变换器输出电压。由图 10.8(b) 可见,在最大功率点处光伏电池电压为 28.8 V,而输出电压经高增益变换器后实现了较高的输出电压。

为便于对比,又将变换器改为普通 Boost 型进行了仿真实验。图 10.8(c) 所示为使用 Boost 变换器进行最大功率点追踪实验时的输出电压波形,由图可见,该变换器升压能力较弱,远低于之前所用高增益变换器。图 10.8(d) 所示为该变换器工作于 $P = 200$ W 时主开关电压应力仿真波形,波形与模态分析吻合,证明该变换器在光伏系统中稳态时工作良好。

本章参考文献

[1] LIU H C, WANG L C, JI Y L, et al. A novel reversal coupled inductor high-conversion-ratio bidirectional DC-DC converter[J]. IEEE Transactions on Power Electronics, 2018, 33(6): 4968-4979.

[2] LIU H C, WANG L C, JI Y L, et al. Bidirectional active clamp DC-DC converter with high conversion ratio[J]. Electronics Letters, 2017, 53(22): 1483-1485.

[3] MACCREADY P B, LISSAMAN P B S, MORGAN W R, et al. Sun-powered aircraft designs[J]. Journal of Aircraft, 1983, 20(6):487-493.

[4] 胡斌,时景立,冯利军. 太阳能无人机能源管理器研究与设计[J]. 电源技术, 2015,39(10):2161-2165.

[5] SUBUDHI B, PRADHAN R. A comparative study on maximum power point tracking techniques for photovoltaic power systems[J]. IEEE Transactions on Sustainable Energy, 2013, 4(1):89-98.

[6] VINNIKOV D, ROASTO I, STRZELECKI R, et al. CCM and DCM operation analysis of cascaded quasi-Z-source inverter [C]. Gdansk, Poland:IEEE International Symposium on Industrial Electronics,

2011：159-164.

[7] LIU H C，JI Y L，WHEELER P. Coupled-inductor L-source inverter [J].
IEEE Journal of Emerging and Selected Topics in Power Electronics，
2017，5(3)：1298-1310.

[8] XU H P，PENG F Z，CHEN L H，et al. Analysis and design of
bi-directional Z-source inverter for electrical vehicles [C]. Austin，TX：
Twenty-Third Annual IEEE Applied Power Electronics Conference and
Exposition，2008：1252-1257.

[9] LIU H C，JI Y L，YONG F，et al. Single-stage impedance source
inverters with Quasi-DC/DC output cell for working in dual inductor
current modes [J]. IET Power Electronics，2019，12(6)：1585-1592.

第 11 章

基于双向高增益 DC/DC 变换器的电池充放电系统

　　本章建立了基于双向高增益DC/DC变换器的电池充放电系统。介绍了储能电池特性与简化模型,以及常见的充放电控制算法。基于常见的充电算法,结合分阶段充电的思想,在两阶段充电法的基础上,增加了多个恒流充电的阶段,既可以防止充电过程过早地进入速度较慢的恒压充电阶段,又与两阶段充电法一样可以在后期避免大电流对电池造成损伤。在第5章所设计的新型双向变换器的基础上设计了包括充放电算法的系统仿真模型,验证了电池充放电系统的有效性。

在新能源供电系统中,储能电池承担着至关重要的作用。例如,在太阳能供电系统中,当白天日照强度较大时,储能电池吸收多余的能量;而在夜间没有外部能量来源时,储能电池为整个系统提供能量。在设计完充放电所用双向变换器之后,需要在蓄电池充放电系统中检验其在较高的直流母线电压与较低的蓄电池电压之间进行充放电控制的能力。

要建立基于双向高增益 DC/DC 变换器的电池充放电系统,首先需要建立该系统的仿真模型。因此需要在了解蓄电池的原理与特性的基础上选定其等效电路模型,以便进一步仿真研究。其次介绍了常用的充放电算法,在此基础上选择合适的方法,以对第 5 章所设计的新型双向变换器进行实际测试。最后设计了包含充放电算法的系统仿真模型,取得了较好的电池充放电效果。

11.1　储能蓄电池特性及简化模型

11.1.1　储能蓄电池原理及主要参数

蓄电池能够在放电时将电池中的化学能转化为电能,在充电时将外部电能转化为化学能,并能够实现多次使用。由于铅酸蓄电池具有容量大、效率高、寿命长等明显的优势,因此成了新能源供电系统中应用最广泛的电池类型。

蓄电池的一些基本特性对该系统性能具有重要影响,尤其在设计充电放电控制方法时,蓄电池的特性起决定性的作用。一般而言,蓄电池特性主要有以下几种。

1. 容量

蓄电池容量表明了其储存电量的能力,一般情况下,按照将蓄电池充满电后再按照规定条件放电至一个终止电压时总共放出的电量进行计算。其单位一般为“安时（A・h）”或“瓦时（W・h）”,目前一般采用安时计量。在实际中,蓄电池实际容量受温度、放电深度、放电率以及电池使用时长等因素影响。一般意义上的容量即为标准条件下由厂商测定的额定容量值。同时按照其定义,当电池工作在恒流放电状态时,该电池的容量即为放电的电流与总的放电时间的积;如果为非恒流放电状态,则利用积分公式对总放电量进行计算,有

$$Q = \int_0^t i \, \mathrm{d}t \tag{11.1}$$

式中　　Q——蓄电池容量;

　　　　t——放电时间;

　　　　i——放电电流。

2. 寿命

一般蓄电池寿命的表示方法有两种:浮充寿命和循环寿命。浮充寿命即标准电压与温度下的电池使用年限,一般以年为单位。而循环寿命则从电池可以正常工作的循环次数的角度进行定义。电池的一次循环是对电池经历一次充电和放电的表示。在一定的条件下,蓄电池达到最终容量前总计所承受的循环次数即为电池的循环寿命。除了不同产品性能与质量上的差异会影响电池寿命之外,电池的使用方法与后期维护工作也会对电池寿命产生影响。

3. 内阻

蓄电池的内阻一般随着电池内部参数变化而不断变化,所以在充放电时蓄电池内阻会随时间改变而产生变化。由于蓄电池内阻很小,因此一般在小电流放电时忽略不计,而在大电流放电时须考虑其影响。欧姆内阻与极化内阻构成了电池的内阻。其中欧姆内阻主要与电池内部各元器件使用的材料、装配的尺寸等因素有关;极化内阻则产生于化学极化和浓度差极化,蓄电池的内阻会对工作电压、电流和所输出的功率产生直接影响,因而应尽量使用内阻小的蓄电池。

4. 荷电状态

荷电状态是表明蓄电池放电时电池内部剩余多少电量的参数。为方便计算与表示,常以电池的额定容量(C)与其已经放出的容量(Q)的差值表示剩余容量,故荷电状态的计算公式为

$$\mathrm{SOC} = \frac{C - Q}{C} \tag{11.2}$$

5. 放电率

放电率的表示方法有两种:时间率表示在规定条件下,将电池电量放至最终状态的时间;电流率的定义则与此相似。时间率一般可以分为多种小时率,如标识为 1 h 的放电率。

6. 放电深度

放电深度表示蓄电池已释放的电量的程度，一般使用其与蓄电池标称容量的百分数表示，具体的公式为

$$DOQ = \frac{Q}{C} = 1 - SOC \tag{11.3}$$

放电深度对蓄电池的使用寿命影响较大，放电深度较大时，使用寿命就会缩短。

7. 自放电

自放电是蓄电池的自动放电现象，发生在蓄电池被开路搁置时。自放电会减少蓄电池的容量，造成能量损失。自放电的大小可以定义为规定时间内容量减少的比率，即自放电率。

11.1.2　蓄电池简化模型

铅酸蓄电池的建模研究在新能源发电与储能中具有重要的地位，学界开始此项研究已有半个世纪。常见的蓄电池模型主要有：基本原理模型、等效电路模型、"黑箱"模型等。目前电气工程领域内常采用等效电路模型。储能领域中，常用戴维南模型，蓄电池简化模型电路如图 11.1 所示。

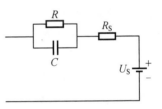

图 11.1　蓄电池简化模型电路

图 11.1 中，C 是电池的两个极板的电容，R 是电池内部的接触电阻。对图 11.1 应用电路理论进行分析，则有

$$R_s C \frac{dU_c}{dt} + \left(1 + \frac{R_s}{R}\right) U_c = U - U_s \tag{11.4}$$

式中　　U_c——等效模型中的电容 C 两端电压。

11.2　蓄电池充放电控制技术

在研究完电池原理及主要参数之后，再结合第 5 章所设计的新型双向变换器，进行蓄电池充放电控制方法的设计。合理的电池充放电控制方法有利于提高充电效率、延长电池使用寿命，因此须了解目前常用的几种充放电控制算法，以设计出基于双向高增益变换器的控制算法。

11.2.1 常用的充电算法

在 20 世纪 60 年代中期，美国科学家托马斯对开口蓄电池的充电过程进行了大量的实验研究，提出了蓄电池的最佳充电曲线，如图11.2 所示。托马斯的实验表明，如果电池的充电电流按照这条曲线变化，则可以大大减少充电时间，并且不会影响蓄电池的容量和寿命。

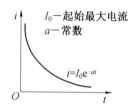

图 11.2　蓄电池的最佳充电曲线

从图 11.2 中还可以看出，开始时蓄电池可接受的充电电流很大，但衰减很快，主要原因是充电过程中产生了极化现象。电池极化现象是指电流在电池中通过时产生电极偏离平衡电极电位的现象。电极单位面积上通过的电流越大，电池的极化现象越严重。

在电池的充电过程中，充电电压大大高于电动势，消耗了电能；而在放电过程中，放电电压大大低于电动势，电能以热能的形式消耗，造成浪费。因此，电池的极化现象对充放电过程中电能的利用是不利的。合理设置充放电方式，减少极化现象，对电池的维护和充放电性能的提高有重要意义。

1. 恒流充电法

恒流充电法使用恒流对电池充电。其主要优点为控制简单、充电器实现成本低；实际中一般适用于对串联蓄电池进行充电。但其缺点也较明显，主要是电池在开始充电时可以承受大电流快速充电，但恒流充电时为保护电池，充电电流值一般较小，且在充电后期，电池承受电流大大减小，设定值又偏大，这不仅会对电池造成损害，且充电的效率也被降低。此时分段恒流充电法便应运而生。

2. 恒压充电法

恒压充电法设定一个恒定电压对电池充电。相比于恒流充电法，充电开始时由于电池端电压较低，因此会产生很大的充电电流，加快充电速度，而在充电后期，电池端电压的上升会使充电电流减小，适应电池承受能力。所以该方法在多个方面要优于恒流充电法。但如果蓄电池充电初期荷状态很低造成端电压过低，则会产生过大的初始充电电流，对系统硬件设计要求较高，增加了成本，且有可能对电池产生损伤。此外,在对串联电池组充电时,该方法很难实现对落后电池的完全充电。

3. 恒压限流充电法

由于恒压充电法在充电初始时电流过大,因此通过限制整个充电过程的电流最大值,对其进行改进,即为恒压限流充电法。充电初始时,电流会被控制在一个安全的值,之后在一段时间内以该安全限制值充电。而后随着蓄电池内部电量的增加,端电压逐渐上升,当电流在一段时间后下降到小于之前设定的安全限制值时,控制算法会控制电路进入恒压充电阶段。该算法目前应用于许多厂商的蓄电池充电算法中。相比于前两种算法,该算法充电效率较高,且可以降低充电过程中对蓄电池的破坏。

4. 阶段充电法

阶段充电法与恒压限流充电法相似,都是为了解决只使用恒流和恒压充电产生的问题而提出的。根据充电阶段的不同,主要有两阶段与三阶段充电法。两阶段充电法首先以恒流充电法将电池电压充电至设定电压值;之后使用恒压充电法完成剩余电量的充电。该充电法相比恒压充电法可以在充电初期避免过大的充电电流损坏电池;同时与恒压限流充电法相同,可以有效地避免充电后期大电流充电所造成的蓄电池析气较多。而与两阶段不同,三阶段充电是在两阶段充电之后,又加了一个小阶段,在该阶段中使用一个基本够补充电池电量自损失的小电流充电。

11.2.2　常见的放电算法

铅酸蓄电池放电时的电化学反应为

$$PbO_2 + Pb + 2H_2SO_4 \xrightarrow{放电} PbSO_4(正极) + PbSO_4(负极) + 2H_2O$$

$$(11.5)$$

铅酸蓄电池放电时,实际放出容量与电池荷电状态、放电电流和环境温度及规定的放电终止电压有关。放电电流越小,放电容量就越大;反之,放电电流越大,放电容量将会越小。电池在充满电时,才能达到额定容量或预期容量。电池放电时电池内部维持的温度对电池实际放出容量也有明显的影响。在一定的范围内,电池温度升高,电池实际放电容量有所增加,环境温度通过与电池热量交换对电池放电产生影响,放电容量会随着环境温度的降低而减少。

放电控制是按照规定条件在对负载供电的同时实现避免电池深放电与过负载。目前主要有三种放电控制方法。

1.恒流放电法

恒流放电法即蓄电池通过放电电路以恒定电流进行放电,直到蓄电池端电压下降到终止电压,则停止放电。恒流放电法可以通过放电时间计算蓄电池容量,实现蓄电池容量测试。在恒流放电时要注意所设放电电流不可以过大,否则会造成蓄电池正极的松散脱落,减少蓄电池的循环寿命。

2.恒压放电法

恒压放电法即蓄电池通过放电电路以恒定电压放电,放电电流会逐渐降低。恒压放电法可使输出端电压维持恒定,在需要维持直流母线电压恒定的系统中可以起到重要作用。然而为了避免恒压放电过程中出现过大的电流,需要在控制中对放电电流设置上限;同时也要避免过放,对蓄电池的端电压进行限制。

3.恒功率放电法

恒功率放电法即蓄电池通过放电电路以恒定功率进行放电。在放电初期,蓄电池电压较高,电流则较小;在放电末期,蓄电池电压较低,电流则较大。该方法在控制时采用电流内环、功率外环的双闭环控制,利用 PI 调节器维持输出功率的恒定。

11.2.3　蓄电池充电算法设计与仿真

基于现有的充电算法,结合分阶段充电的思想,在两阶段充电法的基础上,增加了多个恒流充电的阶段,这样相比两阶段充电法,不至于使充电过程过早进入速度较慢的恒压充电阶段,既在初期与中期尽量加快充电速度,又与两阶段充电法一样可以在后期避免大电流对蓄电池造成损伤。而在算法中前几阶段充电参考电流可以通过模拟实际需求得到。

在光伏输出功率稳定时,充电电流的参考值也稳定,因此使用恒流控制,再在端电压改变时进入恒压充电。而实现的方法为常用的 PID 控制,该方法原理明确,较易实现。蓄电池充电控制原理图如图 11.3 所示,其中 PID 控制器部分分为电压 PID 控制器与充电电流 PID 控制器。

在实际中,直流母线电压设计为 270 V,采用额定电压为 48 V 的蓄电池进行建模。基于以上控制原理,设计了如图 11.4 所示的充电仿真系统,其主要参数见表 11.1。

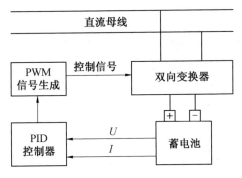

图 11.3　蓄电池充电控制原理图

表 11.1　充电仿真系统主要参数

参数名称	参数值
输入电压 U_i/V	270
耦合电感匝比 N	30/16
变换器开关频率 f/K	100
蓄电池内阻 R_{bat}/Ω	0.75
电池电容 C/F	4
电阻 R/Ω	0.75
电池内电势 U_{bat}/V	40

在充电仿真系统中,设定先分段恒流充电,再恒压充电,其中,恒流充电阶段电流参考值分别为 15 A、10 A、7.5 A,恒压充电设置值为 56.4 V。蓄电池充电仿真图如图 11.4 所示,其仿真结果如图 11.5 所示。

从仿真结果可以看出,该算法较好地实现了对蓄电池充电各阶段的电流与电压控制,与预期基本相吻合。恒流充电各阶段进行切换时未产生电压与电流超调,且响应速度很快,而在恒流向恒压切换时,产生的电压超调最大值约为 63 V,在可接受的范围内,且各阶段稳态时充电电压电流纹波很小,能实现非常好的效果。

新能源供电系统中高增益电力变换器理论及应用技术

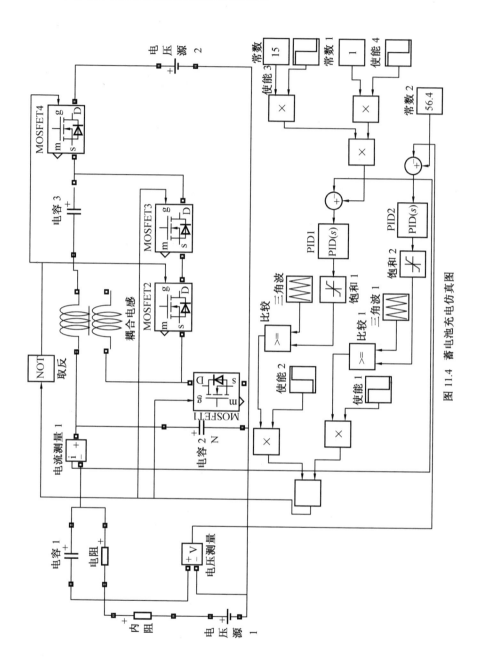

图 11.4 蓄电池充电仿真图

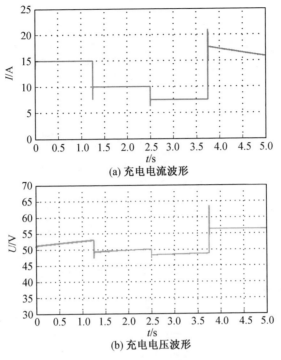

(a) 充电电流波形

(b) 充电电压波形

图 11.5 充电仿真结果

11.2.4 蓄电池放电算法设计与仿真

在向直流母线放电时,需要保证放电电压恒定,因此在蓄电池放电时,选择恒压控制法。由于该变换器结构复杂,不同于常用的 Boost 变换器,因此使用常用的双环 PID 控制算法进行计算,电流内环与电压外环相配合。通过调节占空比调节电压使其一直保持稳定。蓄电池放电仿真图如图 11.6 所示,其中双向变换器主电路与电源、蓄电池等被放在 DC/DC 变换器模块里。

图 11.7 所示为系统充放电恒压控制系统仿真结果。图 11.7(a) 所示为输出电压波形图,可以看出,输出电压达到稳态的动态响应时间约为 0.09 s,大大低于一般系统的响应时间。图 11.7(b) 所示为恒压放电进入稳态时的电压纹波波形图,由该图可以计算出纹波系数约为 0.08%,也在误差允许的范围内。

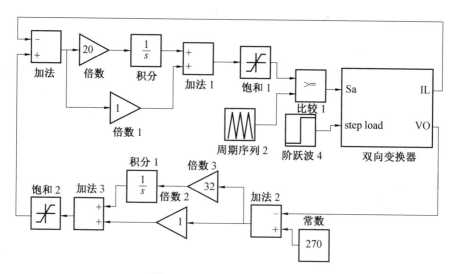

图 11.6　蓄电池放电仿真图

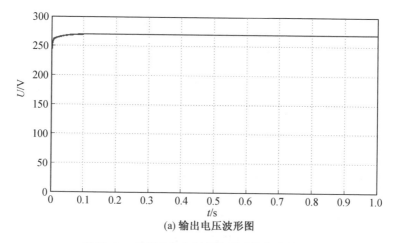

(a) 输出电压波形图

图 11.7　系统充放电恒压控制系统仿真结果

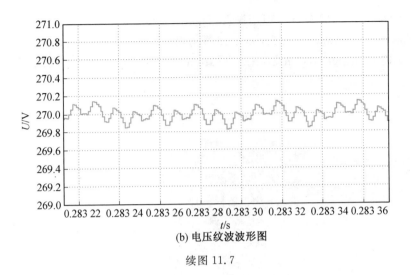

(b) 电压纹波波形图

续图 11.7

本章参考文献

[1] 邵勤思,颜蔚,李爱军,等. 铅酸蓄电池的发展、现状及其应用[J]. 自然志,
2017,39(4):258-264.

[2] 舒成才. 车载铅酸电池 SOC 与 SOH 协同估计及充放电策略研究[D]. 合肥:
合肥工业大学,2018.

[3] 王欣乐. 铅酸蓄电池大电流快速充电研究[D]. 福州:福州大学,2017.

[4] 许新竹. 铅酸蓄电池内阻测量方法的研究[D]. 哈尔滨:哈尔滨工业大
学,2017.

[5] 张文圳,张延华,杨睿哲. 阀控式铅酸蓄电池的等效电路模型和参数辨识[J].
电源技术,2017,41(3):460-463.

[6] MORSTYN T, MOMAYYEZAN M, HREDZAK B, et al. Distributed
control for state-of-charge balancing between the modules of a
reconfigurable battery energy storage system[J]. IEEE Transactions on
Power Electronics, 2016, 31(11):7986-7995.

[7] HUANG W, ABU QAHOUQ J. Energy sharing control scheme for
state-of-charge balancing of distributed battery energy storage system[J].
IEEE Transactions on Industrial Electronics, 2015, 62(5):2764-2776.

［8］FANG H，WANG Y，CHEN J. Health-aware and user-involved battery charging management for electric vehicles：linear quadratic strategies［J］. IEEE Transactions on Control Systems Technology，2015,25(3):1-13.

名词索引